智能系统与技术丛书

Natural Language Processing
Core Technology and Algorithm with Python

# Python自然语言处理实战

## 核心技术与算法

涂铭 刘祥 刘树春 著



机械工业出版社
CHINA MACHINE PRESS

图书在版编目（CIP）数据

Python 自然语言处理实战：核心技术与算法 / 涂铭，刘祥，刘树春编著 . —北京：机械工业出版社，2018.4（2025.1 重印）
（智能系统与技术丛书）

ISBN 978-7-111-59767-4

I. P…　II. ①涂…　②刘…　③刘…　III. 软件工具 - 自然语言处理 - 教材　IV. ① TP311.56 ② TP391

中国版本图书馆 CIP 数据核字（2018）第 088115 号

Python 自然语言处理实战：核心技术与算法

出版发行：机械工业出版社（北京市西城区百万庄大街 22 号　邮政编码：100037）
责任编辑：杨福川　　责任校对：殷　虹
印　　刷：固安县铭成印刷有限公司　　版　　次：2025 年 1 月第 1 版第 17 次印刷
开　　本：186mm × 240mm　1/16　　印　　张：18.75
书　　号：ISBN 978-7-111-59767-4　　定　　价：69.00 元

客服电话：（010）88361066　68326294

FOREWORD 1

# 序 一

不知不觉间，我们已经进入了“人工智能”时代，如今随处可见基于自然语言处理技术的聊天机器人，回想以前都是靠人工服务，现在都依靠机器人回答大部分的常见问题了。

过去几年，深度学习架构和算法在图像识别和语音处理等领域取得了重大的进步。而在 NLP（自然语言处理）领域，起初并没有太大的进展。不过现在，NLP 领域取得的一系列进展已证明深度学习技术将会对自然语言处理做出重大贡献。一些常见的任务如实体命名识别，词类标记及情感分析等，NLP 都能提供最新的结果，并超越了传统方法。另外，在机器翻译领域的应用上，深度学习技术所取得的进步应该是最显著的。

记得在上学期间感觉 NLP 这个领域很新鲜、很空白，决定尝试做一下，读完博士，感觉 NLP 比我最初接触时理解的 NLP 更新鲜，更值得挖掘。NLP 很多问题都没有正式定义，或者说很难用统一的标准去训练机器、很难搞 benchmark dataset，这可能也是 AI 的一大挑战。

我认为现在比较成熟的 AI 方向都是相对确定的。比如语音识别，拿来一段语音，就知道说的是什么话；比如 vision，猫的照片就是猫，这个人脸的照片就是这个人。NLP 有一些问题就没这么明确。比如文本摘要，到底哪一个摘要是最好的呢？机器翻译，到底哪一个译文是最好的呢？复杂一些的情感分析，这篇报道的作者到底有没有在暗讽这个人？如果一个问题有明确的答案，比如 Waston——专门参加开心辞典回答问题，算法训练起来轻松一些。但如果一个问题本身的答案并无明确的高下之分，那算法也无可奈何。

定义新问题，以较小的代价搜集新的数据集，开发新的 evaluation method，这些与研究新算法一样有趣、有挑战性。举个简单的例子。我们想让机器自动识别出来讽刺的语气，那么去哪里找讽刺的话呢？我们有现成的分析情感的工具，再利用这些有 #sarcasm 标签的推文，可以训练一个识别“什么情况是倒霉情况”的分类器。以后就可以用这个倒霉识别器去识别没有标签的讽刺句子了，bootstrap 一下把数据集搞大，这就是一个最初级的讽刺方面的数据集。

NLP 圈里很多人喜欢搞新的数据集，这个现象有利有弊，但这说明了有很多空白问题需要定义，有很多空白资源需要创建。本书从各个方面着手，帮助读者理解 NLP 的过程，提供了各种实战场景，结合现实项目背景，帮助读者理解 NLP 中的数据结构和算法以及目前主流的 NLP 技术与方法论，结合信息检索技术与大数据应用等流行技术，最终完成对 NLP 的学习和掌握。

阿里巴巴达摩院高级算法专家　黄英

2018 年 1 月 17 于杭州

FOREWORD 2

# 序　二

近年来，几乎整个人工智能界的研究者们都注意到一个技术名词——自然语言处理（NLP）。NLP 作为人工智能领域的一个重要分支，现在已经发展成为人工智能研究中的热点方向。最近几十年来，随着软硬件协同发展，数据爆炸性增长，信息过载的问题越来越严重，全部依赖人来分析和驱动的传统方式，面对海量信息的局面显得越来越捉襟见肘。这样的情况下，能够自动化处理大规模文本相关的数据的 NLP，即将成为未来人工智能发展技术的新趋势和方向。

自然语言处理作为机器学习与语言学、统计学等的综合学科，不仅知识内容多，发展迅速，而且非常依赖于工程能力。目前，统计学以及数据驱动的方法在 NLP 中占据着统治地位。同时，最近几年深度学习不断被引入 NLP 领域，越来越多的知识需要读者去学习。这时候急需一本能够从全局梳理 NLP 的书籍，帮助 NLP 学习者快速入门。传统的 NLP 书籍对于具体问题的方法讲解有足够的思路，但是要么是基于英文语料的讲解，要么通篇都是理论，面对复杂的中文语料环境缺乏实践性。

本书的作者通过对前人传统 NLP 技术以及新兴的深度学习方法深入梳理，形成自己理解的 NLP 解决之道。本书在内容上平衡了理论和技术，在每章的理论之后都配备了实践课，方便读者能够动手加深理解，避免成为只会夸夸其谈的 NLP 理论“专家”。本书可以帮助研究者，特别是初学者，加强对 NLP 的理论与技术的学习，授人以鱼的同时授人以渔，帮助读者灵活解决实际工作当中遇到的各种 NLP 问题。

七牛云 AI 实验室 Leader，10 余年人工智能和深度学习研究　林亦宁

PREFACE

# 前　言

## 为什么要写这本书

这是一本关于中文自然语言处理（简称NLP）的书，NLP是计算机科学领域与人工智能领域中的一个重要方向。它研究能实现人与计算机之间用自然语言进行有效通信的各种理论和方法。NLP是一门融语言学、计算机科学、数学于一体的科学。本书偏重实战，不仅系统介绍了NLP涉及的知识点，同时也教会读者如何实际应用与开发。围绕这个主题，本书从章节规划到具体的讲述方式，具有以下两个特点：

第一个特点是本书的主要目标读者定位为高校相关专业的大学生（统计学、计算机技术）、NLP爱好者，以及不具备专业数学知识的人群。NLP是一系列学科的集合体，其中包含了语言学、机器学习、统计学、大数据以及人工智能等方面，尤其依赖数学知识才能深入理解其原理。因此本书对专业知识的讲述过程必须绕过复杂的数学证明，从问题的前因后果、创造者思考的过程、概率或几何解释代替数学解释等一系列迂回的路径去深入模型的本源，这可能多少会牺牲一些严谨性，但是却能换来对大多数人更为友好的阅读体验。

第二个特点是本书是一本介绍中文自然语言处理的书，中文分词相对于英文分词来说更为复杂，读者将通过例子来学习，体会到能够通过实践验证自己想法的价值，我们提供了丰富的来自NLP领域的案例。在本书的内容编制上，从知识点背景介绍到原理剖析，辅以实战案例，所有的代码会在书中详细列出或者上传Github方便读者下载与调试，帮助读者快速上手掌握知识点，同时可以应用到后续实际的开发项目中。在实际项目章节中，选取目前在 NLP 领域中比较热门的项目，将之前的知识点进行汇总，帮助读者巩固与提升。本书难度适中属于入门和扩展级读物。

## 读者将学到什么

- 如何用 NLP 与语言学的关键概念来描述和分析语言
- NLP 中的数据结构和算法是怎样的
- 自然语言处理目前主流的技术与方法论
- 信息检索技术与大数据应用

## 读者对象

1）统计学或相关 IT 专业学生

本书的初衷是面向相关专业的学生——大量基于理论知识的认知却缺乏实战经验的人员，让其在理论的基础上深入了解。通过本书，学生可以跟随本书的教程一起操作学习，达到对自己使用的人工智能工具、算法和技术知其然亦知其所以然的目的。

2）信息科学和计算机科学爱好者

本书是一部近代科技的历史书，也是一部科普书，还可以作为一部人工智能思想和技术的教科书去阅读。通过本书可以了解到行业先驱们在探索人工智能道路上所做出的努力和思考，理解他们不同的观点和思路，有助于开拓自己的思维和视野。

3）人工智能相关专业的研究人员

本书具体介绍了 NLP 相关知识。通过本书可以了解理论知识，了解哪些才是项目所需的内容以及如何在项目中实现，能够快速上手。

## 如何阅读本书

本书内容针对 NLP 从以下几个方面进行阐述：

第一部分的内容包括第 1、2、11 章，主要介绍了 NLP 所需要了解的 Python 科学包、正则表达式以及 Solr 检索。

第二部分的内容包括第 5 ～ 10 章的内容，主要是介绍 NLP 相关的各个知识点。分别是：

第 3 ～ 5 章主要介绍了词法分析层面的一些技术，这一部分是 NLP 技术的基础，需要读者熟练掌握。

第 6 章介绍了句法分析技术，该部分目前理论研究较多，工程实践中使用门槛相对较高，且效果多是依赖结合业务知识进行规则扩展，因此本书未做深入探讨，读者了解即可。

第 7 章介绍了常用的向量化方法。这些方法常用于各种 NLP 任务的输入，读者需重点掌握。

第 8 章介绍了情感分析相关的概念、场景以及一般做情感分析的流程，情感分析在很多行业都有应用，所以需要读者熟练掌握。

第 9 章介绍了机器学习的一些基本概念，重点突出 NLP 常用的分类算法、聚类算法，同时还介绍了几个案例，这章是 NLP 的基础内容，需要重点掌握。

第 10 章介绍了 NLP 中常用的深度学习算法，这些方法比较复杂，但是非常实用，需要读者耐心学习。

除了以上内容外，以下信息是在本书中涉及特定内容的解释和说明：

**内容延伸**。本书每个章节都有一定的内容延伸章节，其内容是对于有兴趣深入研究的读者推荐的资料或进一步了解的知识点，由于每个主题都涵盖很多内容，因此本书仅在内容延伸中抛砖引玉，有兴趣的读者可以加以了解和学习。

**相关知识点**。本书很多章节中都有“相关知识点”的内容介绍，其对特定工具、知识、算法、库等方面做了较为详细的介绍，它们是本书的知识堡垒。

**本章小结**。每章的结尾都有“本章小结”，在小结中包含 4 部分内容。

- 内容小结。内容小结是有关本章内容的总结。
- 重点知识。重点知识是本章重点需要读者掌握的知识和内容。
- 外部参考。外部参考是本章提到过但是无法详细介绍的内容，都在外部参考中列出，有兴趣的读者可以基于比构建自己的知识图谱。
- 应用实践。基于本章内容推荐读者在实践中落地的建议。

**提示**。对于知识点的重要提示和应用技巧，相对“相关知识点”而言，每条提示信息的内容量较少，一般都是经验类的总结。

**注意**。特定需要引起注意的知识，这些注意点是应用过程中需要避免的“大坑”。

### 关于附件的使用方法

除了第 1 章外，本书的每一章都有对应源数据和完整代码，该内容可在本书中直接找到，有些代码需要从 Github 下载，地址是 https://github.com/nlpinaction/learning-nlp。需要注意的是，为了让读者更好地了解每行代码的含义，笔者在注释信息中使用了中文标注，且每个程序文件的编码格式都是 UTF-8。

## 勘误和支持

由于笔者水平有限，书中难免会出现一些错误或者不准确的地方，恳请读者批评指正。读者可通过以下途径联系并反馈建议或意见：

▼ **即时通讯**。添加个人微信（kennymingtu）反馈问题。

▼ **电子邮件**。发送 E-mail 到 kenny_tm@hotmail.com。

## 致谢

在本书的撰写过程中，得到了来自多方的指导、帮助和支持。

首先要感谢的是机械工业出版社的杨福川编辑，他在本书出版过程中给予我极大的支持和鼓励，并为此书的撰写提供了方向和思路指导。

其次要感谢黄英和周剑老师在自然语言处理项目和工作中提供的宝贵经验和支持。

再次要感谢全程参与审核、校验等工作的张锡鹏、孙海亮编辑以及其他背后默默支持的出版工作者，是他们的辛勤付出才让本书得以顺利面世。

最后感谢我的父母、家人和朋友，使得我有精力完成本书的编写。

谨以此书献给热爱数据工作并为之奋斗的朋友们，愿大家身体健康、生活美满、事业有成！

涂铭

2018 年 1 月于上海

书籍初成，感慨良多。

在接受邀请撰写本书时，从未想到过程如此艰辛。

感谢我的女友和家人的理解与支持，陪伴我度过写书的漫长岁月。

感谢我的合著者——涂铭和刘树春，与他们合作轻松愉快，给予我很多的理解和包容。

感谢参与审阅、校验等工作的孙海亮老师等出版社工作人员，是他们在幕后的辛勤付出保证了本书的出版成功。

再次感谢一路陪伴的所有人！

刘祥

2018年1月于北京

首先要感谢我的两位合作者——涂铭和刘祥，能够相聚在一起写书是缘分。当初聊到出版NLP入门书籍的想法时我们一拍即合，然而真正开始执笔才发现困难重重，业余时间常常被工作挤占，进度一拖再拖，在伙伴们的支持下，克服了拖延症，顺利完成本书。

特别感谢我的爱人和家人的悉心照料和支持。

感谢孙海亮老师、张锡鹏老师等出版社工作人员，没有他们的辛劳付出就没有本书保质保量的完成。

最后感谢帮我校稿的林博、谢雨飞、陈敏，谢谢他们在生活和工作上给我的支持与帮助。

最后，祝大家学习快乐。

刘树春

2018年1月于上海

CONTENTS

# 目　　录

CHAPTER 1

# 第1章 NLP基础

在本章中，你将学到与NLP（自然语言处理）相关的基础知识。

本章的要点包括：

▼ NLP基础概念

▼ NLP的发展与应用

▼ NLP常用术语以及扩展介绍

## 1.1 什么是NLP

### 1.1.1 NLP的概念

NLP（Natural Language Processing，自然语言处理）是计算机科学领域以及人工智能领域的一个重要的研究方向，它研究用计算机来处理、理解以及运用人类语言（如中文、英文等），达到人与计算机之间进行有效通讯。所谓“自然”乃是寓意自然进化形成，是为了区分一些人造语言，类似C++、Java等人为设计的语言。在人类社会中，语言扮演着重要的角色，语言是人类区别于其他动物的根本标志，没有语言，人类的思维无从谈起，沟通交流更是无源之水。在一般情况下，用户可能不熟悉机器语言，所以自然语言处理技术可以帮助这样的用户使用自然语言和机器交流。从建模的角度看，为了方便计算机处理，自然语言可以被定义为一组规则或符号的集合，我们组合集合中的符号来传递各种信息。自然语言处理研究表示语言能力、语言应用的模型，通过建立计算机框架来实现这样的语言模型，并且不断完善这样的语言模型，还需要根据该语言模型来设计各种实用的系统，并且探讨这些实用技术的评测技术。这一定义有点宽泛，但是语言本身就是人类最为复杂的概念之一。这些年，NLP研究取得了长足的进步，逐渐发展成为一门独立的学科，从自然语言的角度出发，NLP基本可以分为两个部分：自然语言处理以及自然语言生成，演化为理解和生成文本的任务，如图1-1所示。

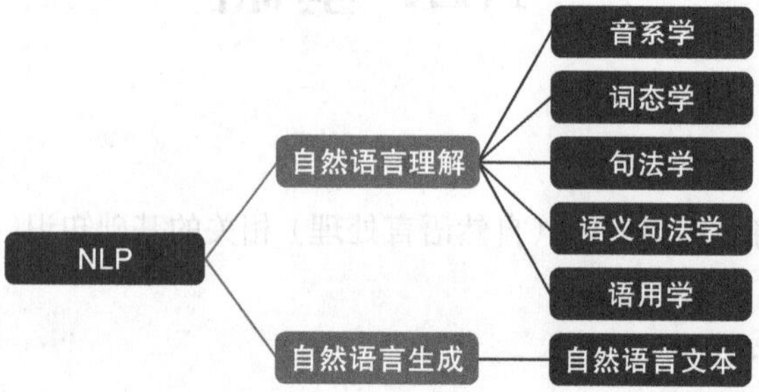


图1-1　NLP的基本分类

自然语言的理解是个综合的系统工程，它又包含了很多细分学科，有代表声音的音系学，代表构词法的词态学，代表语句结构的句法学，代表理解的语义句法学和语用学。

- ▼ 音系学：指代语言中发音的系统化组织。
- ▼ 词态学：研究单词构成以及相互之间的关系。
- ▼ 句法学：给定文本的哪部分是语法正确的。
- ▼ 语义学：给定文本的含义是什么？
- ▼ 语用学：文本的目的是什么？

语言理解涉及语言、语境和各种语言形式的学科。而自然语言生成（Natural Language Generation，NLG）恰恰相反，从结构化数据中以读取的方式自动生成文本。该过程主要包含三个阶段：文本规划（完成结构化数据中的基础内容规划）、语句规划（从结构化数据中组合语句来表达信息流）、实现（产生语法通顺的语句来表达文本）。

### 1.1.2 NLP的研究任务

NLP可以被应用于很多领域，这里大概总结出以下几种通用的应用：

- ▼ 机器翻译：计算机具备将一种语言翻译成另一种语言的能力。
- ▼ 情感分析：计算机能够判断用户评论是否积极。
- ▼ 智能问答：计算机能够正确回答输入的问题。
- ▼ 文摘生成：计算机能够准确归纳、总结并产生文本摘要。
- ▼ 文本分类：计算机能够采集各种文章，进行主题分析，从而进行自动分类。
- ▼ 舆论分析：计算机能够判断目前舆论的导向。
- ▼ 知识图谱：知识点相互连接而成的语义网络。

机器翻译是自然语言处理中最为人所熟知的场景，国内外有很多比较成熟的机器翻译产品，比如百度翻译、Google翻译等，还有提供支持语音输入的多国语言互译的产品（比如科大讯飞就出了一款翻译机）。

体验下，百度在线翻译：

http://fanyi.baidu.com/?aldtype=16047#auto/zh

情感分析在一些评论网站比较有用，比如某餐饮网站的评论中会有非常多拔草的客人的评价，如果一眼扫过去满眼都是又贵又难吃，那谁还想去呢？另外有些商家为了获取大量的客户不惜雇佣水军灌水，那就可以通过自然语言处理来做水军识别，情感分析来分析总体用户评价是积极还是消极。

智能问答在一些电商网站有非常实际的价值，比如代替人工充当客服角色，有很多基本而且重复的问题，其实并不需要人工客服来解决，通过智能问答系统可以筛选掉大量重复的问题，使得人工座席能更好地服务客户。

体验下，图灵机器人：

http://www.tuling123.com/experience/exp_virtual_robot.jhtml? nav=exp

文摘生成利用计算机自动地从原始文献中摘取文摘，全面准确地反映某一文献的中心内容。这个技术可以帮助人们节省大量的时间成本，而且效率更高。

文本分类是机器对文本按照一定的分类体系自动标注类别的过程。举一个例子，垃圾邮件是一种令人头痛的顽症，困扰着非常多的互联网用户。2002 年，Paul Graham 提出使用“贝叶斯推断”来过滤垃圾邮件，1000 封垃圾邮件中可以过滤掉 995 封并且没有一个是误判，另外这种过滤器还具有自我学习功能，会根据新收到的邮件，不断调整。也就是说收到的垃圾邮件越多，相对应的判断垃圾邮件的准确率就越高。

舆论分析可以帮助分析哪些话题是目前的热点，分析传播路径以及发展趋势，对于不好的舆论导向可以进行有效的控制。

知识图谱（Knowledge Graph/Vault）又称科学知识图谱，在图书情报界称为知识域可视化或知识领域映射地图，是显示知识发展进程与结构关系的一系列各种不同的图形，用可视化技术描述知识资源及其载体，挖掘、分析、构建、绘制和显示知识及它们之间的相互联系。知识图谱的一般表现形式如图 1-2 所示。

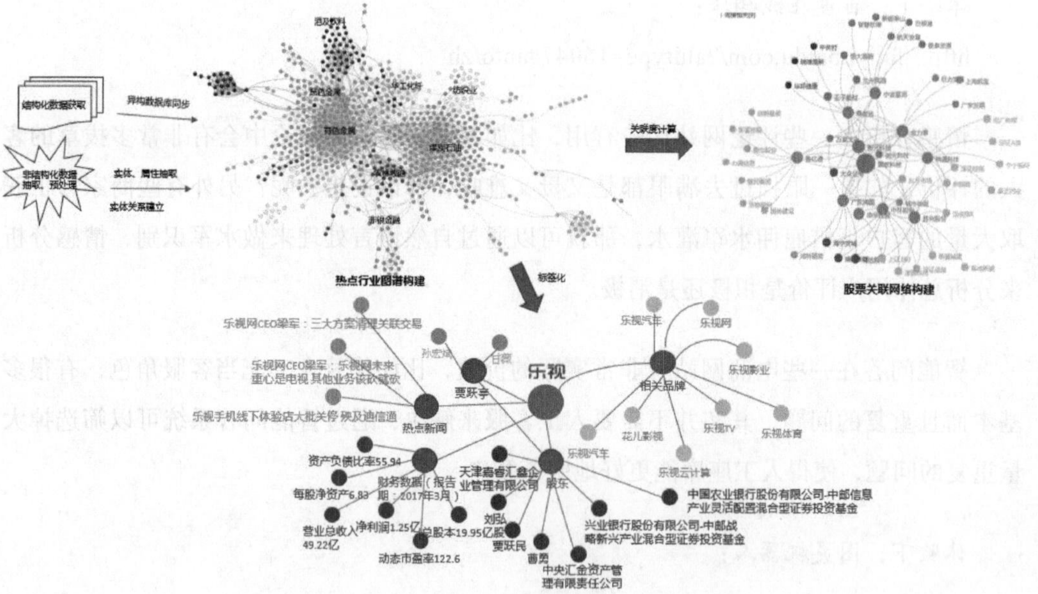


图 1-2　知识图谱图示

## 1.2 NLP 的发展历程

NLP 的发展大致经历了 3 个阶段：1956 年以前的萌芽期，1980 年～ 1999 年的快速发展期和 21 世纪的突飞猛进期。

**萌芽期（1956 年以前）**

早期的自然语言处理具有鲜明的经验主义色彩。如 1913 年马尔科夫提出马尔可夫随机过程与马尔可夫模型的基础就是“手工查频”，具体说就是统计了《欧根·奥涅金》长诗中元音与辅音出现频度；1948 年香农把离散马尔可夫的概率模型应用于语言的自动机，同时采用手工方法统计英语字母的频率。

然而这种经验主义到了乔姆斯基时期出现了转变。1956 年乔姆斯基借鉴香农的工作，把有限状态机作为刻画语法的工具，建立了自然语言的有限状态模型，具体来说就是用“代数”和“集合”将语言转化为符号序列，建立了一大堆有关语法的数学模型。这些工作非常伟大，为自然语言和形式语言找到了一种统一的数学描述理论，一个叫做“形式语言理论”的新领域诞生了。但乔姆斯基否定了有限状态模型在自然语言中的适用性，然后主张采用有限的、严格的规则去描述无限的语言现象，提出了风靡一时的转换生成语法。这一时期，虽然诸如贝叶斯方法、隐马尔可夫、最大熵、支持向量机等经典理论和算法也有提出，但自然语言处理领域的主流仍然是基于规则的理性主义方法。

**快速发展期（1980 年 ～ 1999 年）**

这种情况一直持续到 20 世纪 80 年代初期才发生变化，很多学者开始反思有限状态模型以及经验主义方法的合理性。20 世纪 80 年代初，话语分析（Discourse Analysis）也取得了重大进展。之后，由于自然语言处理研究者对于过去的研究进行了反思，有限状态模型和经验主义研究方法也开始复苏。

90 年代后，基于统计的自然语言处理开始大放异彩。首先是在机器翻译领域取得了突破，因为引入了许多基于语料库的方法。1990 年在芬兰赫尔辛基举办的第 13 届国际计算语言学会议确定的主题是“处理大规模真实文本的理论、方法与工具”，研究的重心开始转向大规模真实文本了，传统的基于规则的自然语言处理显然力不从心了。学者们认为，大规模语料至少是对基于规则方法有效的补充。在1994年～1999年间，经验主义空前繁荣，如句法剖析、词类标注、参照消解、话语处理的算法几乎把“概率”与“数据”作为标准方法，成为自然语言处理的主流。

20世纪90年代中期，有两件事从根本上促进了自然语言处理研究的复苏与发展。一件事是20世纪90年代中期以来，计算机的运行速度和存储量大幅增加，为自然语言处理改善了物质基础，使得语音和语言处理的商品化开发成为可能；另一件事是1994年Internet商业化和同期网络技术的发展使得基于自然语言的信息检索和信息抽取的需求变得更加突出。这样，自然语言处理的社会需求更加迫切，自然语言处理的应用面也更加宽广，自然语言处理不再局限于机器翻译、语音控制等早期研究领域了。

从20世纪90年代末到21世纪初，人们逐渐认识到，仅用基于规则或统计的方法是无法成功进行自然语言处理的。基于统计、基于实例和基于规则的语料库技术在这一时期开始蓬勃发展，各种处理技术开始融合，自然语言处理的研究再次繁荣。

**突飞猛进期（2000年至今）**

进入21世纪以后，自然语言处理又有了突飞猛进的变化。2006年，以Hinton为首的几位科学家历经近20年的努力，终于成功设计出第一个多层神经网络算法——深度学习。这是一种将原始数据通过一些简单但是非线性的模型转变成更高层次、更加抽象表达的特征学习方法，一定程度上解决了人类处理“抽象概念”这个亘古难题。目前，深度学习在机器翻译、问答系统等多个自然语言处理任务中均取得了不错的成果，相关技术也被成功应用于商业化平台中。

未来，深度学习作为人工智能皇冠上的明珠，将会在自然语言处理领域发挥着越来越重要的作用。

## 1.3 NLP 相关知识的构成

### 1.3.1 基本术语

为了帮助读者更好地学习 NLP，这里会一一介绍 NLP 领域的一些基础专业词汇。

（1）分词（segment）

词是最小的能够独立活动的有意义的语言成分，英文单词之间是以空格作为自然分界符的，而汉语是以字为基本的书写单位，词语之间没有明显的区分标记，因此，中文词语分析是中文分词的基础与关键。中文和英文都存在分词的需求，不过相较而言，英文单词本来就有空格进行分割，所以处理起来相对方便。但是，由于中文是没有分隔符的，所以分词的问题就比较重要。分词常用的手段是基于字典的最长串匹配，据说可以解决 85% 的问题，但是歧义分词很难。举个例子，“美国会通过对台售武法案”，我们既可以切分为“美国 / 会 / 通过对台售武法案”，又可以切分成“美 / 国会 / 通过对台售武法案”。

（2）词性标注（part-of-speech tagging）

基于机器学习的方法里，往往需要对词的词性进行标注。词性一般是指动词、名词、形容词等。标注的目的是表征词的一种隐藏状态，隐藏状态构成的转移就构成了状态转移序列。例如：我 /r 爱 /v 北京 /ns 天安门 /ns。其中，ns 代表名词，v 代表动词，ns、v 都是标注，以此类推。

（3）命名实体识别（NER，Named Entity Recognition）

命名实体是指从文本中识别具有特定类别的实体（通常是名词），例如人名、地名、机构名、专有名词等。

（4）句法分析（syntax parsing）

句法分析往往是一种基于规则的专家系统。当然也不是说它不能用统计学的方法进行构建，不过最初的时候，还是利用语言学专家的知识来构建的。句法分析的目的是解析句子中各个成分的依赖关系。所以，往往最终生成的结果是一棵句法分析树。句法分析可以解决传统词袋模型不考虑上下文的问题。比如，“小李是小杨的班长”和“小杨是小李的班长”，这两句话，用词袋模型是完全相同的，但是句法分析可以分析出其中的主从关系，真正理清句子的关系。

（5）指代消解（anaphora resolution）

中文中代词出现的频率很高，它的作用的是用来表征前文出现过的人名、地名等。例如，清华大学坐落于北京，这家大学是目前中国最好的大学之一。在这句话中，其实“清华大学”这个词出现了两次，“这家大学”指代的就是清华大学。但是出于中文的习惯，我们不会把“清华大学”再重复一遍。

（6）情感识别（emotion recognition）

所谓情感识别，本质上是分类问题，经常被应用在舆情分析等领域。情感一般可以分为两类，即正面、负面，也可以是三类，在前面的基础上，再加上中性类别。一般来说，在电商企业，情感识别可以分析商品评价的好坏，以此作为下一个环节的评判依据。通常可以基于词袋模型 + 分类器，或者现在流行的词向量模型 +RNN。经过测试发现，后者比前者准确率略有提升。

（7）纠错（correction）

自动纠错在搜索技术以及输入法中利用得很多。由于用户的输入出错的可能性比较大，出错的场景也比较多。所以，我们需要一个纠错系统。具体做法有很多，可以基于 N-Gram 进行纠错，也可以通过字典树、有限状态机等方法进行纠错。

（8）问答系统（QA system）

这是一种类似机器人的人工智能系统。比较著名的有：苹果 Siri、IBM Watson、微软小冰等。问答系统往往需要语音识别、合成，自然语言理解、知识图谱等多项技术的配合才会实现得比较好。

### 1.3.2 知识结构

作为一门综合学科，NLP 是研究人与机器之间用自然语言进行有效通信的理论和方法。这需要很多跨学科的知识，需要语言学、统计学、最优化理论、机器学习、深度学习以及自然语言处理相关理论模型知识做基础。作为一门杂学，NLP 可谓是包罗万象，体系化与特殊化并存，这里简单罗列其知识体系：

- 句法语义分析：针对目标句子，进行各种句法分析，如分词、词性标记、命名实体识别及链接、句法分析、语义角色识别和多义词消歧等。
- 关键词抽取：抽取目标文本中的主要信息，比如从一条新闻中抽取关键信息。主要是了解是谁、于何时、为何、对谁、做了何事、产生了有什么结果。涉及实体识别、时间抽取、因果关系抽取等多项关键技术。
- 文本挖掘：主要包含了对文本的聚类、分类、信息抽取、摘要、情感分析以及对挖掘的信息和知识的可视化、交互式的呈现界面。
- 机器翻译：将输入的源语言文本通过自动翻译转化为另一种语言的文本。根据输入数据类型的不同，可细分为文本翻译、语音翻译、手语翻译、图形翻译等。机器翻译从最早的基于规则到二十年前的基于统计的方法，再到今天的基于深度学习（编解码）的方法，逐渐形成了一套比较严谨的方法体系。
- 信息检索：对大规模的文档进行索引。可简单对文档中的词汇，赋以不同的权重来建立索引，也可使用算法模型来建立更加深层的索引。查询时，首先对输入比进行分析，然后在索引里面查找匹配的候选文档，再根据一个排序机制把候选文档排序，最后输出排序得分最高的文档。
- 问答系统：针对某个自然语言表达的问题，由问答系统给出一个精准的答案。需要对自然语言查询语句进行语义分析，包括实体链接、关系识别，形成逻辑表达式，然后到知识库中查找可能的候选答案并通过一个排序机制找出最佳的答案。
- 对话系统：系统通过多回合对话，跟用户进行聊天、回答、完成某项任务。主要涉及用户意图理解、通用聊天引擎、问答引擎、对话管理等技术。此外，为了体现上下文相关，要具备多轮对话能力。同时，为了体现个性化，对话系统还需要基于用户画像做个性化回复。知识结构结构图如图 1-3 所示。

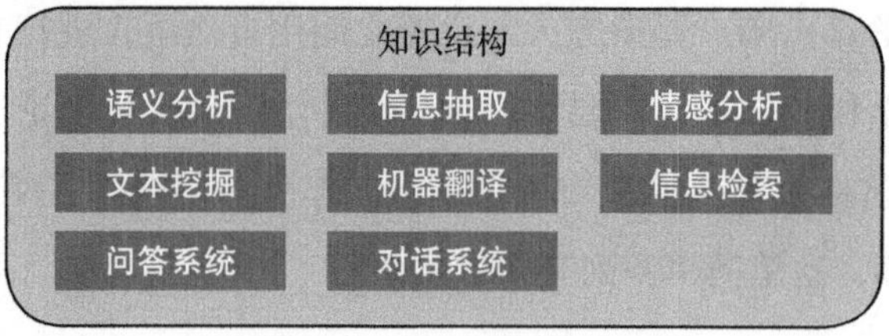


图 1-3　知识结构图示

---

**扩展阅读**

自然语言的学习，需要有以下几个前置知识体系：

▼ 目前主流的自然语言处理技术使用 python 来编写。

▼ 统计学以及线性代数入门。

---

## 1.4　语料库

巧妇难为无米之炊，语料库就是 NLP 的“米”，本书用到的语料库主要有：

（1）中文维基百科[⊖]

维基百科是最常用且权威的开放网络数据集之一，作为极少数的人工编辑、内容丰富、格式规范的文本语料，各类语言的维基百科在 NLP 等诸多领域应用广泛。维基百科提供了开放的词条文本整合下载，可以找到你需要的指定时间、指定语言、指定类型、指定内容的维基百科数据，中文维基百科数据是维基提供的语料库。

⊖ https://dumps.wikimedia.org/zhwiki/。

（2）搜狗新闻语料库[⊖]

来自若干新闻站点 2012 年 6 月～ 7 月期间国内、国际、体育、社会、娱乐等 18 个频道的新闻数据，提供 URL 和正文信息。

（3）IMDB 情感分析语料库[⊜]

互联网电影资料库（Internet Movie Database，简称 IMDb）是一个关于电影演员、电影、电视节目、电视明星和电影制作的在线数据库。IMDb 的资料中包括了影片的众多信息、演员、片长、内容介绍、分级、评论等。对于电影的评分目前使用最多的就是 IMDb 评分。

还有豆瓣读书相关语料（爬虫获取）、邮件相关语料等。

## 1.5 探讨 NLP 的几个层面

本书所探讨的自然语言处理可以分为以下三个层面：

（1）第一层面：词法分析

词法分析包括汉语的分词和词性标注这两部分。之前有提过，汉语分词与英文不同，汉语书面词语之间没有明显的空格标记，文本中的句子以字符串的方式出现，句子中由逗号分隔，句子和句子之间常以句号分隔。针对汉语这种独特的书面表现形式，汉语的自然语言处理的首要工作就是要将输入的文本切分为单独的词语，然后在此技术上进行其他更高级的分析。

上述这个步骤称为分词。除了分词之外，词性标注也通常被认为是词法分析的一部分，词性标注的目的是为每一个词赋予一个类别，这个类别可以是名词（noun）、动

⊖ http://download.labs.sogou.com/resource/ca.php。

⊜ https://www.kaggle.com/tmdb/tmdb-movie-metadata。

词（verb）、形容词（adjective）等。通常来说，属于相同词性的词，在句法中承担类似的角色。

（2）第二层面：句法分析

句法分析是对输入的文本以句子为单位，进行分析以得到句子的句法结构的处理过程。对句法结构进行分析，一方面是为了帮助理解句子的含义，另一方面也为更高级的自然语言处理任务提供支持（比如机器翻译、情感分析等）。目前业界存在三种比较主流的句法分析方法：短语结构句法体系，作用是识别出句子中的短语结构以及短语之间的层次句法关系；依存结构句法体系，作用是识别句子中词与词之间的相互依赖关系；深层文法句法分析，利用深层文法，例如词汇化树邻接文法，组合范畴文法等对句子进行深层的句法以及语义分析。

上述几种句法分析，依存句法分析属于浅层句法分析，其实现过程相对来说比较简单而且适合在多语言环境下应用，但是其所能提供的信息也相对较少。深层文法句法分析可以提供丰富的句法和语义信息，但是采用的文法相对比较复杂，分析器的运行复杂度也比较高，这使得深层句法分析不太适合处理大规模的数据。短语结构句法分析介于依存句法分析和深层文法句法分析之间。

（3）第三个层面：语义分析

语义分析的最终目的是理解句子表达的真实语义。但是，语义应该采用什么表示形式一直困扰着研究者们，至今这个问题也没有一个统一的答案。语义角色标注（semantic role labeling）是目前比较成熟的浅层语义分析技术。语义角色标注一般都在句法分析的基础上完成，句法结构对于语义角色标注的性能至关重要。基于逻辑表达的语义分析也得到学术界的长期关注。出于机器学习模型复杂度、效率的考虑，自然语言处理系统通常采用级联的方式，即分词、词性标注、句法分析、语义分析分别训练模型。实际使用时，给定输入句子，逐一使用各个模块进行分析，最终得到所有结果。

近年来，随着研究工作的深入，研究者们提出了很多有效的联合模型，将多个任务联合学习和解码，如分词词性联合、词性句法联合、分词词性句法联合、句法语义联合等。联合模型通常都可以显著提高分析质量，原因在于联合模型可以让相互关联的多个任务互相帮助，同时对于任何单任务而言，人工标注的信息也更多了。然而，联合模型的复杂度更高，速度也更慢。

本书主要介绍第一层面词法分析和第二层面句法分析的内容。

## 1.6 NLP 与人工智能

NLP 是计算机领域与人工智能领域中的一个重要分支。人工智能（Artificial Intelligence，AI）在 1955 年达特茅斯特会议上被提出，而后人工智能先后经历了三次浪潮，但是在 20 世纪 70 年代第一次 AI 浪潮泡沫破灭之后，这一概念迅速进入沉寂，相关研究者都不愿提起自己是研究人工智能的，转而研究机器学习、数据挖掘、自然语言处理等各个方向。1990 年迎来第二次黄金时代，同期日本意欲打造传说中的“第五代计算机”，日本当时宣称第五代计算机的能力就是能够自主学习，而随着第五代计算机研制的失败，人工智能再次进入沉寂期。2008 年左右，由于数据的大幅增强、计算力的大幅提升、深度学习实现端到端的训练，深度学习引领人工智能进入第三波浪潮。人们也逐渐开始将如日中天的深度学习方法引入到 NLP 领域中，在机器翻译、问答系统、自动摘要等方向取得成功。

那么，为什么深度学习可以在 NLP 中取得这样的成绩呢？现在看来，大概可以归结为两点：

（1）海量的数据。经过之前互联网的发展，很多应用积累了足够多的数据可以用于学习。当数据量增大之后，以 SVM（支持向量机）、CRF（条件随机场）为代表的传统浅层模型，由于模型过浅，无法对海量数据中的高维非线性映射做建模，所以不能带来性能的提升。然而，以 CNN、RNN 为代表的深度模型，可以随着模型复杂度的增大而增强，更好贴近数据的本质映射关系，达到更优的效果。

（2）深度学习算法的革新。一方面，深度学习的word2vec的出现，使得我们可以将词表示为更加低维的向量空间，相对于one-hot方式，这既缓解了语义鸿沟问题，又降低了输入特征的维度，从而降低了输入层的维度，另一方面，深度学习模型非常灵活，使得之前的很多任务，可以使用端到端的方式进行训练。例如机器翻译，传统的方法需要先进行分词、对齐、翻译，语言模型需要依赖各个模块，每个模块的误差会传递到下个模块，使得整个系统不是一个整体，变得不太可控。而使用端到端的方式，可以直接映射，避免了误差的传递，提升了性能。

深度学习在NLP中取得了巨大的成绩，当然随之而来也是诸多挑战。深度学习虽是一把利剑，但由于语音和图像这种属于自然信号，而自然语言是人类知识的抽象浓缩表示，所以意味着深度学习并不能解决NLP中的所有问题。人在表达的过程中，由于背景知识的存在会省略非常多的东西，使得自然语言的表达更加简洁，文本所携带的信息也有一定的局限性，在NLP处理过程中也会碰到非常多的困难。类似的问题，当样本的数量有限，如何应用深度学习方法和知识信息进行融合提升整个系统的性能，如何能够自动学习知识，达到能够有效应用包括语言学知识、领域知识，如何随着环境的变化而变化，通过强化学习的方式提升系统的性能，以及如何上下文学习，根据上下文增强对当前任务的决策能力。

NLP过去几十年的发展，从基于简单的规则方法到基于统计学方法，再到现在的基于深度学习神经网络的方法，技术越来越成熟，在很多领域都取得了巨大的成就。展望未来十年，随着数据的积累，云计算，芯片技术发展，人工智能技术的发展，自然语言必将越来越贴近智能。除此之外，随着人工智能各领域的研究细化，每个领域今后将越来越难有大的跨越，所以，跨领域的研究整合将是未来的发展方向。可预见的是NLP将会和其他的领域——视觉、听觉、触觉等高度融合，反映在人工智能技术上就是语音识别和图像识别，最后达到“认知智能”，包含语言、知识和推理的真正意义上的智能。当然前途是光明的，路途是坎坷的。还需要各位同仁一起努力，给NLP研究添砖加瓦。

## 1.7 本章小结

本章介绍了NLP相关的一些基础知识，主要面向NLP刚刚入门的读者。首先介绍了NLP的概念、应用场景和发展历程，在学习NLP技术之前，有必要了解这些宏观的内容；接着讲解了NLP的关键术语、知识结构，以及本书用到的语料库，告诉读者在学习NLP的最初，应该做好哪些技术储备；最后宏观地探讨了NLP与人工智能的关系，为读者普及相关基本概念，为后面的深入学习打好基础。后续章节我们将介绍通过Python处理NLP中的一些关键库以及NLP日常处理中需要掌握的技术。

CHAPTER 2

第 2 章

# NLP 前置技术解析

在本章中，你将学到NLP相关的一些前置技术。很多的数据科学库、框架、模块以及工具箱可以有效地实现NLP大部分常见的算法与技术，掌握与运用正则表达式，Numpy是开始NLP工作的好方式。

本章的要点包括：

▼ 选择 Python 作为自然语言开发语言的理由

▼ 安装与使用 Anaconda

▼ 正则表达式

▼ Numpy

## 2.1 搭建 Python 开发环境

对于自然语言处理的学习，很多人会争论用什么样的编程语言实现最好？有些人认为是Java或者时下流行的Scala，我认为Python才是最佳的选择！

对于学习和从事自然语言处理工作来说，Python具有几大优势：

▼ 提供丰富的自然语言处理库。

▼ 编程语法相对简单（尤其易于理解）。

▼ 具有很多数据科学相关的库。

一般来说 Python 可以从 python.org（https://www.python.org）网站下载，但是对于没有任何 python 经验的读者来说，特别推荐安装 Anaconda（https://www.continuum.io/downloads）。对于初学者来说，Anaconda 使用起来特别方便，而且其涵盖了大部分我们需要的库。

### 2.1.1 Python 的科学计算发行版——Anaconda

Anaconda 是一个用于科学计算的 Python 发行版，支持 Linux、Mac、Windows 系统，它提供了包管理与环境管理的功能，可以很方便地解决多版本 Python 并存、切换以及各种第三方包安装问题。Anaconda 能让你在数据科学的工作中轻松安装经常使用的程序包。你还可以使用它创建虚拟环境，以便更轻松地处理多个项目。Anaconda 简化了工作流程，并且解决了多个包和 Python 版本之间遇到的大量问题。比如由于 Python 有 2.x 和 3.x 两个大的版本，有很多第三方库目前只支持 Python2.x 版本。

你可能已经安装了 Python，并且想知道为何还需要 Anaconda。首先，Anaconda 附带了一大批常用的数据科学包，因此你可以立即开始处理数据，而不需要使用 Python 自带的 pip 命令下载一大堆的数据科学包。其次，使用 Anaconda 的自带命令 conda 来管理包和环境能减少在处理数据过程中使用到的各种库与版本时遇到的问题。下面我们就来介绍下 conda。

#### conda

conda 与 pip 类似，只不过 conda 的可用包专注于数据科学，而 pip 应用广泛。然而，conda 并不像 pip 那样为 Python 量身打造，它也可以安装非 Python 包。它是任何软件堆栈的包管理器。话虽如此，不是所有的 Python 库都可以从 Anaconda 发行版和 conda 获得。你可以（并且今后仍然）使用 pip 和 conda 一起安装软件包。conda 安装预编译的软件包。例如，Anaconda 发行版带有使用 MKL 库编译的 Numpy、Scipy 和 Scikit-learn，它们加快了各种数学操作。这些软件包由供应商维护，这意味着它们通常落后于新版本。

但是对于需要为许多系统构建软件包的客户来说，这些软件包往往更稳定（并且更加方便使用）。

conda 的其中一个功能是包和环境管理器，用于在计算机上安装库和其他软件。conda 只能通过命令行来使用。因此，如果你觉得它很难用，可以参考面向 Windows 的命令提示符教程，或者学习面向 OSX/Linux 用户的 Linux 命令行基础知识课程。

安装了 Anaconda 之后，管理包是相当简单的。要安装包，请在终端中键入 conda install package_name。例如，要安装 Numpy，键入 conda install numpy：

```
conda install numpy
```

你可以同时安装多个包。类似 conda install numpy scipy pandas 的命令会同时安装所有这些包。你还可以通过添加版本号（例如 conda install numpy=1.10）来指定所需的包版本。

conda 还会自动为你安装依赖项。例如，scipy 依赖于 Numpy，因为它使用并需要 Numpy。如果你只安装 scipy（conda install scipy），则 conda 还会安装 Numpy（如果尚未安装的话）。

大多数命令都是很直观的。要卸载包，请使用 conda remove package_name。要更新包，请使用 conda update package_name。如果想更新环境中的所有包（这样做常常很有用），请使用 conda update --all。最后，要列出已安装的包，请使用前面提过的 conda list。

如果不知道要找的包的确切名称，可以尝试使用 conda search search_term 进行搜索。例如，我想安装 Beautiful Soup，但我不清楚确切的包名称。因此，我尝试执行 conda search beautifulsoup，如图 2-1 所示。

---

**提示**：conda 将几乎所有的工具、第三方包都当做 package 对待，因此 conda 可以打破包管理与环境管理的约束，能更高效地安装各种版本 Python 以及各种 package，并且切换起来很方便。

---

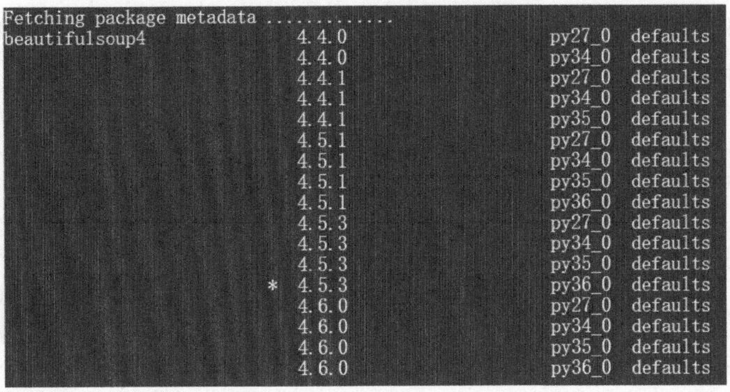

```
Fetching package metadata ............
beautifulsoup4               4.4.0                  py27_0  defaults
                             4.4.0                  py34_0  defaults
                             4.4.1                  py27_0  defaults
                             4.4.1                  py34_0  defaults
                             4.4.1                  py35_0  defaults
                             4.5.1                  py27_0  defaults
                             4.5.1                  py34_0  defaults
                             4.5.1                  py35_0  defaults
                             4.5.1                  py36_0  defaults
                             4.5.3                  py27_0  defaults
                             4.5.3                  py34_0  defaults
                             4.5.3                  py35_0  defaults
                          *  4.5.3                  py36_0  defaults
                             4.6.0                  py27_0  defaults
                             4.6.0                  py34_0  defaults
                             4.6.0                  py35_0  defaults
                             4.6.0                  py36_0  defaults
```

图 2-1　通过 conda 搜索 beautifulsoup

除了管理包之外，conda 还是虚拟环境管理器。它类似于另外两个很流行的环境管理器，即 virtualenv 和 pyenv。

环境能让你分隔用于不同项目的包。你常常要使用依赖于某个库的不同版本的代码。例如，你的代码可能使用了 Numpy 中的新功能，或者使用了已删除的旧功能。实际上，不可能同时安装两个版本的 Numpy。你需要为每个 Numpy 版本创建一个环境，然后在对应的环境中工作，这里再补充一下，每一个环境都是相互独立，互不干预的。

在自然语言处理中，我们需要大量的安装包，使用 Anaconda 无疑大大简化了管理包流程。

### 2.1.2　Anaconda 的下载与安装

本书写作的时候，Anaconda 的版本是 4.4.0，所包含的 Python 版本是 3.6，对于不同的操作系统下载不同的环境，目前以 Windows 版本作为例子讲解，如图 2-2 所示。

下载之后一般按照默认提示图形化安装即可，安装完毕之后，可以通过两种方式启动 Anaconda 的 Notebook：

- ▼ 在 Windows 开始菜单中找到 Anaconda，然后点击 Anaconda Prompt，输入 Jupyter Notebook 启动。

▼ 在 Windows 开始菜单中找到 Anaconda，然后点击 Jupyter Notebook 运行。在浏览器中会出现如图 2-3 所示的画面。

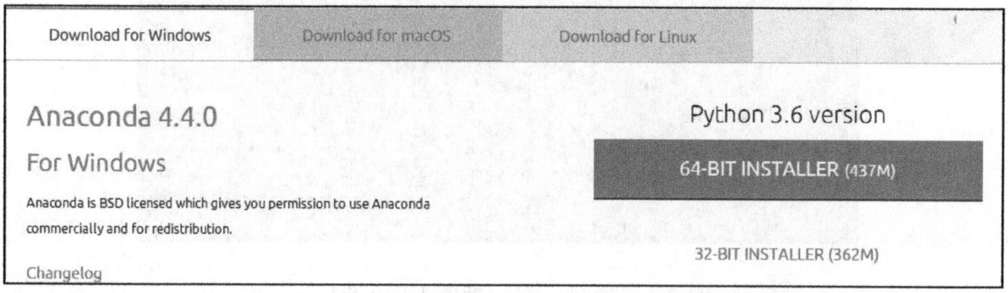


图 2-2　Anaconda 下载

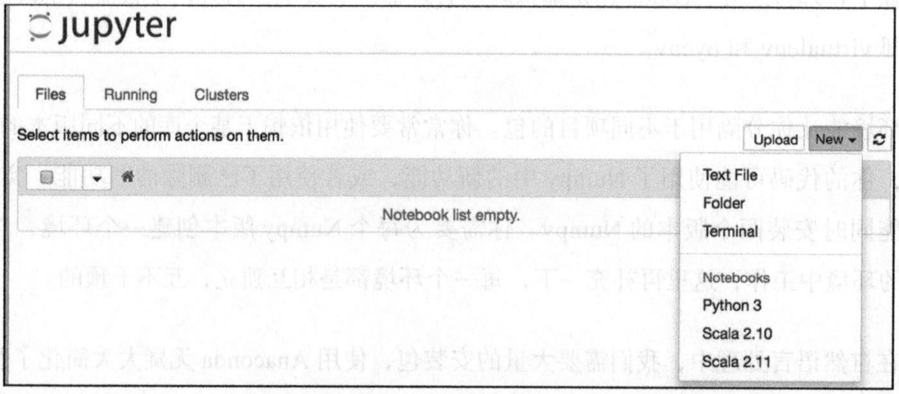


图 2-3　Jupyter Notebook 界面

通过右上角菜单 New—>Python3 新建一个编写代码的页面。然后我们在网页窗口中的“In”区域输入“1+1”，最后按“Shift”+“Enter”键，我们会看到 Out 区域显示为 2，这个就说明我们的 Anaconda 环境部署成功了，如图 2-4 所示。

图 2-4　环境测试界面

Jupyter Notebook 提供的功能之一就是可以让我们多次编辑 Cell（代码单元格）。在实际开发当中，为了得到最好的效果，我们往往会对测试数据（文本）使用不同的技术进行解析与探索，因此 Cell 的迭代分析数据功能变得特别有用。

---

**延伸学习**

本节我们主要介绍了 Anaconda 的基本概念和使用方法，如果读者需要对 Anaconda jupyter notebook 有更深入的了解，可以访问官方文档：https://jupyter.readthedocs.io/en/latest/install.html。

---

## 2.2 正则表达式在 NLP 的基本应用

正则表达式是一种定义了搜索模式的特征序列，主要是用于字符串的模式匹配，或是字符的匹配。随着计算机的普及以及互联网的发展，大量的信息以电子文档方式呈现在人们的面前。NLP 通常所需要处理的语料一部分来自于 web 网页的信息抽取，一部分来自于文本格式的文档。Web 网页具有很强的开发价值，具有时效性强，信息量大，结构稳定，价值高等特点，文本格式的文档多来源于人为编写或系统生成，其中包含了非结构化文本、半结构化文本以及结构化文本。正则表达式的作用之一是将这些文档内容从非结构化转为结构化以便后续的文本挖掘。

正则表达式的另一个作用就是去除“噪声”。在处理大量文本片段的时候，有非常多的文字信息与最终输出的文本无关，这些无关的片段称之为“噪声”（比如 URL 或链接、语气助词、标点符号等）。

正则表达式是处理 NLP 的最基本的手段之一，学习与掌握正则表达式在 Python 中的应用，可以帮助我们在格式复杂的文本中抽取所需的文本信息。比如说抽取以下文本中的年份，每一行的格式不同，因此没有办法通过 Python 提供的字符串方法来抽取，这个时候我们往往考虑使用正则表达式。

```
- "July 16, 2017"
- "16/07/2009"
- "Summer 2008"
```

### 2.2.1 匹配字符串

在Python中，我们会使用re模块来实现正则表达式。为了让大家更好地理解正则表达式在Python中的应用，我们会通过一系列的例子来阐述。

案例中，我们会提到re的一个方法——re.search。

通过使用re.search（regex，string）这个方法，我们可以检查这个string字符串是否匹配正则表达式regex。如果匹配到，这个表达式会返回一个match对象，如果没有匹配到则返回None。

我们先看下准备的有关爬虫介绍的文字信息。句子和句子之间是以句号分隔。具体的文本如下所示：

文本最重要的来源无疑是网络。我们要把网络中的文本获取形成一个文本数据库。利用一个爬虫抓取到网络中的信息。爬取的策略有广度爬取和深度爬取。根据用户的需求，爬虫可以有主题爬虫和通用爬虫之分。

**例1　获取包含“爬虫”这个关键字的句子**

查找哪些语句包含“爬虫”这个关键字。Python的代码实现如下：

```
import re
text_string = '文本最重要的来源无疑是网络。我们要把网络中的文本获取形成一个文本数据库。利用一个爬虫抓取到网络中的信息。爬取的策略有广度爬取和深度爬取。根据用户的需求，爬虫可以有主题爬虫和通用爬虫之分。'
regex = '爬虫'
p_string = text_string.split('。')#以句号为分隔符通过split切分
for line in p_string:
    if re.search(regex,line) is not None: #search方法是用来查找匹配当前行是否匹配这个regex，返回的是一个match对象
        print(line) #如果匹配到，打印这行信息
```

运行上面的程序，我们可以看到输出结果为：

利用一个爬虫抓取到网络中的信息

```
根据用户的需求，爬虫可以有主题爬虫和通用爬虫之分
```

**轮到你来**：尝试模仿上述代码，打印包含“文本”这个字符串的行内容。

### 例 2 匹配任意一个字符

正则表达式中，有一些保留的特殊符号可以帮助我们处理一些常用逻辑。如表 2-1 所示。

表 2-1 匹配任意一个字符

| 符号 | 含义 |
|---|---|
| . | 匹配任意一个字符 |

我们来举几个例子：

| 正则表达式 | 可以匹配的例子 | 不能匹配的例子 |
|---|---|---|
| “a.c” | “abc”, “branch” | “add”, “crash” |
| “..t” | “bat”, “oat” | “it”, “table” |

**提示**：“.”代替任何单个字符（换行除外）

我们现在来演示下如何查找包含“爬”+任意一个字的句子。代码如下：

```
import re
text_string = '文本最重要的来源无疑是网络。我们要把网络中的文本获取形成一个文本数据库。利用一个爬虫抓取到网络中的信息。爬取的策略有广度爬取和深度爬取。根据用户的需求，爬虫可以有主题爬虫和通用爬虫之分。'
regex = '爬.'
p_string = text_string.split('。') #以句号为分隔符通过split切分
for line in p_string:
    if re.search(regex,line) is not None: #search方法是用来查找匹配当前行是否匹配这个regex，返回的是一个match对象
        print(line) #如果匹配到，打印这行信息
```

上述代码基本不变，只需要将 regex 中的“爬”之后加一个“.”即可以满足需求。我们来看下输出会多一行。因为不仅是匹配到了“爬取”也匹配到了“爬虫”。

```
利用一个爬虫抓取到网络中的信息
```

爬取的策略有广度爬取和深度爬取

根据用户的需求，爬虫可以有主题爬虫和通用爬虫之分

**轮到你来：** 模仿上述程序，尝试设计一个案例匹配包含“用户”+任意一个字

### 例 3　匹配起始和结尾字符串

现在介绍另一个特殊符号，具体功能如表 2-2 所示。

表 2-2　匹配开始与结尾的字符串

| 符号 | 含义 |
| --- | --- |
| ^ | 匹配开始的字符串 |
| $ | 匹配结尾的字符串 |

举个例子：

▼“^a”代表的是匹配所有以字母 a 开头的字符串。

▼“a$”代表的是所有以字母 a 结尾的字符串。

我们现在来演示下如何查找以“**文本**”这两个字起始的句子。代码如下：

```
import re
text_string = '文本最重要的来源无疑是网络。我们要把网络中的文本获取形成一个文本数据库。利用一个爬虫抓取到网络中的信息。爬取的策略有广度爬取和深度爬取。根据用户的需求，爬虫可以有主题爬虫和通用爬虫之分。'
regex = '^文本'
p_string = text_string.split('。')
for line in p_string:
if re.search(regex,line) is not None:
print(line)
```

我们可以看到输出为：

文本最重要的来源无疑是网络

**轮到你来：** 模仿上述程序，尝试设计一个案例匹配以“信息”这个字符串结尾的行。

**例 4 使用中括号匹配多个字符**

现在介绍另一个特殊符号，具体功能如表 2-3 所示。

表 2-3 匹配多个字符串

| 符号 | 含义 |
|---|---|
| [ ] | 匹配多个字符 |

举个例子：

“[bcr]at”代表的是匹配“bat”“cat”以及“rat”。

我们先看下文字信息。句子和句子之间以句号分隔。

- ▼ [ 重要的 ] 今年第七号台风 23 日登陆广东东部沿海地区。
- ▼ 上海发布车库销售监管通知：违规者暂停网签资格。
- ▼ [ 紧要的 ] 中国对印连发强硬信息，印度急切需要结束对峙。

我们希望提取以 [ 重要的 ] 或者 [ 紧要的 ] 为起始的新闻标题。代码如下：

```
import re
text_string = ['[ 重要的 ] 今年第七号台风 23 日登陆广东东部沿海地区','上海发布车库销售监管
通知：违规者暂停网签资格','[ 紧要的 ] 中国对印连发强硬信息，印度急切需要结束对峙']
regex = '^\[[ 重紧 ]..\]'
for line in text_string:
    if re.search(regex,line) is not None:
        print(line)
    else:
        print('not match')
```

观测下数据集，我们发现一些新闻标题是以“[ 重要的 ]”“[ 紧要的 ]”为起始，所以我们需要添加“^”特殊符号代表起始，之后因为存在“重”或者“紧”，所以我们使用“[ ]”匹配多个字符，然后以“.”“.”代表之后的任意两个字符。运行以上代码，我们看到结果正确提取了所需的新闻标题。

```
[ 重要的 ] 今年第七号台风 23 日登陆广东东部沿海地区
not match
[ 紧要的 ] 中国对印连发强硬信息，印度急切需要结束对峙
```

## 2.2.2 使用转义符

上述代码中，我们看到使用了“\”为转义符，因为“[]”在正则表达式中是特殊符号。

与大多数编程语言相同，正则表达式里使用“\”作为转义字符，这就可能造成反斜杠困扰。假如你需要匹配文本中的字符“\”，那么使用编程语言表示的正则表达式里将需要4个反斜杠“\\\\”：前两个和后两个分别用于在编程语言里转义成反斜杠，转换成两个反斜杠后再在正则表达式里转义成一个反斜杠。Python里的原生字符串很好地解决了这个问题，这个例子中的正则表达式可以使用r“\\”表示。同样，匹配一个数字的“\\d”可以写成r“\d”。有了原生字符串，你再也不用担心是不是漏写了反斜杠，写出来的表达式也更直观。

为了方便理解我们来举个例子：

```
import re
if re.search("\\\\","I have one nee\dle") is not None:
    print("match it")
else:
    print("not match")
```

通过上述例子，我们就可以匹配到字符串中的那个反斜杠”nee\dle”。为了简洁，我们可以换一个写法：

```
import re
if re.search(r"\\", "I have one nee\dle") is not None:
    print("match it")
else:
    print("not match")
```

通过加一个r，我们就不用担心是否漏写了反斜杠。

## 2.2.3 抽取文本中的数字

### 1. 通过正则表达式匹配年份

“[0-9]”代表的是从0到9的所有数字，那相对的”[a-z]”代表的是从a到z的所有小写字母。我们通过一个小例子来讲解下如何使用。首先我们定义一个 list 分配于一个变量 strings，匹配年份是在 1000 年～ 2999 年之间。代码如下：

```
import re
strings = ['War of 1812', 'There are 5280 feet to a mile', 'Happy New Year 2016!']
for string in strings:
    if re.search('[1-2][0-9]{3}', string):# 字符串有英文有数字，匹配其中的数字部分，并且是在 1000 ~ 2999 之间，{3} 代表的是重复之前的 [0-9] 三次，是 [0-9] [0-9] [0-9] 的简化写法。
        year_strings.append(string)
print(year_strings)
```

**2. 抽取所有的年份**

我们使用 Python 中的 re 模块的另一个方法 findall() 来返回匹配带正则表达式的那部分字符串。re.findall（“[a-z]”，“abc1234”）得到的结果是 [ “a”，“b”，“c” ]。

我们定义一个字符串 years_string，其中的内容是‘2015 was a good year, but 2016 will be better!’。现在我们来抽取一下所有的年份。代码如下：

```
import re
years_string = '2016 was a good year, but 2017 will be better!'
years = re.findall('[2][0-9]{3}',years_string)
```

在 Anaconda 中执行这段语句，我们能看到输出 [ ‘2016’，‘2017’ ]。

**延伸学习**

关于 Python 的教程比比皆是，官方的教程（https://docs.python.org/3/tutorial/）是不错的入门选择。

## 2.3 Numpy 使用详解

Numpy（Numerical Python 的简称）是高性能科学计算和数据分析的基础包，提供了矩阵运算的功能。Numpy 提供了以下几个主要功能：

▼ ndarray——一个具有向量算术运算和复杂广播能力的多维数组对象。

▼ 用于对数组数据进行快速运算的标准数学函数。

▼ 用于读写磁盘数据的工具以及用于操作内存映射文件的工具。

▼ 非常有用的线性代数，傅里叶变换和随机数操作。

▼ 用于集成 C /C++ 和 Fortran 代码的工具。

除明显的科学用途之外，Numpy 也可以用作通用数据的高效多维容器，可以定义任意的数据类型。这些使得 Numpy 能无缝、快速地与各种数据库集成。

---

**提示**

这里提到的“广播”可以这么理解：当有两个维度不同的数组（array）运算的时候，可以用低维的数组复制成高维数组参与运算（因为 Numpy 运算的时候需要结构相同）。

---

在处理自然语言过程中，需要将文字（中文或其他语言）转换为向量。即把对文本内容的处理简化为向量空间中的向量运算。基于向量运算，我们就可以实现文本语义相似度、特征提取、情感分析、文本分类等功能。

本节 Numpy 的要点包括：

▼ 创建 Numpy 数组

▼ 获取 Numpy 中数组的维度

▼ Numpy 数组索引与切片

▼ Numpy 数组比较

▼ 替代值

▼ Numpy 数据类型转换

▼ Numpy 的统计计算方法

### 2.3.1　创建数组

在 Numpy 中，最核心的数据结构是 ndarray，ndarray 代表的是多维数组，数组指的是数据的集合。为了方便理解，我们来举一个小例子。

（1）一个班级里学生的学号可以通过一维数组来表示：数组名叫 a，在 a 中存储的是数值类型的数据，分别是 1,2,3,4。

| 索引 | 学号 |
|---|---|
| 0 | 1 |
| 1 | 2 |
| 2 | 3 |
| 3 | 4 |

其中 a[0] 代表的是第一个学生的学号 1，a[1] 代表的是第二个学生的学号 2，以此类推。

（2）一个班级里学生的学号和姓名，则可以用二维数组来表示：数组名叫 b

| | |
|---|---|
| 1 | Tim |
| 2 | Joey |
| 3 | Johnny |
| 4 | Frank |

类似的，其中 b[0,0] 代表的就是 1（学号），b[0,1] 代表的就是 Tim（学号为 1 的学生的名字），以此类推 b[1,0] 代表的是 2（学号）等。

借用线性代数的说法，一维数组通常称为向量（vector），二维数组通常称为矩阵（matrix）。

当我们安装完 Anaconda 之后，默认情况下 Numpy 已经在库中了，所以不需要额外安装。我们来写一些语句简单测试下 Numpy：

1）在 Anaconda 中输入，如果没有报错，那么说明 Numpy 是正常工作的。

```
In [1]: import numpy as np
```

稍微解释下这句语句：通过 import 关键字将 Numpy 库引入，然后通过 as 为其取一个别名 np，别名的作用是为了之后写代码的时候方便引用。

2）通过 Numpy 中的 array()，可以将向量直接导入：

```
vector = np.array([1,2,3,4])
```

3）通过 numpy.array() 方法，也可以将矩阵导入：

```
matrix = np.array([[1,'Tim'],[2,'Joey'],[3,'Johnny'],[4,'Frank']])
```

---

**轮到你来：**定义一个向量，然后分配于变量名 vector，定义一个矩阵然后分配给变量 matrix，最后通过 Python 中的 print 方法在 Anaconda 中打印出结果。

---

### 2.3.2　获取 Numpy 中数组的维度

首先我们通过 Numpy 中的一个方法 arange(n)，生成 0 到 $n-1$ 的数组。比如我们输入 np.arange(15)，可以看到返回的结果是 array（[0, 1, 2, 3, 4, 5, 6, 7, 8, 9, 10, 11, 12, 13, 14]）。

之后再通过 Numpy 中的 reshape（row,column）方法，自动构架一个多行多列的 array 对象。

比如我们输入：

```
a = np.arange(15).reshape(3,5)，代表 3 行 5 列
```

可以看到结果：

```
array([[ 0,  1,  2,  3,  4],
       [ 5,  6,  7,  8,  9],
       [10, 11, 12, 13, 14]])
```

我们有了基本数据之后，可以通过 Numpy 提供的 shape 属性获取 Numpy 数组的维度。

```
print(a.shape)
```

可以看到返回的结果，这个是一个元组（tuple），第一个 3 代表的是 3 行，第二个 5 代表的是 5 列：

```
(3, 5)
```

**轮到你来**：通过 arange 和 reshape 方法自己定义一个 Numpy 数组，最后通过 Python 中的 print 方法打印出数组的 shape 值（返回的应该是一个元组类型）。

### 2.3.3 获取本地数据

我们可以通过 Numpy 中 genfromtxt() 方法来读取本地的数据集。需要使用的数据集，house-prices.csv 是由逗号（，）分隔的，数据可以按照列的规范：房子的 id、房子的价格、房子有多少卧室、房子有多少洗手间、是否是砖房以及房子所在地区由读者自行创建。创建完之后，我们可以使用以下语句来读取这个数据集：

```
import numpy as np
nfl = np.genfromtxt("D:/numpy/data/price.csv", delimiter=",")
print(nfl)
```

上述代码从本地读取 price.csv 文件到 Numpy 数组对象中（ndarray），举例来说，我们看一下数据集的前几行。

```
[[            nan             nan             nan             nan
              nan             nan]
 [  1.00000000e+00  1.14300000e+05  2.00000000e+00  2.00000000e+00
              nan             nan]
 [  2.00000000e+00  1.14200000e+05  4.00000000e+00  2.00000000e+00
              nan             nan]
 [  3.00000000e+00  1.14800000e+05  3.00000000e+00  2.00000000e+00
              nan             nan]
 [  4.00000000e+00  9.47000000e+04  3.00000000e+00  2.00000000e+00
              nan             nan]
```

暂时先不用考虑返回数据中出现的 nan。

每一行的数据代表了房间的地区，是否是砖瓦结构，有多少卧室、洗手间以及价格的描述。

每个列代表了：

▼ Home：房子的 id

▼ Price：房子的价格

▼ Bedrooms：有多少个卧室

▼ Bathroom：有多少个洗手间

▼ Brick：是否是砖房

▼ Neighborhood：地区

---

**轮到你来**：使用 Numpy 的 genfromtxt 方法，读取 price.csv 文件并且命名为 home_price，然后通过 print 方法打印其类型及内容。

---

**注意**：Numpy 数组中的数据必须是相同类型，比如布尔类型（bool）、整型（int），浮点型（float）以及字符串类型（string）。Numpy 可以自动判断数组内的对象类型，我们可以通过 Numpy 数组提供的 dtype 属性来获取类型。

---

### 2.3.4 正确读取数据

回到之前的话题，上文发现显示出来的数据里面有数据类型 na（not available）和 nan（not a number），前者表示读取的数值是空的、不存在的，后者是因为数据类型转换出错。对于 nan 的出错，我们可以用 genfromtxt() 来转化数据类型。

▼ dtype 关键字要设定为‘U75’. 表示每个值都是 75byte 的 unicode。

▼ skip_header 关键字可以设置为整数，这个参数可以跳过文件开头的对应的行数，然后再执行任何其他操作。

```
import numpy as np
nfl = np.genfromtxt("d:/numpy/data/price.csv", dtype='U75', skip_header = 1,delimiter=",")
print(nfl)
```

### 2.3.5 Numpy 数组索引

Numpy 支持 list 一样的定位操作。举例来说：

```
import numpy as np
matrix = np.array([[1,2,3],[20,30,40]])
print(matrix[0,1])
```

得到的结果是 2。

上述代码中的 matrix[0,1]，其中 0 代表的是行，在 Numpy 中 0 代表起始第一个，所以取的是第一行，之后的 1 代表的是列，所以取的是第二列。那么最后第一行第二列就是 2 这个值了。

### 2.3.6 切片

Numpy 支持 list 一样的切片操作。

```
import numpy as np
matrix = np.array([
[5, 10, 15],
    [20, 25, 30],
    [35, 40, 45]
    ])
print(matrix[:,1])
print(matrix[:,0:2])
print(matrix[1:3,:])
print(matrix[1:3,0:2])
```

上述的 print（matrix[:,1]）语法代表选择所有的行，但是列的索引是 1 的数据。那么就返回 10，25，40。

print（matrix[:,0:2]）代表的是选取所有的行，列的索引是 0 和 1。

print（matrix[1:3,:]）代表的是选取行的索引值 1 和 2 以及所有的列。

print（matrix[1:3,0:2]）代表的是选取行的索引 1 和 2 以及列的索引是 0 和 1 的所有数据。

### 2.3.7 数组比较

Numpy 强大的地方是数组或矩阵的比较，数据比较之后会产生 boolean 值。

举例来说：

```
import numpy as np
matrix = np.array([
    [5, 10, 15],
[20, 25, 30],
[35, 40, 45]
])
m = (matrix == 25)
print(m)
```

我们看到输出的结果为：

```
[[False False False]
    [False  True False]
    [False False False]]
```

我们再来看一个比较复杂的例子：

```
import numpy as np
matrix = np.array([
[5, 10, 15],
[20, 25, 30],
[35, 40, 45]
    ])
second_column_25 = (matrix[:,1] == 25)
print(second_column_25)
print(matrix[second_column_25, :])
```

上述代码中 print（second_column_25）输出的是 [False True False]，首先 matrix[:,1] 代表的是所有的行，以及索引为 1 的列 ->[10,25,40]，最后和 25 进行比较，得到的就是 false,true,false。print（matrix[second_column_25, :]）代表的是返回 true 值的那一行数据 -> [20，25，30]。

---

**注意**：上述的例子是单个条件，Numpy 也允许我们使用条件符来拼接多个条件，其中“&”代表的是“且”，“|”代表的是“或”。比如 vector=np.array（[5,10,11,12]），equal_to_five_and_ten =（vector == 5）&（vector == 10）返回的都是 false，如果是 equal_to_five_or_ten =（vector == 5）|（vector == 10）返回的是 [True,True,False,False]

---

### 2.3.8 替代值

NumPy 可以运用布尔值来替换值。

在数组中：

```
vector = numpy.array([5, 10, 15, 20])
equal_to_ten_or_five = (vector == 10) | (vector == 5)
vector[equal_to_ten_or_five] = 50
print(vector)
[50, 50, 15, 20]
```

在矩阵中：

```
matrix = numpy.array([
[5, 10, 15],
[20, 25, 30],
[35, 40, 45]
])
second_column_25 = matrix[:,1] == 25
matrix[second_column_25, 1] = 10
print(matrix)
[[ 5 10 15]
    [20 10 30]
    [35 40 45]]
```

我们先创立数组 matrix。将 matrix 的第二列和 25 比较，得到一个布尔值数组。second_column_25 将 matrix 第二列值为 25 的替换为 10。

替换有一个很棒的应用之处，就是替换那些空值。之前提到过 NumPy 中只能有一个数据类型。我们现在读取一个字符矩阵，其中有一个值为空值。其中的空值我们很有必要把它替换成其他值，比如数据的平均值或者直接把他们删除。这在大数据处理中很有必要。这里，我们演示把空值替换为“0”的操作。

```
import numpy as np
matrix = np.array([
['5', '10', '15'],
['20', '25', '30'],
['35', '40','' ]
    ])
second_column_25 = (matrix[:,2] == '')
matrix[second_column_25, 2]='0'
print(matrix)
```

### 2.3.9 数据类型转换

Numpy ndarray 数据类型可以通过参数 dtype 设定，而且可以使用 astype 转换类型，在处理文件时这个会很实用，注意 astype 调用会返回一个新的数组，也就是原始数据的一份复制。

比如，把 String 转换成 float。如下：

```
vector = numpy.array(["1", "2", "3"])
vector = vector.astype(float)
```

**注意：**上述例子中，如果字符串中包含非数字类型的时候，从 string 转 float 就会报错。

### 2.3.10 Numpy 的统计计算方法

NumPy 内置很多计算方法。其中最重要的统计方法有：

- sum()：计算数组元素的和；对于矩阵计算结果为一个一维数组，需要指定行或者列。
- mean()：计算数组元素的平均值；对于矩阵计算结果为一个一维数组，需要指定行或者列。
- max()：计算数组元素的最大值；对于矩阵计算结果为一个一维数组，需要指定行或者列。

需要注意的是，用于这些统计方法计算的数值类型必须是 int 或者 float。

数组例子：

```
vector = numpy.array([5, 10, 15, 20])
vector.sum()
得到的结果是 50
```

矩阵例子：

```
matrix=
array([[ 5, 10, 15],
```

```
        [20, 10, 30],
        [35, 40, 45]])
matrix.sum(axis=1)
array([ 30,  60, 120])
matrix.sum(axis=0)
array([60, 60, 90])
```

如上述例子所示，axis = 1 计算的是行的和，结果以列的形式展示。axis = 0 计算的是列的和，结果以行的形式展示。

**延伸学习**

官方推荐教程（https://docs.scipy.org/doc/numpy-dev/user/quickstart.html）是不错的入门选择。

## 2.4 本章小结

工欲善其事，必先利其器。本章主要讲述了 NLP 工作者高效工作的一些“利器”：使用 Anaconda 快速构建开发环境，正则表达式快速进行字符串处理以及 Numpy 辅助进行科学计算。需要提醒读者的是，应重点关注正则表达式，因为在一些具体任务上，通常开端都是基于规则的方法最简单高效，而正则表达式正是实现这种规则最方便的方式，尤其是在以匹配为主的规则应用过程中。此外，章节篇幅有限，无法对一些诸如 pandas、SciPy 等常用 Python 库进行一一介绍，望读者自行查找相关资料，在入门 NLP 之前掌握一定的 Python 基础。

CHAPTER 3

# 第3章 中文分词技术

本章将讲解中文自然语言处理的第一项核心技术：中文分词技术。在语言理解中，词是最小的能够独立活动的有意义的语言成分。将词确定下来是理解自然语言的第一步，只有跨越了这一步，中文才能像英文那样过渡到短语划分、概念抽取以及主题分析，以至自然语言理解，最终达到智能计算的最高境界。因此，每个NLP工作者都应掌握分词技术。

本章的要点包括：

▼ 中文分词的概念与分类

▼ 常用分词（包括规则分词、统计分词以及混合分词等）的技术介绍

▼ 开源中文分词工具——Jieba简介

▼ 实战分词之高频词提取

## 3.1 中文分词简介

"词"这个概念一直是汉语语言学界纠缠不清而又绕不开的问题。"词是什么"（词的抽象定义）和"什么是词"（词的具体界定），这两个基本问题迄今为止也未能有一个权威、明确的表述，更无法拿出令大众认同的词表来。主要难点在于汉语结构与印欧体系语种差异甚大，对词的构成边界方面很难进行界定。比如，在英语中，单词本身就是"词"的表达，一篇英文文章就是"单词"加分隔符（空格）来表示的，而在汉语中，词以字为

基本单位的，但是一篇文章的语义表达却仍然是以词来划分的。因此，在处理中文文本时，需要进行分词处理，将句子转化为词的表示。这个切词处理过程就是中文分词，它通过计算机自动识别出句子的词，在词间加入边界标记符，分隔出各个词汇。整个过程看似简单，然而实践起来却很复杂，主要的困难在于分词歧义。以 NLP 分词的经典语句举例，“结婚的和尚未结婚的”，应该分词为“结婚 / 的 / 和 / 尚未 / 结婚 / 的”，还是“结婚 / 的 / 和尚 / 未 / 结婚 / 的”？这个由人来判定都是问题，机器就更难处理了。此外，像未登录词、分词粒度粗细等都是影响分词效果的重要因素。

自中文自动分词被提出以来，历经将近 30 年的探索，提出了很多方法，可主要归纳为“规则分词”“统计分词”和“混合分词（规则 + 统计）”这三个主要流派。规则分词是最早兴起的方法，主要是通过人工设立词库，按照一定方式进行匹配切分，其实现简单高效，但对新词很难进行处理。随后统计机器学习技术的兴起，应用于分词任务上后，就有了统计分词，能够较好应对新词发现等特殊场景。然而实践中，单纯的统计分词也有缺陷，那就是太过于依赖语料的质量，因此实践中多是采用这两种方法的结合，即混合分词。

下面将详细介绍这些方法的代表性算法。

## 3.2 规则分词

基于规则的分词是一种机械分词方法，主要是通过维护词典，在切分语句时，将语句的每个字符串与词表中的词进行逐一匹配，找到则切分，否则不予切分。

按照匹配切分的方式，主要有正向最大匹配法、逆向最大匹配法以及双向最大匹配法三种方法。

### 3.2.1 正向最大匹配法

正向最大匹配（Maximum Match Method，MM 法）的基本思想为：假定分词词典中的最长词有 $i$ 个汉字字符，则用被处理文档的当前字串中的前 $i$ 个字作为匹配字段，查找字典。若字典中存在这样的一个 $i$ 字词，则匹配成功，匹配字段被作为一个词切分出来。如果词典中找不到这样的一个 $i$ 字词，则匹配失败，将匹配字段中的最后一个字去掉，对剩下的字串重新进行匹配处理。如此进行下去，直到匹配成功，即切分出一个词或剩余字串的长度为零为止。这样就完成了一轮匹配，然后取下一个 $i$ 字字串进行匹配处理，直到文档被扫描完为止。

其算法描述如下：

1）从左向右取待切分汉语句的 $m$ 个字符作为匹配字段，$m$ 为机器词典中最长词条的字符数。

2）查找机器词典并进行匹配。若匹配成功，则将这个匹配字段作为一个词切分出来。若匹配不成功，则将这个匹配字段的最后一个字去掉，剩下的字符串作为新的匹配字段，进行再次匹配，重复以上过程，直到切分出所有词为止。

比如我们现在有个词典，最长词的长度为5，词典中存在“南京市长”和“长江大桥”两个词。现采用正向最大匹配对句子“南京市长江大桥”进行分词，那么首先从句子中取出前五个字“南京市长江”，发现词典中没有该词，于是缩小长度，取前4个字“南京市长”，词典中存在该词，于是该词被确认切分。再将剩下的“江大桥”按照同样方式切分，得到“江”“大桥”，最终分为“南京市长”“江”“大桥”3个词。显然，这种结果还不是我们想要的。示例代码如下：

```
# -*- coding: utf-8 -*-

class MM(object):
    def __init__(self):
        self.window_size = 3

    def cut(self,text):
        result=[]
        index=0
        text_length = len(text)
```

```
        dic = ['研究','研究生','生命','命','的','起源']
        while text_length > index:
            for size in range(self.window_size+index,index,-1):#4,0,-1
                piece = text[index:size]
                if piece in dic:
                    index = size-1
                    break
            index = index + 1
            result.append(piece+'----')
        print(result)

if __name__ == '__main__':
    text = '研究生命的起源'
    tokenizer = MM()
    print(tokenizer.cut(text))
```

分词的结果为：这个结果并不能让人满意。

```
['研究生----', '命----', '的----', '起源----']
```

### 3.2.2 逆向最大匹配法

逆向最大匹配（Reverse Maximum Match Method，RMM法）的基本原理与MM法相同，不同的是分词切分的方向与MM法相反。逆向最大匹配法从被处理文档的末端开始匹配扫描，每次取最末端的$i$个字符（$i$为词典中最长词数）作为匹配字段，若匹配失败，则去掉匹配字段最前面的一个字，继续匹配。相应地，它使用的分词词典是逆序词典，其中的每个词条都将按逆序方式存放。在实际处理时，先将文档进行倒排处理，生成逆序文档。然后，根据逆序词典，对逆序文档用正向最大匹配法处理即可。

由于汉语中偏正结构较多，若从后向前匹配，可以适当提高精确度。所以，逆向最大匹配法比正向最大匹配法的误差要小。统计结果表明，单纯使用正向最大匹配的错误率为1/169，单纯使用逆向最大匹配的错误率为1/245。比如之前的“南京市长江大桥”，按照逆向最大匹配，最终得到“南京市”“长江大桥”。当然，如此切分并不代表完全正确，可能有个叫“江大桥”的“南京市长”也说不定。示例代码如下：

```
# -*- coding: utf-8 -*-

class RMM(object):
    def __init__(self):
        self.window_size = 3

    def cut(self, text):
        result = []
        index = len(text)
        dic = ['研究', '研究生', '生命', '命', '的', '起源']
        while index > 0:
            for size in range(index-self.window_size ,index):
                piece = text[size:index]
                if piece in dic:
                    index = size + 1
                    break
            index = index - 1
            result.append(piece + '----')
        result.reverse()
        print(result)

if __name__ == '__main__':
    text = '研究生命的起源'
    tokenizer = RMM()
    print(tokenizer.cut(text))
```

分词的结果为：这个结果就很靠谱了。

```
['研究 ----', '生命----', '的 ----', '起源 ----']
```

### 3.2.3 双向最大匹配法

双向最大匹配法（Bi-directction Matching method）是将正向最大匹配法得到的分词结果和逆向最大匹配法得到的结果进行比较，然后按照最大匹配原则，选取词数切分最少的作为结果。据 SunM.S. 和 Benjamin K.T.（1995）的研究表明，中文中 90.0% 左右的句子，正向最大匹配法和逆向最大匹配法完全重合且正确，只有大概 9.0% 的句子两种切分方法得到的结果不一样，但其中必有一个是正确的（歧义检测成功），只有不到 1.0% 的句子，使用正向最大匹配法和逆向最大匹配法的切分虽重合却是错的，或者正向最大匹配法和逆向最大匹配法切分不同但两个都不对（歧义检测失败）。这正是双向最大匹配法在实用中文信息处理系统中得以广泛使用的原因。

前面举例的“南京市长江大桥”，采用该方法，中间产生“南京市 / 长江 / 大桥”和“南京市 / 长江大桥”两种结果，最终选取词数较少的“南京市 / 长江大桥”这一结果。

双向最大匹配的规则是：

（1）如果正反向分词结果词数不同，则取分词数量较少的那个（上例：“南京市 / 长江 / 大桥”的分词数量为 3 而“南京市 / 长江大桥”的分词数量为 2，所以返回分词数量为 2 的）。

（2）如果分词结果词数相同：

1) 分词结果相同，就说明没有歧义，可返回任意一个。

2) 分词结果不同，返回其中单字较少的那个。比如：上述示例代码中，正向最大匹配返回的结果为“['研究生 ----', '命 ----', '的 ----', '起源 ----']”，其中单字个数为 2 个；而逆向最大匹配返回的结果为“['研究 ----', '生命 ----', '的 ----', '起源 ----']”，其中单字个数为 1 个。所以返回的是逆向最大匹配的结果。

---

**轮到你来：**尝试模仿上述代码，实现双向最大匹配法。

---

基于规则的分词，一般都较为简单高效，但是词典的维护是一个很庞大的工程。在网络发达的今天，网络新词层出不穷，很难通过词典覆盖到所有词。

## 3.3 统计分词

随着大规模语料库的建立，统计机器学习方法的研究和发展，基于统计的中文分词算法渐渐成为主流。

其主要思想是把每个词看做是由词的最小单位的各个字组成的，如果相连的字在不同的文本中出现的次数越多，就证明这相连的字很可能就是一个词。因此我们就可以利用字与字相邻出现的频率来反应成词的可靠度，统计语料中相邻共现的各个字的组合的频度，当组合频度高于某一个临界值时，我们便可认为此字组可能会构成一个词语。

基于统计的分词，一般要做如下两步操作：

1）建立统计语言模型。

2）对句子进行单词划分，然后对划分结果进行概率计算，获得概率最大的分词方式。这里就用到了统计学习算法，如隐含马尔可夫（HMM）、条件随机场（CRF）等。

下面针对其中的一些相关技术做简要介绍。

### 3.3.1 语言模型

语言模型在信息检索、机器翻译、语音识别中承担着重要的任务。用概率论的专业术语描述语言模型就是：为长度为 $m$ 的字符串确定其概率分布 $P(\omega_1, \omega_2, \cdots, \omega_m)$，其中 $\omega_1$ 到 $\omega_m$ 依次表示文本中的各个词语。一般采用链式法则计算其概率值，如式（3.1）所示：

$$P(\omega_1, \omega_2, \cdots, \omega_m) = P(\omega_1)P(\omega_2|\omega_1)P(\omega_3|\omega_1, \omega_2) \cdots P(\omega_i|\omega_1, \omega_2, \cdots, \omega_{i-1}) \cdots P(\omega_m|\omega_1, \omega_2, \cdots, \omega_{m-1}) \tag{3.1}$$

观察式（3.1）易知，当文本过长时，公式右部从第三项起的每一项计算难度都很大。为解决该问题，有人提出 $n$ 元模型（$n$-gram model）降低该计算难度。所谓 $n$ 元模型就是在估算条件概率时，忽略距离大于等于 $n$ 的上文词的影响，因此 $P(\omega_i|\omega_1, \omega_2, \cdots, \omega_{i-1})$ 的计算可简化为：

$$P(\omega_i|\omega_1, \omega_2, \cdots, \omega_{i-1}) \approx P(\omega_i|\omega_{i-(n-1)}, \cdots, \omega_{i-1}) \tag{3.2}$$

当 $n$=1 时称为一元模型（unigram model），此时整个句子的概率可表示为：$P(\omega_1, \omega_2, \cdots, \omega_m) = P(\omega_1)P(\omega_2)\cdots P(\omega_m)$ 观察可知，在一元语言模型中，整个句子的概率等于各个词语概率的乘积。言下之意就是各个词之间都是相互独立的，这无疑是完全损失了句中的词序信息。所以一元模型的效果并不理想。

当 $n$=2 时称为二元模型（bigram model），式（3.2）变为 $P(\omega_i|\omega_1, \omega_2, \cdots, \omega_{i-1}) = P(\omega_i|\omega_{i-1})$。当 $n$=3 时称为三元模型（trigram model），式（3.2）变为 $P(\omega_i|\omega_1, \omega_2, \cdots, \omega_{i-1}) = P(\omega_i|\omega_{i-2}, \omega_{i-1})$。显然当 $n \geqslant 2$ 时，该模型是可以保留一定的词序信息的，而且 $n$ 越大，保留的词序信息越丰富，但计算成本也呈指数级增长。

一般使用频率计数的比例来计算 $n$ 元条件概率，如式（3.3）所示：

$$P(\omega_i \mid \omega_{i-(n-1)}, \ldots, \omega_{i-1}) = \frac{\text{count}(\omega_{i-(n-1)}, \ldots, \omega_{i-1}, \omega_i)}{\text{count}(\omega_{i-(n-1)}, \ldots, \omega_{i-1})} \tag{3.3}$$

式中 $\text{count}(\omega_{i-(n-1)}, \cdots, \omega_{i-1})$ 表示词语 $\omega_{i-(n-1)}, \cdots, \omega_{i-1}$ 在语料库中出现的总次数。

由此可见，当 $n$ 越大时，模型包含的词序信息越丰富，同时计算量随之增大。与此同时，长度越长的文本序列出现的次数也会减少，如按照公式（3.3）估计 $n$ 元条件概率时，就会出现分子分母为零的情况。因此，一般在 $n$ 元模型中需要配合相应的平滑算法解决该问题，如拉普拉斯平滑算法等。

### 3.3.2 HMM 模型

隐含马尔可夫模型（HMM）是将分词作为字在字串中的序列标注任务来实现的。其基本思路是：每个字在构造一个特定的词语时都占据着一个确定的构词位置（即词位），现规定每个字最多只有四个构词位置：即 B（词首）、M（词中）、E（词尾）和 S（单独成词），那么下面句子 1）的分词结果就可以直接表示成如 2）所示的逐字标注形式：

1）中文 / 分词 / 是 /. 文本处理 / 不可或缺 / 的 / 一步！

2）中 /B 文 /E 分 /B 词 /E 是 /S 文 /B 本 /M 处 /M 理 /E 不 /B 可 /M 或 /M 缺 /E 的 /S 一 /B 步 /E ！ /S

用数学抽象表示如下：用 $\lambda = \lambda_1\lambda_2\cdots\lambda_n$ 代表输入的句子，$n$ 为句子长度，$\lambda_i$ 表示字，$o = o_1o_2\cdots o_n$ 代表输出的标签，那么理想的输出即为：

$$\max = \max P(o_1o_2\cdots o_n|\lambda_1\lambda_2\cdots\lambda_n) \tag{3.4}$$

在分词任务上，$o$ 即为 B、M、E、S 这 4 种标记，$\lambda$ 为诸如“中”“文”等句子中的每个字（包括标点等非中文字符）。

需要注意的是，$P(o|\lambda)$ 是关于 $2n$ 个变量的条件概率，且 $n$ 不固定。因此，几乎无法

对 $P(o|\lambda)$ 进行精确计算。这里引入观测独立性假设，即每个字的输出仅仅与当前字有关，于是就能得到下式：

$$P(o_1o_2\cdots o_n|\lambda_1\lambda_2\cdots\lambda_n) = P(o_1|\lambda_1)P(o_2|\lambda_2)\cdots P(o_n|\lambda_n) \tag{3.5}$$

事实上，$P(o_k|\lambda_k)$ 的计算要容易得多。通过观测独立性假设，目标问题得到极大简化。然而该方法完全没有考虑上下文，且会出现不合理的情况。比如按照之前设定的 B、M、E 和 S 标记，正常来说 B 后面只能是 M 或者 E，然而基于观测独立性假设，我们很可能得到诸如 BBB、BEM 等的输出，显然是不合理的。

HMM 就是用来解决该问题的一种方法。在上面的公式中，我们一直期望求解的是 $P(o|\lambda)$，通过贝叶斯公式能够得到：

$$P(o\,|\,\lambda) = \frac{P(o,\lambda)}{P(\lambda)} = \frac{P(\lambda\,|\,o)P(o)}{P(\lambda)} \tag{3.6}$$

$\lambda$ 为给定的输入，因此 $P(\lambda)$ 计算为常数，可以忽略，因此最大化 $P(o|\lambda)$ 等价于最大化 $P(\lambda|o)P(o)$。

针对 $P(\lambda|o)P(o)$ 作马尔可夫假设，得到：

$$P(\lambda|o) = P(\lambda_1|o_1)P(\lambda_2|o_2)\cdots P(\lambda_n|o_n) \tag{3.7}$$

同时，对 $P(o)$ 有：

$$P(o) = P(o_1)P(o_2|o_1)P(o_3|o_1, o_2)\cdots P(o_n|o_1, o_2, \cdots, o_{n-1}) \tag{3.8}$$

这里 HMM 做了另外一个假设——齐次马尔可夫假设，每个输出仅仅与上一个输出有关，那么：

$$P(o) = P(o_1)P(o_2|o_1)P(o_3|o_2)\cdots P(o_n|o_{n-1}) \tag{3.9}$$

于是：

$$P(\lambda|o)P(o) \sim P(\lambda_1|o_1)P(o_2|o_1)P(\lambda_2|o_2)P(o_3|o_2)\cdots P(o_n|o_{n-1})\mathrm{P}(\lambda_n|o_n) \tag{3.10}$$

在 HMM 中，将 $P(\lambda_k|o_k)$ 称为发射概率，$P(o_k|o_{k-1})$ 称为转移概率。通过设置某些 $P(o_k|o_{k-1})=0$，可以排除类似 BBB、EM 等不合理的组合。

事实上，式（3.9）的马尔可夫假设就是一个二元语言模型（bigram model），当将齐次马尔可夫假设改为每个输出与前两个有关时，就变成了三元语言模型（trigram model）。当然在实际分词应用中还是多采用二元模型，因为相比三元模型，其计算复杂度要小不少。

在 HMM 中，求解 $\max P(\lambda|o)P(o)$ 的常用方法是 Veterbi 算法。它是一种动态规划方法，核心思想是：如果最终的最优路径经过某个 $o_i$，那么从初始节点到 $o_{i-1}$ 点的路径必然也是一个最优路径——因为每一个节点 $o_i$ 只会影响前后两个 $P(o_{i-1}|o_i)$ 和 $P(o_i|o_{i+1})$。

根据这个思想，可以通过递推的方法，在考虑每个 $o_i$ 时只需要求出所有经过各 $o_{i-1}$ 的候选点的最优路径，然后再与当前的 $o_i$ 结合比较。这样每步只需要算不超过 $l^2$ 次，就可以逐步找出最优路径。Viterbi 算法的效率是 $O(n\cdot l^2)$，$l$ 是候选数目最多的节点 $o_i$ 的候选数目，它正比于 $n$，这是非常高效率的。HMM 的状态转移图如图 3-1 所示。

下面通过 Python 来实现 HMM，这里我们将其封装成一个类，类名即为 HMM，主要封装了如下函数：

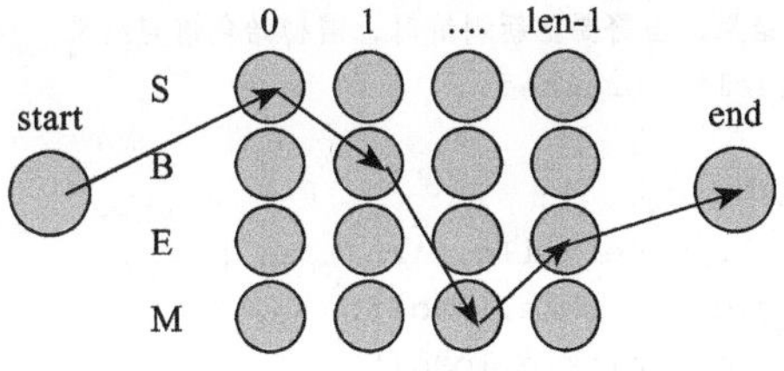


图 3-1　HMM 状态转移示意图

```
class HMM(object):
    def __init__(self):
        pass

    def try_load_model(self, trained):
        pass
```

```
    def train(self, path):
        pass

    def viterbi(self, text, states, start_p, trans_p, emit_p):
        pass

    def cut(self, text):
        pass
```

__init__ 主要是初始化一些全局信息，用于初始化一些成员变量。如状态集合（标记S、B、E、M），以及存取概率计算的中间文件。

```
def __init__(self):
    import os
    # 主要是用于存取算法中间结果，不用每次都训练模型
    self.model_file = './data/hmm_model.pkl'
    # 状态值集合
    self.state_list = ['B', 'M', 'E', 'S']
    # 参数加载，用于判断是否需要重新加载model_file
    self.load_para = False
```

try_load_model 接收一个参数，用于判别是否加载中间文件结果。当直接加载中间结果时，可以不通过语料库训练，直接进行分词调用。否则，该函数用于初始化初始概率、转移概率以及发射概率等信息。这里初始概率是指，一句话第一个字被标记成“S”“B”“E”或“M”的概率。

```
# 用于加载已计算的中间结果，当需要重新训练时，需初始化清空结果
def try_load_model(self, trained):
    if trained:
        import pickle
        with open(self.model_file, 'rb') as f:
            self.A_dic = pickle.load(f)
            self.B_dic = pickle.load(f)
            self.Pi_dic = pickle.load(f)
            self.load_para = True

    else:
        # 状态转移概率（状态->状态的条件概率）
        self.A_dic = {}
        # 发射概率（状态->词语的条件概率）
        self.B_dic = {}
        # 状态的初始概率
```

```
        self.Pi_dic = {}
        self.load_para = False
```

train 函数主要用于通过给定的分词语料进行训练。语料的格式为每行一句话（这里以逗号隔开也算一句），每个词以空格分隔，示例中采用了人民日报的分词语料，放置于chapter2/data/trainCorpus.txt_utf8 中。该函数主要通过对语料的统计，得到 HMM 所需的初始概率、转移概率以及发射概率。其代码如下：

```
# 计算转移概率、发射概率以及初始概率
def train(self, path):

    # 重置几个概率矩阵
    self.try_load_model(False)
    # 统计状态出现次数，求p(o)
    Count_dic = {}
    # 初始化参数
    def init_parameters():
        for state in self.state_list:
            self.A_dic[state] = {s: 0.0 for s in self.state_list}
            self.Pi_dic[state] = 0.0
            self.B_dic[state] = {}

            Count_dic[state] = 0

    def makeLabel(text):
        out_text = []
        if len(text) == 1:
            out_text.append('S')
        else:
            out_text += ['B'] + ['M'] * (len(text) - 2) + ['E']

        return out_text

    init_parameters()
    line_num = -1
    # 观察者集合，主要是字以及标点等
    words = set()
    with open(path, encoding='utf8') as f:
        for line in f:
            line_num += 1

            line = line.strip()
            if not line:
                continue
```

```
                word_list = [i for i in line if i != '']
                words |= set(word_list) # 更新字的集合

                linelist = line.split()

                line_state = []
                for w in linelist:
                    line_state.extend(makeLabel(w))

                assert len(word_list) == len(line_state)

                for k, v in enumerate(line_state):
                    Count_dic[v] += 1
                    if k == 0:
                        self.Pi_dic[v] += 1  # 每个句子的第一个字的状态，用于计算初始状态概率
                    else:
                        self.A_dic[line_state[k - 1]][v] += 1  # 计算转移概率
                        self.B_dic[line_state[k]][word_list[k]] = \
                            self.B_dic[line_state[k]].get(word_list[k], 0) + 1.0  # 计算发射
概率

        self.Pi_dic = {k: v * 1.0 / line_num for k, v in self.Pi_dic.items()}
        self.A_dic = {k: {k1: v1 / Count_dic[k] for k1, v1 in v.items()}
                        for k, v in self.A_dic.items()}

        #加1平滑
        self.B_dic = {k: {k1: (v1 + 1) / Count_dic[k] for k1, v1 in v.items()}
                      for k, v in self.B_dic.items()}           #序列化
        import pickle
        with open(self.model_file, 'wb') as f:
            pickle.dump(self.A_dic, f)
            pickle.dump(self.B_dic, f)
            pickle.dump(self.Pi_dic, f)

        return self
```

cut函数用于切词，其通过加载中间文件，调用veterbi函数来完成。veterbi函数即为Veterbi算法的实现，是基于动态规划的一种实现，主要是求最大概率的路径。其输入参数为初始概率、转移概率以及发射概率，加上需要切分的句子。veterbi函数和cut函数代码如下：

```
    def viterbi(self, text, states, start_p, trans_p, emit_p):
        V = [{}]
        path = {}
        for y in states:
            V[0][y] = start_p[y] * emit_p[y].get(text[0], 0)
```

```
        path[y] = [y]
    for t in range(1, len(text)):
        V.append({})
        newpath = {}

        # 检验训练的发射概率矩阵中是否有该字
        neverSeen = text[t] not in emit_p['S'].keys() and \
            text[t] not in emit_p['M'].keys() and \
            text[t] not in emit_p['E'].keys() and \
            text[t] not in emit_p['B'].keys()
        for y in states:
            emitP = emit_p[y].get(text[t], 0) if not neverSeen else 1.0 #设置
未知字单独成词
            (prob, state) = max(
                [(V[t - 1][y0] * trans_p[y0].get(y, 0) *
                  emitP, y0)
                 for y0 in states if V[t - 1][y0] > 0])
            V[t][y] = prob
            newpath[y] = path[state] + [y]
        path = newpath

    if emit_p['M'].get(text[-1], 0)> emit_p['S'].get(text[-1], 0):
        (prob, state) = max([(V[len(text) - 1][y], y) for y in ('E','M')])
    else:
        (prob, state) = max([(V[len(text) - 1][y], y) for y in states])

    return (prob, path[state])

def cut(self, text):
    import os
    if not self.load_para:
        self.try_load_model(os.path.exists(self.model_file))
    prob, pos_list = self.viterbi(text, self.state_list, self.Pi_dic, self.A_dic, self.B_dic)
    begin, next = 0, 0
    for i, char in enumerate(text):
        pos = pos_list[i]
        if pos == 'B':
            begin = i
        elif pos == 'E':
            yield text[begin: i+1]
            next = i+1
        elif pos == 'S':
            yield char
            next = i+1
    if next < len(text):
        yield text[next:]
```

我们可以测试下上面的分词实现，比如查看切分“中文博大精深！”这句话。

```
hmm = HMM()
hmm.train('./data/trainCorpus.txt_utf8')

text = '这是一个非常棒的方案！'
res = hmm.cut(text)
print(text)
print(str(list(res)))
```

可以查看结果：

```
这是一个非常棒的方案！
['这是', '一个', '非常', '棒', '的', '方案', '！']
```

基本上分词效果还可以。当然这里示例的HMM程序较为简单，且训练采用的语料规模并不大。实际项目实战中，读者可通过扩充语料、词典补充等手段予以优化。

### 3.3.3 其他统计分词算法

条件随机场（CRF）也是一种基于马尔可夫思想的统计模型。在隐含马尔可夫中，有个很经典的假设，那就是每个状态只与它前面的状态有关。这样的假设显然是有偏差的，于是学者们提出了条件随机场算法，使得每个状态不止与他前面的状态有关，还与他后面的状态有关。该算法在本节将不会重点介绍，会在后续章节详细介绍。

神经网络分词算法是深度学习方法在NLP上的应用。通常采用CNN、LSTM等深度学习网络自动发现一些模式和特征，然后结合CRF、softmax等分类算法进行分词预测。基于深度学习的分词方法，我们将在后续介绍完深度学习相关知识后，再做拓展。

对比机械分词法，这些统计分词方法不需耗费人力维护词典，能较好地处理歧义和未登录词，是目前分词中非常主流的方法。但其分词的效果很依赖训练语料的质量，且计算量相较于机械分词要大得多。

## 3.4 混合分词

事实上，目前不管是基于规则的算法、还是基于HMM、CRF或者deep learning等的方法，其分词效果在具体任务中，其实差距并没有那么明显。在实际工程应用中，多是基于一种分词算法，然后用其他分词算法加以辅助。最常用的方式就是先基于词典的方式进行分词，然后再用统计分词方法进行辅助。如此，能在保证词典分词准确率的基础上，对未登录词和歧义词有较好的识别，下节介绍的 Jieba 分词工具便是基于这种方法的实现。

## 3.5 中文分词工具——Jieba

近年来，随着 NLP 技术的日益成熟，开源实现的分词工具越来越多，如 Ansj、盘古分词等。在本书中，我们选取了 Jieba 进行介绍和案例展示，主要基于以下考虑：

- 社区活跃。在本书写作的时候，Jieba 在 Github 上已经有将近 10000 的 star 数目。社区活跃度高，代表着该项目会持续更新，实际生产实践中遇到的问题能够在社区反馈并得到解决，适合长期使用。
- 功能丰富。Jieba 其实并不是只有分词这一个功能，其是一个开源框架，提供了很多在分词之上的算法，如关键词提取、词性标注等。
- 提供多种编程语言实现。Jieba 官方提供了 Python、C++、Go、R、iOS 等多平台多语言支持，不仅如此，还提供了很多热门社区项目的扩展插件，如 ElasticSearch、solr、lucene 等。在实际项目中，进行扩展十分容易。
- 使用简单。Jieba 的 API 总体来说并不多，且需要进行的配置并不复杂，方便上手。

Jieba 分词官网地址是：https://github.com/fxsjy/jieba，可以采用如下方式进行安装。

```
pip install jieba
```

Jieba 分词结合了基于规则和基于统计这两类方法。首先基于前缀词典进行词图扫描，前缀词典是指词典中的词按照前缀包含的顺序排列，例如词典中出现了“上”，之后以“上”开头的词都会出现在这一部分，例如“上海”，进而会出现“上海市”，从而形成一种层级包含结构。如果将词看作节点，词和词之间的分词符看作边，那么一种分词方案则对应着从第一个字到最后一个字的一条分词路径。因此，基于前缀词典可以快速构建包含全部可能分词结果的有向无环图，这个图中包含多条分词路径，有向是指全部的路径都始于第一个字、止于最后一个字，无环是指节点之间不构成闭环。基于标注语料，使用动态规划的方法可以找出最大概率路径，并将其作为最终的分词结果。对于未登录词，Jieba 使用了基于汉字成词的 HMM 模型，采用了 Viterbi 算法进行推导。

### 3.5.1 Jieba 的三种分词模式

Jieba 提供了三种分词模式：

- ▼ 精确模式：试图将句子最精确地切开，适合文本分析。
- ▼ 全模式：把句子中所有可以成词的词语都扫描出来，速度非常快，但是不能解决歧义。
- ▼ 搜索引擎模式：在精确模式的基础上，对长词再次切分，提高召回率，适合用于搜索引擎分词。

下面是使用这三种模式的对比。

```
import jieba

sent = '中文分词是文本处理不可或缺的一步！'

seg_list = jieba.cut(sent, cut_all=True)

print('全模式：', '/ '.join(seg_list))

seg_list = jieba.cut(sent, cut_all=False)

print('精确模式：','/ '.join(seg_list))

seg_list = jieba.cut(sent)
print('默认精确模式：', '/ '.join(seg_list))

seg_list = jieba.cut_for_search(sent)
print('搜索引擎模式', '/ '.join(seg_list))
```

运行结果如下：

```
全模式：中文 / 分词 / 是 / 文本 / 文本处理 / 本处 / 处理 / 不可 / 不可或缺 / 或缺 / 的 / 一步 //
精确模式：中文 / 分词 / 是 / 文本处理 / 不可或缺 / 的 / 一步 / ！
```

```
默认精确模式：中文 / 分词 / 是 / 文本处理 / 不可或缺 / 的 / 一步 / ！
搜索引擎模式中文 / 分词 / 是 / 文本 / 本处 / 处理 / 文本处理 / 不可 / 或缺 / 不可或缺 / 的 / 一步 / ！
```

可以看到，全模式和搜索引擎模式下，Jieba 将会把分词的所有可能都打印出来。一般直接使用精确模式即可，但是在某些模糊匹配场景下，使用全模式或搜索引擎模式更适合。

接下来将结合具体案例，讲解 Jieba 分词的具体用法。

### 3.5.2 实战之高频词提取

高频词一般是指文档中出现频率较高且非无用的词语，其一定程度上代表了文档的焦点所在。针对单篇文档，可以作为一种关键词来看。对于如新闻这样的多篇文档，可以将其作为热词，发现舆论焦点。

高频词提取其实就是自然语言处理中的 TF（Term Frequency）策略。其主要有以下干扰项：

- ▼ 标点符号：一般标点符号无任何价值，需要去除。
- ▼ 停用词：诸如“的”“是”“了”等常用词无任何意义，也需要剔除。

下面采用 Jieba 分词，针对搜狗实验室的新闻数据，进行高频词的提取。

数据见 chapter2/data/news 下，包括 9 个目录，目录下均为 txt 文件，分别代表不同领域的新闻。该数据本质上是一个分类语料，这里我们只挑选其中一个类别，统计该类的高频词。

首先，进行数据的读取：

```
def get_content(path):

    with open(path, 'r', encoding='gbk', errors='ignore') as f:
        content = ''
        for l in f:
            l = l.strip()
            content += l
        return content
```

该函数用于加载指定路径下的数据。

定义高频词统计的函数，其输入是一个词的数组：

```
def get_TF(words, topK=10):

    tf_dic = {}
    for w in words:
        tf_dic[w] = tf_dic.get(w, 0) + 1
    return sorted(tf_dic.items(), key = lambda x: x[1], reverse=True)[:topK]
```

最后，主函数如下，这里仅列举了求出高频词的前10个：

```
def main():
    import glob
    import random
    import jieba

    files = glob.glob('./data/news/C000013/*.txt')
    corpus = [get_content(x) for x in files]

    sample_inx = random.randint(0, len(corpus))
    split_words = list(jieba.cut(corpus[sample_inx]))
    print('样本之一：'+corpus[sample_inx])
    print('样本分词效果：'+'/ '.join(split_words))
    print('样本的topK(10)词：'+str(get_TF(split_words)))
```

运行主函数，结果如下：

样本之一：中国卫生部官员24日说，截至2005年底，中国各地报告的尘肺病病人累计已超过60万例，职业病整体防治形势严峻。卫生部副部长陈啸宏在当日举行的“国家职业卫生示范企业授牌暨企业职业卫生交流大会”上说，中国各类急性职业中毒事故每年发生200多起，上千人中毒，直接经济损失达上百亿元。职业病病人总量大、发病率较高、经济损失大、影响恶劣。卫生部24日公布，2005年卫生部共收到全国30个省、自治区、直辖市（不包括西藏、港、澳、台）各类职业病报告12212例，其中尘肺病病例报告9173例，占75．11%。陈啸宏说，矽肺和煤工尘肺是中国最主要的尘肺病，且尘肺病发病工龄在缩短。去年报告的尘肺病病人中最短接尘时间不足三个月，平均发病年龄40．9岁，最小发病年龄20岁。陈啸宏表示，政府部门执法不严、监督不力，企业生产水平不高、技术设备落后等是职业卫生问题严重的原因。“但更重要的原因是有些企业法制观念淡薄，社会责任严重缺位，缺乏维护职工健康的强烈的意识，职工的合法权益不能得到有效的保障。”他说。为提高企业对职业卫生工作的重视，卫生部、国家安全生产监督管理总局和中华全国总工会24日在京评选出56家国家级职业卫生工作示范企业，希望这些企业为社会推广职业病防治经验，促使其他企业作好职业卫生工作，保护劳动者健康。

样本分词效果：中国卫生部 / 官员 /24/ 日 / 说 /，/ 截至 /2005/ 年底 /，/ 中国 / 各地 / 报告 / 的 / 尘肺病 / 病人 / 累计 / 已 / 超过 /60/ 万例 /，/ 职业病 / 整体 / 防治 / 形势严峻 /。/ 卫生部 / 副 / 部长 / 陈啸宏 / 在 / 当日 / 举行 / 的 /“/ 国家 / 职业 / 卫生 / 示范 / 企业 / 授牌 / 暨 / 企业 / 职业 / 卫生 / 交流 / 大会 /”/ 上 / 说 /，/ 中国 / 各类 / 急性 / 职业 / 中毒 / 事故 / 每年 / 发生 /200/ 多起 /，/ 上千人 / 中毒 /，/ 直接 / 经济损失 / 达上 / 百亿元 /。/ 职业病 / 病人 / 总量 / 大 /、/ 发病率 / 较 / 高 /、/ 经济损失 / 大 /、

/ 影响 / 恶劣 / 。/ 卫生部 /24/ 日 / 公布 / ，/2005/ 年 / 卫生部 / 共 / 收到 / 全国 /30/ 个省 / 、/ 自治区 / 、/ 直辖市 /（/ 不 / 包括 / 西藏 / 、/ 港 / 、/ 澳 / 、/ 台 /）/ 各类 / 职业病 / 报告 /12212/ 例 / ，/ 其中 / 尘肺病 / 病例 / 报告 /9173/ 例 / ，/ 占 /75/. /11/%/。/ 陈啸宏 / 说 / ，/ 矽肺 / 和 / 煤工 / 尘肺 / 是 / 中国 / 最 / 主要 / 的 / 尘肺病 / ，/ 且 / 尘肺病 / 发病 / 工龄 / 在 / 缩短 / 。/ 去年 / 报告 / 的 / 尘肺病 / 病人 / 中 / 最 / 短 / 接尘 / 时间 / 不足 / 三个 / 月 / ，/ 平均 / 发病 / 年龄 /40/. /9/ 岁 / ，/ 最小 / 发病 / 年龄 /20/ 岁 / 。/ 陈啸宏 / 表示 / ，/ 政府部门 / 执法不严 / 、/ 监督 / 不力 / ，/ 企业 / 生产 / 水平 / 不高 / 、/ 技术设备 / 落后 / 等 / 是 / 职业 / 卫生 / 问题 / 严重 / 的 / 原因 / 。/ "/ 但 / 更 / 重要 / 的 / 原因 / 是 / 有些 / 企业 / 法制观念 / 淡薄 / ，/ 社会 / 责任 / 严重 / 缺位 / ，/ 缺乏 / 维护 / 职工 / 健康 / 的 / 强烈 / 的 / 意识 / ，/ 职工 / 的 / 合法权益 / 不能 / 得到 / 有效 / 的 / 保障 / 。/ "/ 他 / 说 / 。/ 为 / 提高 / 企业 / 对 / 职业 / 卫生 / 工作 / 的 / 重视 / ，/ 卫生部 / 、/ 国家 / 安全 / 生产 / 监督管理 / 总局 / 和 / 中华全国总工会 /24/ 日 / 在 / 京 / 评选 / 出 /56/ 家 / 国家级 / 职业 / 卫生 / 工作 / 示范 / 企业 / ，/ 希望 / 这些 / 企业 / 为 / 社会 / 推广 / 职业病 / 防治 / 经验 / ，/ 促使 / 其他 / 企业 / 作好 / 职业 / 卫生 / 工作 / ，/ 保护 / 劳动者 / 健康 / 。

样本的topK(10)词：[('，',22),('、',11),('的',11),('。',10),('企业',8),('职业',7),('卫生',6),('尘肺病',5),('说',4),('报告',4)]

通过上面的结果，我们可以发现，诸如“的”“，”“。”“说”等词占据着很高的位置，而这类词对把控文章焦点并无太大意义。我们需要的是类似“尘肺病”这种能够简要概括重点的词汇。常用的办法，是自定义一个停用词典，当遇到这些词时，过滤掉即可。

因此，我们可以自定义词典，然后按照如下方式来进行优化。

首先，整理常用的停用词（包括标点符号），按照每行一个写入到一个文件中（data目录下的stop_words.utf8）。然后定义如下函数，用于过滤停用词：

```
def stop_words(path):
    with open(path) as f:
        return [l.strip() for l in f]
```

接下来修改main函数中第11行分词的部分，改为：

```
split_words = [x for x in jieba.cut(corpus[sample_inx]) if x not in stop_words('./data/stop_words.utf8')]
```

高频词前10位结果如下：

样本的topK(10)词：[('企业', 8), ('职业', 7), ('卫生', 6), ('尘肺病', 5), ('卫生部', 4), ('报告', 4), ('职业病', 4), ('中国', 3), ('陈啸宏', 3), ('工作', 3)]

对比之前的结果，会发现效果要想有所提升，必须去除了无用标点符号以及“的”等干扰词。注意，本节实战中所用的停用词典为笔者整理的通用词典，一般实践过程中，需要根据自己的任务，定期更新维护。

上面演示了通过 Jieba 按照常规切词来提取高频词汇的过程。事实上，常用的中文分词器在分词效果上差距并不是特别大，但是在特定场景下常常表现的并不是那么尽如人意。通常这种情况下，我们需要定制自己的领域词典，用以提升分词的效果。Jieba 分词就提供了这样的功能，用户可以加载自定义词典：

```
jieba.load_userdict('./data/user_dict.utf8')
```

Jieba 要求的用户词典格式一般如下：

```
朝三暮四 3 i
大数据 5
汤姆 nz
公主坟
```

每一行为三个部分：词语、词频（可省略）、词性（可省略），用空格隔开，顺序不可颠倒。该词典文件需为 utf8 编码。

在提取高频词时，通过更合理的自定义词典加载，能够获得更佳的效果。当然这里仅仅演示了一篇文档的高频词计算，多篇文档的高频词提取也可按照该思路进行整体统计计算。

## 3.6 本章小结

本章介绍了中文分词的相关技术，并展示了基于词典匹配和基于 HMM 匹配的分词方法。然后详细介绍了 Jieba 分词工具，并结合高频词提取案例，讲解了在实际项目中如何使用。

作为 NLP 的基础入门章节，希望通过该章的介绍和学习，能让读者对中文分词的相关技术有所了解，并能在实际项目中得到应用。在后续的章节案例中，会经常用到本章介绍的一些技术，进行更上层的场景实现。

CHAPTER 4

# 第4章 词性标注与命名实体识别

在本章中，你将学到NLP中的另外两个基础技术——词性标注和命名实体识别。

本章的要点包括：

▼ 词性标注和命名实体识别的基础概念和常用方法
▼ 基于条件随机场的命名实体识别原理解析
▼ 日期识别和地名识别实战

## 4.1 词性标注

### 4.1.1 词性标注简介

词性是词汇基本的语法属性，通常也称为词类。词性标注是在给定句子中判定每个词的语法范畴，确定其词性并加以标注的过程。例如，表示人、地点、事物以及其他抽象概念的名称即为名词，表示动作或状态变化的词为动词，描述或修饰名词属性、状态的词为形容词。如给定一个句子："这儿是个非常漂亮的公园"，对其的标注结果应如下："这儿/代词　是/动词　个/量词　非常/副词　漂亮/形容词　的/结构助词　公园/名词"。

在中文中，一个词的词性很多时候都不是固定的，一般表现为同音同形的词在不同场景下，其表示的语法属性截然不同，这就为词性标注带来很大的困难；但是另外一方面，从整体上看，大多数词语，尤其是实词，一般只有一到两个词性，且其中一个词性的使用频次远远大于另一个，即使每次都将高频词性作为词性选择进行标注，也能实现80%以上的准确率。如此，若我们对常用词的词性能够进行很好地识别，那么就能够覆盖绝大多数场景，满足基本的准确度要求。

词性标注最简单的方法是从语料库中统计每个词所对应的高频词性，将其作为默认词性，但这样显然还有提升空间。目前较为主流的方法是如同分词一样，将句子的词性标注作为一个序列标注问题来解决，那么分词中常用的手段，如隐含马尔可夫模型、条件随机场模型等皆可在词性标注任务中使用。本节将继续介绍如何使用Jieba分词来完成词性标注任务。

### 4.1.2　词性标注规范

词性标注需要有一定的标注规范，如将词分为名词、形容词、动词，然后用“n”“adj”“v”等来进行表示。中文领域中尚无统一的标注标准，较为主流的主要为北大的词性标注集和宾州词性标注集两大类。两类标注方式各有千秋，一般我们任选一种方式即可。本书中采用北大词性标注集作为标准，其部分标注的词性如表4-1所示。

表4-1　词性标注规范表

| 标记 | 词性 | 说明 |
|---|---|---|
| ag | 形语素 | 形容词性语素。形容词代码为a，语素代码g前面置以a |
| a | 形容词 | 取英语形容词adjective的第1个字母 |
| ad | 副形词 | 直接作状语的形容词。形容词代码a和副词代码d并在一起 |
| an | 名形词 | 具有名词功能的形容词。形容词代码a和名词代码n并在一起 |
| b | 区别词 | 取汉字“别”的声母 |
| c | 连词 | 取英语连词conjunction的第1个字母 |
| dg | 副语素 | 副词性语素。副词代码为d，语素代码g前面置以d |
| d | 副词 | 取adverb的第2个字母，因其第1个字母已用于形容词 |
| e | 叹词 | 取英语叹词exclamation的第1个字母 |
| f | 方位词 | 取汉字“方” |
| g | 语素 | 绝大多数语素都能作为合成词的“词根”，取汉字“根”的声母 |

（续）

| 标记 | 词性 | 说明 |
|---|---|---|
| h | 前接成分 | 取英语 head 的第 1 个字母 |
| i | 成语 | 取英语成语 idiom 的第 1 个字母 |
| j | 简称略语 | 取汉字“简”的声母 |
| k | 后接成分 | |
| l | 习用语 | 习用语尚未成为成语，有点“临时性”，取“临”的声母 |
| m | 数词 | 取英语 numeral 的第 3 个字母，n、u 已有他用 |
| ng | 名语素 | 名词性语素。名词代码为 n，语素代码 g 前面置以 n |
| n | 名词 | 取英语名词 noun 的第 1 个字母 |
| nr | 人名 | 名词代码 n 和“人（ren）”的声母并在一起 |
| ns | 地名 | 名词代码 n 和处所词代码 s 并在一起 |
| nt | 机构团体 | “团”的声母为 t，名词代码 n 和 t 并在一起 |
| nz | 其他专名 | “专”的声母的第 1 个字母为 z，名词代码 n 和 z 并在一起 |
| o | 拟声词 | 取英语拟声词 onomatopoeia 的第 1 个字母 |
| p | 介词 | 取英语介词 prepositional 的第 1 个字母 |
| q | 量词 | 取英语 quantity 的第 1 个字母 |
| r | 代词 | 取英语代词 pronoun 的第 2 个字母，因 p 已用于介词 |
| s | 处所词 | 取英语 space 的第 1 个字母 |
| tg | 时语素 | 时间词性语素。时间词代码为 t，在语素的代码 g 前面置以 t |
| t | 时间词 | 取英语 time 的第 1 个字母 |
| u | 助词 | 取英语助词 auxiliary |
| vg | 动语素 | 动词性语素。动词代码为 v。在语素的代码 g 前面置以 v |
| v | 动词 | 取英语动词 verb 的第一个字母 |
| vd | 副动词 | 直接作状语的动词。动词和副词的代码并在一起 |
| vn | 名动词 | 指具有名词功能的动词。动词和名词的代码并在一起 |
| w | 标点符号 | |
| x | 非语素字 | 非语素字只是一个符号，字母 x 通常用于代表未知数、符号 |
| y | 语气词 | 取汉字“语”的声母 |
| z | 状态词 | 取汉字“状”的声母的前一个字母 |

### 4.1.3 Jieba 分词中的词性标注

在上节分词中，我们介绍了 Jieba 分词的分词功能，这里将介绍其词性标注功能。类似 Jieba 分词的分词流程，Jieba 的词性标注同样是结合规则和统计的方式，具体为在词性标注的过程中，词典匹配和 HMM 共同作用。词性标注流程如下。

1）首先基于正则表达式进行汉字判断，正则表达式如下：

```
re_han_internal = re.compile("([\u4E00-\u9FD5a-zA-Z0-9+#&\._]+)")
```

2）若符合上面的正则表达式，则判定为汉字，然后基于前缀词典构建有向无环图，再基于有向无环图计算最大概率路径，同时在前缀词典中找出它所分出的词性，若在词典中未找到，则赋予词性为“x”（代表未知）。当然，若在这个过程中，设置使用 HMM，且待标注词为未登录词，则会通过 HMM 方式进行词性标注。

3）若不符合上面的正则表达式，那么将继续通过正则表达式进行类型判断，分别赋予“x”“m”（数词）和“eng”（英文）。

这里简单说明下 HMM 是如何应用于词性标注任务中的。分词任务中，我们设置了“B”“S”“M”和“E”四种标签，与句子中的每个字符一一对应。而在词性标注任务中，Jieba 分词采用了 simultaneous 思想的联合模型方法，即将基于字标注的分词方法与词性标注结合起来，使用复合标注集。比如，对于名词“人民”，它的词性标注是“n”，而分词的标注序列是“BE”，于是“人”的标注就是“B_n”，“民”的标注就是“E_n”。这样，就与 HMM 分词的实现过程一致了，只需更换合适的训练语料即可。

---

**轮到你来：**借鉴 3.3.2 节的实现，尝试自己实现 HMM 进行词性标注（语料可选用 1998 年人民日报词性标注集）。

---

使用 Jieba 分词进行词性标注的示例如下：

```
import jieba.posseg as psg

sent = '中文分词是文本处理不可或缺的一步！'

seg_list = psg.cut(sent)

print(' '.join(['{0}/{1}'.format(w, t) for w, t in seg_list]))
```

输出如下，每个词后面跟着其对应的词性，相关词性具体可参考表 4-1。

```
中文/nz 分词/n 是/v 文本处理/n 不可或缺/l 的/uj 一步/m ！/x
```

之前我们介绍过，Jieba 分词支持自定义词典，其中的词频和词性可以省略。然而需要注意的是，若在词典中省略词性，那么采用 Jieba 分词进行词性标注后，最终切分词的词性将变成“x”，这在如语法分析或词性统计等场景下会对结果有一定的影响。因此，在使用 Jieba 分词设置自定义词典时，尽量在词典中补充完整的信息。

## 4.2　命名实体识别

### 4.2.1　命名实体识别简介

与自动分词、词性标注一样，命名实体识别也是自然语言处理的一个基础任务，是信息抽取、信息检索、机器翻译、问答系统等多种自然语言处理技术必不可少的组成部分。其目的是识别语料中人名、地名、组织机构名等命名实体。由于这些命名实体数量不断增加，通常不可能在词典中穷尽列出，且其构成方法具有各自的规律性，因此，通常把对这些词的识别在词汇形态处理（如汉语切分）任务中独立处理，称为命名实体识别（Named Entities Recognition，NER）。NER 研究的命名实体一般分为 3 大类（实体类、时间类和数字类）和 7 小类（人名、地名、组织机构名、时间、日期、货币和百分比）。由于数量、时间、日期、货币等实体识别通常可以采用模式匹配的方式获得较好的识别效果，相比之下人名、地名、机构名较复杂，因此近年来的研究主要以这几种实体为主。

命名实体识别当前并不是一个大热的研究课题，因为学术界部分认为这是一个已经解决了的问题，但是也有学者认为这个问题还没有得到很好地解决，原因主要有：命名实体识别只是在有限的文本类型（主要是新闻语料）和实体类别（主要是人名、地名）中取得了效果；与其他信息检索领域相比，实体命名评测语料较小，容易产生过拟合；命名实体识别更侧重高召回率，但在信息检索领域，高准确率更重要；通用的识别多种类型的命名实体的系统性很差。

同时，中文的命名实体识别与英文的相比，挑战更大，目前未解决的难题更多。命名实体识别效果的评判主要看实体的边界是否划分正确以及实体的类型是否标注正确。在英文中，命名实体一般具有较为明显的形式标志（如英文实体中的每个词的首字母要大写），因此其实体边界识别相对容易很多，主要重点是在对实体类型的确定。而在汉语中，相较于实体类别标注子任务，实体边界的识别更加困难。

中文命名实体识别主要有以下难点：

- ▼ 各类命名实体的数量众多。根据对人民日报1998年1月的语料库（共计2305896字）进行的统计，共有人名19965个，而这些人名大多属于未登录词。
- ▼ 命名实体的构成规律复杂。例如由于人名的构成规则各异，中文人名识别又可以细分为中国人名识别、日本人名识别和音译人名识别等；此外机构名的组成方式也最为复杂，机构名的种类繁多，各有独特的命名方式，用词也相当广泛，只有结尾用词相对集中。
- ▼ 嵌套情况复杂。一个命名实体经常和一些词组合成一个嵌套的命名实体，人名中嵌套着地名，地名中也经常嵌套着人名。嵌套的现象在机构名中最为明显，机构名不仅嵌套了大量的地名，而且还嵌套了相当数量的机构名。互相嵌套的现象大大制约了复杂命名实体的识别，也注定了各类命名实体的识别并不是孤立的，而是互相交织在一起的。
- ▼ 长度不确定。与其他类型的命名实体相比，长度和边界难以确定使得机构名更难识别。中国人名一般二至四字，常用地名也多为二至四字。但是机构名长度变化范围极大，少到只有两个字的简称，多达几十字的全称。在实际语料中，由十个以上词构成的机构名占了相当一部分比例。

在分词章节，我们介绍了分词主要有三种方式，主要有基于规则的方法、基于统计的方法以及二者的混合方法。这在整个NLP的各个子任务基本上也多是同样的划分方式，命名实体识别也不例外：

1）基于规则的命名实体识别：规则加词典是早期命名实体识别中最行之有效的方式。其依赖手工规则的系统，结合命名实体库，对每条规则进行权重赋值，然后通过实体与规则的相符情况来进行类型判断。当提取的规则能够较好反映语言现象时，该方法能明显优于其他方法。但在大多数场景下，规则往往依赖于具体语言、领域和文本风格，其编制过程耗时且难以涵盖所有的语言现象，存在可移植性差、更新维护困难等问题。

2）基于统计的命名实体识别：与分词类似，目前主流的基于统计的命名实体识别方法有：隐马尔可夫模型、最大熵模型、条件随机场等。其主要思想是基于人工标注的语料，将命名实体识别任务作为序列标注问题来解决。基于统计的方法对语料库的依赖比较大，而可以用来建设和评估命名实体识别系统的大规模通用语料库又比较少，这是该方法的一大制约。

3）混合方法：自然语言处理并不完全是一个随机过程，单独使用基于统计的方法使状态搜索空间非常庞大，必须借助规则知识提前进行过滤修剪处理。目前几乎没有单纯使用统计模型而不使用规则知识的命名实体识别系统，在很多情况下是使用混合方法，结合规则和统计方法。

序列标注方式是目前命名实体识别中的主流方法，鉴于 HMM 在之前的章节已有介绍，本节重点介绍基于条件随机场的方法。

### 4.2.2 基于条件随机场的命名实体识别

在进入条件随机场的命名实体识别之前，我们先温习下分词章节中介绍到的 HMM。HMM 将分词作为字标注问题来解决，其中有两条非常经典的独立性假设：一是输出观察值之间严格独立，二是状态的转移过程中当前状态只与前一状态有关（一阶马尔可夫模型）。通过这两条假设，使得 HMM 的计算成为可能，模型的计算也简单许多。但多数场景下，尤其在大量真实语料中，观察序列更多的是以一种多重的交互特征形式表现出来，观察元素之间广泛存在长程相关性。这样，HMM 的效果就受到了制约。

基于此，在 2001 年，Lafferty 等学者们提出了条件随机场，其主要思想来源于 HMM，也是一种用来标记和切分序列化数据的统计模型。不同的是，条件随机场是在给定观察的标记序列下，计算整个标记序列的联合概率，而 HMM 是在给定当前状态下，定义下一个状态的分布。

条件随机场的定义为：

设 $X = (X_1, X_2, X_3, \cdots, X_n)$ 和 $Y = (Y_1, Y_2, Y_3, \cdots, Y_m)$ 是联合随机变量，若随机变量 $Y$ 构成一个无向图 $G = (V, E)$ 表示的马尔可夫模型，则其条件概率分布 $P(Y|X)$ 称为条件随机场（Conditional Random Field，CRF），即

$$P(Y_v|X, Y_w, w \neq v) = P(Y_v|X, Y_w, w \sim v) \tag{4.1}$$

其中 $w \sim v$ 表示图 $G = (V, E)$ 中与结点 $v$ 有边连接的所有节点，$w \neq v$ 表示结点 $v$ 以外的所有节点。

这里简单举例说明随机场的概念：现有若干个位置组成的整体，当给某一个位置按照某种分布随机赋予一个值后，该整体就被称为随机场。以地名识别为例，假设我们定义了如表 4-2 所示规则。

**表 4-2　地理命名实体标记**

| 标注 | 含义 |
|---|---|
| B | 当前词为地理命名实体的首部 |
| M | 当前词为地理命名实体的内部 |
| E | 当前词为地理命名实体的尾部 |
| S | 当前词单独构成地理命名实体 |
| O | 当前词不是地理命名实体或组成部分 |

现有个由 $n$ 个字符构成的 NER 的句子，每个字符的标签都在我们已知的标签集合（“B”“M”“E”“S”和“O”）中选择，当我们为每个字符选定标签后，就形成了一个随机场。若在其中加一些约束，如所有字符的标签只与相邻的字符的标签相关，那么就转化成马尔可夫随机场问题。从马尔可夫随机场到条件随机场就好理解很多，其假设马尔可夫随机场中有 $X$ 和 $Y$ 两种变量，$X$ 一般是给定的，$Y$ 是在给定 $X$ 条件下的输出。在前面的例子中，$X$ 是字符，$Y$ 为标签，$P(X|Y)$ 就是条件随机场。

在条件随机场的定义中，我们并没有要求变量 $X$ 与 $Y$ 具有相同的结构。实际在自然语言处理中，多假设其结构相同，即

$$X = (X_1, X_2, X_3, \cdots, X_n),\ Y = (Y_1, Y_2, Y_3, \cdots, Y_n) \tag{4.2}$$

结构如图 4-1 所示。

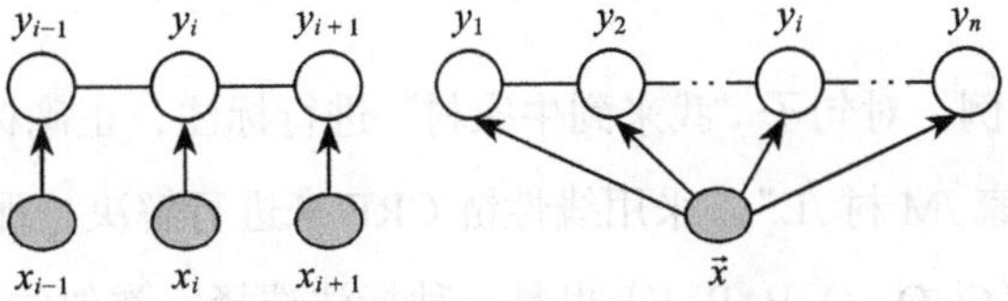


图 4-1　线性链条件随机场

一般将这种结构称为线性链条件随机场（linear-chain Conditional Random Fields, linear-chain CRF）。其定义如下：

设 $X=(X_1, X_2, X_3, \cdots, X_n)$ 和 $Y=(Y_1, Y_2, Y_3, \cdots, Y_n)$ 均为线性链表示的随机变量序列，若在给定的随机变量序列 $X$ 的条件下，随机变量序列 $Y$ 的条件概率分布 $P(Y|X)$ 构成条件随机场，且满足马尔可夫性：

$$P(Y_i|X, Y_1, Y_2, \cdots, Y_n) = P(Y_i|X, Y_{i-1}, Y_{i+1}) \tag{4.3}$$

则称 $P(Y|X)$ 为线性链的条件随机场。（注意，本书中如非特别声明，所说的 CRF 指的就是线性链 CRF。）

细心的读者会发现，相较于 HMM，这里的线性链 CRF 不仅考虑了上一状态 $Y_{i-1}$，还考虑后续的状态结果 $Y_{i+1}$。我们在图 4-2 中对 HMM 和 CRF 做一个对比。

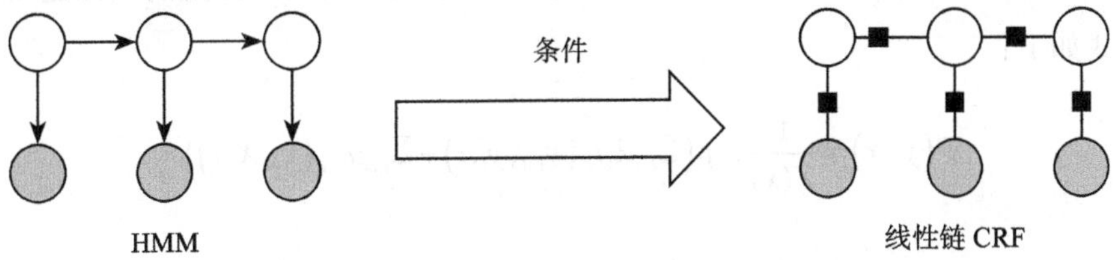


图 4-2　HMM 和线性链 CRF 联系图

在图 4-2 中，可以看到 HMM 是一个有向图，而线性链 CRF 是一个无向图。因此，HMM 处理时，每个状态依赖上一个状态，而线性链 CRF 依赖于当前状态的周围结点状态。

对于线性链 CRF 的算法思想已经介绍不少，接下来讲解如何将其应用于命名实体识别过程中。

仍以地名识别为例，对句子“我来到牛家村”进行标注，正确标注后的结果应为“我/O 来 /O 到 /O 牛 /B 家 /M 村 /E”。采用线性链 CRF 来进行解决，那么（O,O,O,B,M,E）是其一种标注序列，（O,O, O,B,B,E）也是一种标注选择，类似的可选标注序列有很多，在 NER 任务中就是在如此多的可选标注序列中，找出最靠谱的作为句子的标注。

判断标注序列靠谱与否就是我们要解决的问题。就上面的两种分法，显然第二种没有第一种准确，因为其将“牛”和“家”都作为地名首字标成了“B”，一个地名两个首字符，显然不合理。假如给每个标注序列打分，分值代表标注序列的靠谱程度，越高代表越靠谱，那么可以定一个规则，若在标注中出现连续两个“B”结构的标注序列，则给它低分（如负分、零分等）。

上面说的连续“B”结构打低分就对应一条特征函数。在 CRF 中，定义一个特征函数集合，然后使用这个特征集合为标注序列进行打分，据此选出最靠谱的标注序列。该序列的分值是通过综合考虑特征集合中的函数得出的。

在 CRF 中有两种特征函数，分别为转移函数 $t_k(y_{i-1}, y_i, i)$ 和状态函数 $s_l(y_i, X, i)$。$t_k(y_{i-1}, y_i, i)$ 依赖于当前和前一个位置，表示从标注序列中位置 $i-1$ 的标记 $y_{i-1}$ 转移到位置 $i$ 上的标记 $y_i$ 的概率。$s_l(y_i, X, i)$ 依赖当前位置，表示标记序列在位置 $i$ 上为标记 $y_i$ 的概率。通常特征函数取值为 1 或 0，表示符不符合该条规则约束。完整的线性链 CRF 的参数化形式如下：

$$P(y|x)=\frac{1}{Z(x)}\exp\left(\sum_{i,k}\lambda_k t_k\left(y_{i-1},y_i,i\right)+\sum_{i,l}\mu_l s_l\left(y_i,X,i\right)\right) \tag{4.4}$$

其中

$$Z(x)=\sum_y \exp\left(\sum_{i,k}\lambda_k t_k(y_{i-1},y_i,i)+\sum_{i,l}\mu_l s_l(y_i,X,i)\right) \tag{4.5}$$

$Z(x)$ 是规范化因子，其求和操作是在所有可能的输出序列上做的；$\lambda_k$ 和 $\mu_l$ 为转移函数和状态函数对应的权值。

通常为了方便计算，将式（4.5）简化为下式：

$$P(y|x)=\frac{1}{Z(x)}\exp\left(\sum_j\sum_i w_j f_j\left(y_{i-1},y_i,x,i\right)\right) \tag{4.6}$$

对应的 $Z(x)$ 表示如下：

$$Z(x)=\sum_y\exp\left(\sum_j\sum_i w_j f_j(y_{i-1},y_i,x,i)\right) \tag{4.7}$$

其中，$f_j(y_{i-1}, y_i, x, i)$ 为式（4.4）中 $t_k(y_{i-1}, y_i, i)$ 和 $s_l(y_i, X, i)$ 的统一符号表示。

使用 CRF 来做命名实体识别时，目标是求 $\arg\max_y P(y|x)$ 。该问题与 HMM 求解最大可能序列路径一样，也是采用的 Veterbi 算法。Veterbi 算法在第 3 章已有介绍，这里就不再赘述了。

当解决标注问题时，HMM 和 CRF 都是不错的选择。然而相较于 HMM，CRF 能够捕捉全局的信息，并能够进行灵活的特征设计，因此一般效果要比 HMM 好不少。当然，也由于此，一般实现起来复杂度会高很多。

### 4.2.3 实战一：日期识别

在工程项目中，我们会经常面临日期识别的任务。当针对结构化数据时，日期设置一般有良好的规范，在数据入库时予以类型约束，在需要时能够通过解析还原读取到对应的日期。然而在一些非结构化数据应用场景下，日期和文本混杂在一起，此时日期的识别就变得艰难许多。

非结构数据下的日期识别多是与具体需求有关，本节实战的背景如下：现有一个基于语音问答的酒店预订系统，其根据用户的每句语音进行解析，识别出用户的酒店预订需求，如房间型号、入住时间等；用户的语音在发送给后台进行请求时已经转换成中文文本，然而由于语音转换工具的识别问题，许多日期类的数据并不是严格的数字，会出现诸如“六月 12”“2016 年八月”“20160812”“后天下午”等形式。这里我们不关注问答系统的具体实现过程，主要目的是识别出每个请求文本中可能的日期信息，并将其转换成统一的格式进行输出。例如“我要今天住到明天”（假设今天为2017年10月1号），那么通过日期解析后，应该输出为“2017-10-01”和“2017-10-02”。

接下来开始实战，我们主要通过正则表达式和Jieba分词来完成该任务，主要引入以下库：

- import re
- from datetime import datetime, timedelta
- from dateutil.parser import parse
- import jieba.posseg as psg

首先通过Jieba分词将带有时间信息的词进行切分，然后记录连续时间信息的词。这里面就用到Jieba词性标注的功能，提取其中“m”（数字）“t”（时间）词性的词。

```
def time_extract(text):
    time_res = []
    word = ''
    keyDate = {'今天': 0, '明天':1, '后天': 2}
    for k, v in psg.cut(text):
        if k in keyDate:
            if word != '':
                time_res.append(word)
            word = (datetime.today() + timedelta(days=keyDate.get(k, 0))).
strftime('%Y年%m月%d日')
        elif word != '':
            if v in ['m', 't']:
                word = word + k
            else:
                time_res.append(word)
                word = ''
        elif v in ['m', 't']:
            word = k
    if word != '':
        time_res.append(word)
    result = list(filter(lambda x: x is not None, [check_time_valid(w) for w
in time_res]))
    final_res = [parse_datetime(w) for w in result]
```

```
        return [x for x in final_res if x is not None]
```

time_extract 实现了这样的规则约束：对句子进行解析，提取其中所有能表示日期时间的词，并进行上下文拼接，如词性标注完后出现“今天 /t 住 /v 到 /v 明天 /t 下午 /t 3/m 点 /m”，那么需要将“今天”和“明天下午 3 点”提取出来。代码里面定义了几个关键日期——“今天”“明天”和“后天”，当解析遇到这些词时进行日期格式转换，以方便后面的解析。关键日期可根据实际场景覆盖情况进行添加，这里由于是酒店入住，基本不会出现“前天”“昨天”等情况，因此未予添加。

time_extract 中有个 check_time_valid 函数，用来对提取的拼接日期串进行进一步处理，以进行有效性判断的。

```
def check_time_valid(word):
m = re.match("\d+$", word)
if m:
    if len(word) <= 6:
        return None
word1 = re.sub('[号|日]\d+$', '日', word)
if word1 != word:
    return check_time_valid(word1)
else:
        return word1
```

在 time_extract 中最后还有个 parse_datetime 函数，用以将每个提取到的文本日期串进行时间转换。其主要通过正则表达式将日期串进行切割，分为“年”“月”“日”“时”“分”“秒”等具体维度，然后针对每个子维度单独再进行识别。

```
def parse_datetime(msg):
if msg is None or len(msg) == 0:
    return None

try:
    dt = parse(msg, fuzzy=True)
    return dt.strftime('%Y-%m-%d %H:%M:%S')
except Exception as e:
    m = re.match(
            r"([0-9零一二两三四五六七八九十]+年)?([0-9一二两三四五六七八九十]+月)?
([0-9一二两三四五六七八九十]+[号日])?([上中下午晚早]+)?([0-9零一二两三四五六七八九十百] +
[点:\.时])?([0-9零一二三四五六七八九十百]+分?)?([0-9零一二三四五六七八九十百]+秒)?",
```

```
        msg)
    if m.group(0) is not None:
        res = {
            "year": m.group(1),
            "month": m.group(2),
            "day": m.group(3),
            "hour": m.group(5) if m.group(5) is not None else '00',
            "minute": m.group(6) if m.group(6) is not None else '00',
            "second": m.group(7) if m.group(7) is not None else '00',
        }
        params = {}

        for name in res:
            if res[name] is not None and len(res[name]) != 0:
                tmp = None
                if name == 'year':
                    tmp = year2dig(res[name][:-1])
                else:
                    tmp = cn2dig(res[name][:-1])
                if tmp is not None:
                    params[name] = int(tmp)
        target_date = datetime.today().replace(**params)
        is_pm = m.group(4)
        if is_pm is not None:
            if is_pm == u'下午' or is_pm == u'晚上' or is_pm =='中午':
                hour = target_date.time().hour
                if hour < 12:
                    target_date = target_date.replace(hour=hour + 12)
        return target_date.strftime('%Y-%m-%d %H:%M:%S')
    else:
        return None
```

**可以看到，核心是下面的正则表达式：**

"([0-9零一二两三四五六七八九十]+年)?([0-9一二两三四五六七八九十]+月)?([0-9一二两三四五六七八九十]+[号日])?([上中下午晚早]+)?([0-9零一二两三四五六七八九十百]+[点:\.时])?([0-9零一二三四五六七八九十百]+分?)?([0-9零一二三四五六七八九十百]+秒)?"

**该正则表达式就是人工制定的一条规则，用以处理阿拉伯数字与汉字混杂的日期串的提取，其还加入了“上中下晚早”的考虑，用以调整最终输出的时间格式。**

**parse_datetime 在解析具体几个维度时，用了 year2dig 和 cn2dig 方法。主要是通过**

预定义一些模板，将具体的文本转换成相应的数字，以供 parse_datetime 进行封装。

```
    UTIL_CN_NUM = {
    '零': 0, '一': 1, '二': 2, '两': 2, '三': 3, '四': 4,
    '五': 5, '六': 6, '七': 7, '八': 8, '九': 9,
    '0': 0, '1': 1, '2': 2, '3': 3, '4': 4,
    '5': 5, '6': 6, '7': 7, '8': 8, '9': 9
    }
UTIL_CN_UNIT = {'十': 10, '百': 100, '千': 1000, '万': 10000}
def cn2dig(src):
    if src == "":
        return None
    m = re.match("\d+", src)
    if m:
        return int(m.group(0))
    rsl = 0
    unit = 1
    for item in src[::-1]:
        if item in UTIL_CN_UNIT.keys():
            unit = UTIL_CN_UNIT[item]
        elif item in UTIL_CN_NUM.keys():
            num = UTIL_CN_NUM[item]
            rsl += num * unit
        else:
            return None
    if rsl < unit:
        rsl += unit
    return rsl
def year2dig(year):
    res = ''
    for item in year:
        if item in UTIL_CN_NUM.keys():
            res = res + str(UTIL_CN_NUM[item])
        else:
            res = res + item
    m = re.match("\d+", res)
    if m:
        if len(m.group(0)) == 2:
            return int(datetime.datetime.today().year/100)*100 + int(m.group(0))
        else:
            return int(m.group(0))
    else:
        return None
```

可以看到，预先将常见的中文汉字与对应的阿拉伯数字建立一一对应关系，然后通过匹配，转换成相应的阿拉伯数字。

parse_datetime 最后通过解析具体维度（年、月、日等），然后替换 datetime 中 today 的参数，即将“今天”作为默认值，当解析的日期串中未出现表示具体年份或月份等维度的信息时，自动设置为“今天”的属性。下面进行一些测试（假设今天为“2017 年 10 月 25 号”）：

```
text1 = '我要住到明天下午三点'
print(text1, time_extract(text1), sep=':')

text2 = '预定28号的房间'
print(text2, time_extract(text2), sep=':')

text3 = '我要从26号下午4点住到11月2号'
print(text3, time_extract(text3), sep=':')
```

输出结果如下：

```
我要住到明天下午三点:['2017-10-26 15:00:00']
预定28号的房间:['2017-10-28 00:00:00']
我要从26号下午4点住到11月2号:['2017-10-26 16:00:00', '2017-11-02 00:00:00']
```

可以看到，结果还是相对较好的。当然采用规则去覆盖所有的语言场景是不太现实的。如果我们测试输入如下语句：

```
text4 = '我要预订今天到30的房间'
print(text4, time_extract(text4), sep=':')

text5 = '今天30号呵呵'
print(text5, time_extract(text5), sep=':')
```

输出为：

```
我要预订今天到30的房间:['2017-10-25 00:00:00']
今天30号呵呵:['2017-10-25 00:03:00']
```

对于 text4 和 text5 这种规则覆盖之外的场景，该方法效果大大降低。但相较于基于统计的方法，规则方法无须在系统建设初期为搜集数据标注训练而苦恼，能够快速见效。

### 4.2.4 实战二：地名识别

在日期识别中，我们主要采用了基于规则（正则表达式）的方式。在本节，我们将采用基于条件随机场的方法来完成地名识别任务。首先，我们先介绍 CRF++，它是一款基于 C++ 高效实现 CRF 的工具。下面先简单介绍下其安装过程。

Windows 系统用户可去官网 https://taku910.github.io/crfpp/ 下载二进制版本，Linux 或 Mac 用户可从 Github（https://github.com/taku910/crfpp）或官网获取源码进行如下安装（本节示例主要是在 Linux 环境下进行的）：

▼ git clone https://github.com/taku910/crfpp.git

▼ cd crfpp

▼ ./configure

▼ make

▼ sudo make install

该安装需要依赖 gcc3.0 以上版本。

CRF++ 提供了 Python 使用接口，用户可以通过该接口加载训练好的模型。安装该接口步骤如下：

1）cd python

2）python setup.py build

3）sudo python setup.py install

至此，安装完成。

使用 CRF++ 地名识别主要有以下流程：

#### 1. 确定标签体系

如同分词和词性标注一样，命名实体识别也有自己的标签体系。一般用户可以按照自己的想法自行设计，这里我们采用表4-2的地理位置标记规范，即针对每个字符标记为“B”“E”“M”“S”“O”中的一个。

### 2. 语料数据处理

CRF++的训练数据要求一定的格式，一般是一行一个token，一句话由多行token组成，多个句子之间用空行分开。其中每行又分成多列，除最后一列以外，其他列表示特征。因此一般至少需要两列，最后一列表示要预测的标签（“B”“E”“M”“S”“O”）。本节描述的NER，我们就只采用字符这一个维度作为特征。以“我去北京饭店。”为例，结果如下（最后一行为空行）：

```
我 O
去 O
北 B
京 M
饭 M
店 E
。 O
```

这里我们采用的语料数据，是1998年人民日报分词数据集，其部分数据集格式如下：

```
19980101-01-001-006/m 在 /p 1998 年 /t 来临 /v 之际 /f，/w 我 /r 十分 /m 高兴 /a 地 /u 通过 /
p [ 中央 /n 人民 /n 广播 /vn 电台 /n]nt、/w[ 中国 /ns 国际 /n 广播 /vn 电台 /n] nt 和 /c [ 中央 /n 电
视台 /n] nt，/w 向 /p 全国 /n 各族 /r 人民 /n，/w 向 /p [ 香港 /ns 特别 /a 行政区 /n] ns 同胞 /n、/w
澳门 /ns 和 /c 台湾 /ns 同胞 /n、/w 海外 /s 侨胞 /n，/w 向 /p 世界 /n 各国 /r 的 /u 朋友 /n 们 /k，/w 致
以 /v 诚挚 /a 的 /u 问候 /vn 和 /c 良好 /a 的 /u 祝愿 /vn ！ /w
```

上面是语料中的一条数据，可以看到其主要是一个词性标注集。但可以使用其中被标记为“ns”的部分来构造地名识别语料。如“[香港/ns 特别/a 行政区/n]ns”，我们就可以提取出“香港特别行政区”（中括号以内的“ns”在这里不再单独作为一个地名）。按照这种思路，我们对人民日报语料进行数据处理，并切割了部分作为测试集来进行验证。

数据处理代码如下（详见 corpusHandler.py）：

```
def tag_line(words, mark):
chars = []
```

```
    tags = []
    temp_word = '' #用于合并组合词
    for word in words:
        word = word.strip('\t ')
        if temp_word == '':
            bracket_pos = word.find('[')
            w, h = word.split('/')
            if bracket_pos == -1:
                if len(w) == 0: continue
                chars.extend(w)
                if h == 'ns':
                    tags += ['S'] if len(w) == 1 else ['B'] + ['M'] * (len(w)
- 2) + ['E']
                else:
                    tags += ['O'] * len(w)
            else:
                w = w[bracket_pos+1:]
                temp_word += w
        else:
            bracket_pos = word.find(']')
            w, h = word.split('/')
            if bracket_pos == -1:
                temp_word += w
            else:
                w = temp_word + w
                h = word[bracket_pos+1:]
                temp_word = ''
                if len(w) == 0: continue
                chars.extend(w)
                if h == 'ns':
                    tags += ['S'] if len(w) == 1 else ['B'] + ['M'] * (len(w)
- 2) + ['E']
                else:
                    tags += ['O'] * len(w)

    assert temp_word == ''
    return (chars, tags)

def corpusHandler(corpusPath):
    import os
    root = os.path.dirname(corpusPath)
    with open(corpusPath) as corpus_f, \
        open(os.path.join(root, 'train.txt'), 'w') as train_f, \
        open(os.path.join(root, 'test.txt'), 'w') as test_f:
```

```
pos = 0
for line in  corpus_f:
    line = line.strip('\r\n\t')
    if line == '': continue
    isTest = True if pos % 5 == 0 else False  # 抽样20%作为测试集使用
    words = line.split()[1:]
    if len(words) == 0: continue
    line_chars, line_tags = tag_line(words, pos)
    saveObj = test_f if isTest else train_f
    for k, v in enumerate(line_chars):
        saveObj.write(v + '\t' + line_tags[k] + '\n')
    saveObj.write('\n')
    pos += 1
```

上文主要定义了两个函数，tag_line 用于进行每行的标注转换，corpusHandler 用来加载数据，调用 tag_line，保存转换结果，其需要的人民日报语料放置在 chapter-4/data/people-daily.txt 中。

### 3. 特征模板设计

在介绍基于条件随机场的命名实体识别时，提到 CRF 有特征函数，它是通过定义一些规则来实现的，而这些规则就对应着 CRF++ 中的特征模板。其基本格式为 %x[row, col]，用于确定输入数据的一个 token，其中，row 确定与当前的 token 的相对行数，col 用于确定决定列数。

CRF++ 有两种模板类型，第一种是字母 U 开头，为 Unigram template。当模板前加入 U 后，CRF++ 会自动为其生成一个特征函数集合（func1…funcN，即式（4.6）中的 $f_j(y_{i-1}, y_i, x, i)$）。第二种以字母 B 开头，表示 Bigram template。采用 Bigram 模板时，系统会自动产生当前输出与前一个输出 token 的组合，根据该组合构造特征函数 。

下面结合章节实战讲解模板的使用。特征模板定义如下：

```
    #Unigram
U01:%x[-1,0]
U02:%x[0,0]
U03:%x[1,0]
U04:%x[2,0]
```

```
U05:%x[-2,0]
U06:%x[0,0]/%x[-1,0]
U07:%x[0,0]%x[1,0]
U08:%x[-1,0]%x[-2,0]
U09:%x[1,0]%x[2,0]
U10:%x[-1,0]%x[1,0]

#Bigram
B
```

仍以“我去北京饭店。”为例。假设当前训练模型时，扫描到“京 M”这一行时：

```
我 O
去 O
北 B
京 M        <== 扫描到这一行，代表当前位置
饭 M
店 E
。 O
```

根据模板所提取的特征如下：

```
#Unigram
U00:%x[-1,0] ==> 北
U01:%x[0,0] ==> 京
U02:%x[1,0] ==> 饭
U03:%x[2,0] ==> 店
U04:%x[-2,0] ==> 去
U05:%x[1,0]/%x[2,0] ==> 京 / 饭
U06:%x[0,0]/%x[-1,0]/%x[-2,0] ==> 京 / 北 / 去
U07:%x[0,0]/%x[1,0]/%x[2,0] ==> 京 / 饭 / 店
U08:%x[-1,0]/%x[0,0] ==> 北 / 京
U09:%x[0,0]/%x[1,0] ==> 京 / 饭
U10:%x[-1,0]/%x[1,0] ==> 北 / 饭

#Bigram
B
```

可以看到，CRF 通过特征模板去学习到上下文的一些特征。

#### 4. 模型训练和测试

CRF++ 提供了训练和测试的命令：crf_learn、crf_test。训练时采用了如下的命令：

```
crf_learn -f 4 -p 8 -c 3 template ./data/train.txt model
```

其主要有以下参数，项目实践时可自行调整：

- ▼ -f, –freq=INT 使用属性的出现次数不少于 INT（默认为 1）
- ▼ -m, –maxiter=INT 设置 INT 为 LBFGS 的最大迭代次数（默认 10k）
- ▼ -c, –cost=FLOAT 设置 FLOAT 为代价参数，过大会过度拟合（默认 1.0）
- ▼ -e, –eta=FLOAT 设置终止标准 FLOAT（默认 0.0001）
- ▼ -C, –convert 将文本模式转为二进制模式
- ▼ -t, –textmodel 为调试建立文本模型文件
- ▼ -a, –algorithm=（CRF|MIRA）
- ▼ 选择训练算法，默认为 CRF-L2
- ▼ -p, –thread=INT 线程数（默认 1），利用多个 CPU 减少训练时间
- ▼ -H, –shrinking-size=INT
- ▼ 设置 INT 为最适宜的迭代量次数（默认 20）
- ▼ -v, –version 显示版本号并退出
- ▼ -h, –help 显示帮助并退出

在训练过程中会输出一些信息，主要意义如下：

- ▼ iter：迭代次数。当迭代次数达到 maxiter 时，迭代终止
- ▼ terr：标记错误率
- ▼ serr：句子错误率
- ▼ obj：当前对象的值。当这个值收敛到一个确定值的时候，训练完成
- ▼ diff：与上一个对象值之间的相对差。当此值低于 eta 时，训练完成

部分训练输出如下：

```
    Number of sentences: 15586
Number of features:  1278368
Number of thread(s): 8
Freq:              4
```

```
eta:                0.00010
C:                  3.00000
shrinking size:     20
iter=0 terr=0.98787 serr=1.00000 act=1278368 obj=2055386.56193 diff=1.00000
iter=1 terr=0.03155 serr=0.44360 act=1278368 obj=812516.17135 diff=0.60469
iter=2 terr=0.03155 serr=0.44360 act=1278368 obj=266476.48897 diff=0.67204
iter=3 terr=0.03155 serr=0.44360 act=1278368 obj=253567.12432 diff=0.04844
iter=4 terr=0.03155 serr=0.44360 act=1278368 obj=205181.00157 diff=0.19082
iter=5 terr=0.65994 serr=0.99891 act=1278368 obj=5153469.77872 diff=24.11670
iter=6 terr=0.03155 serr=0.44360 act=1278368 obj=196344.12394 diff=0.96190
iter=7 terr=0.03155 serr=0.44360 act=1278368 obj=176421.96919 diff=0.10147
iter=8 terr=0.03155 serr=0.44360 act=1278368 obj=172767.18115 diff=0.02072
…
    iter=284 terr=0.00021 serr=0.00802 act=1278368 obj=3590.37603 diff=0.00020
    iter=285 terr=0.00021 serr=0.00815 act=1278368 obj=3589.75744 diff=0.00017
    iter=286 terr=0.00021 serr=0.00828 act=1278368 obj=3589.54778 diff=0.00006
    iter=287 terr=0.00021 serr=0.00828 act=1278368 obj=3589.39387 diff=0.00004
    iter=288 terr=0.00021 serr=0.00828 act=1278368 obj=3589.29290 diff=0.00003
```

训练完后，采用crf_test调用生成的model就能进行测试，命令如下：

```
crf_test -m model ./data/test.txt > ./data/test.rst
```

这里，我们可以用以下代码计算模型在测试集上的效果。

```
def f1(path):
with open(path) as f:
    all_tag = 0 #记录所有的标记数
    loc_tag = 0 #记录真实的地理位置标记数
    pred_loc_tag = 0 #记录预测的地理位置标记数
    correct_tag = 0 #记录正确的标记数
    correct_loc_tag = 0 #记录正确的地理位置标记数

    states = ['B', 'M', 'E', 'S']
    for line in f:
        line = line.strip()
        if line == '': continue
        _, r, p = line.split()
        all_tag += 1
        if r == p:
            correct_tag += 1
            if r in states:
                correct_loc_tag += 1
        if r in states: loc_tag += 1
```

```
            if p in states: pred_loc_tag += 1

        loc_P = 1.0 * correct_loc_tag/pred_loc_tag
        loc_R = 1.0 * correct_loc_tag/loc_tag
        print('loc_P:{0}, loc_R:{1}, loc_F1:{2}'.format(loc_P, loc_R, (2*loc_
P*loc_R)/(loc_P+loc_R)))

if __name__ == '__main__':
    f1('./data/test.rst')
```

运行结果如下：

```
loc_P:0.912643891570739, loc_R:0.843862660944206, loc_F1:0.8769066095798769
```

上面的数值表示：精确率0.91，召回率0.84，f1值0.877。可见，还是能够覆盖一定的场景。当然这里我们的规则模板设置比较简单，考虑的特征维度也少（只考虑了字符本身维度）。若采用词性标注后的文本作为语料，将词性作为特征加入训练集中，会使模型效果大大提升。

---

**轮到你来**：仍采用本节实战的数据集，按照词标注的方式，加入词性作为一列特征进行训练，看看效果如何。

---

**5. 模型使用**

CRF++提供了Python的接口，可以通过该接口加载模型，进行自定义函数（详见locNER.py）。

```
    def load_model(path):
    import os, CRFPP
    # -v 3: access deep information like alpha,beta,prob
    # -nN: enable nbest output. N should be >= 2
    if os.path.exists(path):
        return CRFPP.Tagger('-m {0} -v 3 -n2'.format(path))
    return None

def locationNER(text):
    tagger = load_model('./model')
    for c in text:
        tagger.add(c)
```

```
    result = []
    # parse and change internal stated as 'parsed'
    tagger.parse()
    word = ''
    for i in range(0, tagger.size()):
        for j in range(0, tagger.xsize()):
            ch = tagger.x(i, j)
            tag = tagger.y2(i)
            if tag == 'B':
                word = ch
            elif tag == 'M':
                word += ch
            elif tag == 'E':
                word += ch
                result.append(word)
            elif tag == 'S':
                word = ch
                result.append(word)
```

上面的 load_model 用于加载之前训练的模型，locationNER 接收字符串，输出其识别出的地名。我们可以尝试如下的文本：

```
text = '我中午要去北京饭店，下午去中山公园，晚上回亚运村。'
print(text, locationNER(text), sep='==> ')

text = '我去回龙观，不去南锣鼓巷'
print(text, locationNER(text), sep='==> ')

text = '打的去北京南站'
print(text, locationNER(text), sep='==> ')
```

识别结果如下：

```
我中午要去北京饭店，下午去中山公园，晚上回亚运村。==> ['北京饭店', '中山公园', '亚运村']
我去回龙观，不去南锣鼓巷 ==> []
打的去北京南站 ==> ['北京']
```

可以看到，该程序针对一些场景能够很好地进行识别，但是在遇到诸如“回龙观”“南锣鼓巷”“北京南站”等词时识别效果并不好。这种情况在实际项目中会经常遇到，通常的解决办法是：

1）扩展语料，改进模型。如加入词性特征，调整分词算法等。

2）整理地理位置词库。在识别时，先通过词库匹配，再采用模型进行发现。

## 4.3 总结

本章主要讲解了词性标注和命名实体识别技术。对于词性标注，在给出基础概念和技术后，简单讲解了标注的规范，然后介绍了其在Jieba分词中的使用方法。对于命名实体识别，在介绍完基础概念和常用方法后，重点介绍了另一种基于序列标注的模型——条件随机场，随后列举了两个实战——日期识别和地名识别，分别演示了规则方法和统计方法。

到本章为止，我们已介绍过分词、词性标注和命名实体识别。作为中文信息处理中基础性关键技术，它们是自然语言处理中在词法层面的三姐妹，相互联系和影响。细心的读者会发现，在第3章和第4章中，我们介绍的方法基本上是互通的，并不限于在某一个具体问题上，尤其是HMM和CRF。当将分词、词性标注和命名实体识别都作为标注任务来进行处理时，采用HMM和CRF都是可行的，不同的是标签的区别。当然，HMM和CRF相互间能够辅助其他任务完成得更好，如在命名实体识别中，当我们在切完词、标注完词性后，再做识别任务，效果要比单纯的字标注要好很多。

CHAPTER 5

# 第 5 章

# 关键词提取算法

在本章，你将了解目前较为实用的关键词提取技术。关键词是代表文章重要内容的一组词。对文本聚类、分类、自动摘要等起重要的作用。此外，它还能使人们便捷地浏览和获取信息。现实中大量文本不包含关键词，自动提取关键词技术也因此具有重要意义和价值。

本章的要点包括：

▼ 关键词提取技术介绍
▼ 常用的关键词提取算法详解
▼ 文本关键词提取实战

## 5.1 关键词提取技术概述

在信息爆炸的时代，很多信息我们无法全面接收，我们需要从中筛选出一些我们感兴趣的或者说对我们有用的信息进行接收。怎么选择呢，关键词提取就是其中一个很好的方法。如果我们可以准确地将所有文档都用几个简单的关键词描述出来，那我们单看几个关键词就可以了解一篇文章是不是我们所需要的，这样会大大提高我们的信息获取效率。

类似于其他的机器学习方法，关键词提取算法一般也可以分为有监督和无监督两类。

有监督的关键词提取方法主要是通过分类的方式进行，通过构建一个较为丰富和完善的词表，然后通过判断每个文档与词表中每个词的匹配程度，以类似打标签的方式，达到关键词提取的效果。有监督的方法能够获取到较高的精度，但缺点是需要大批量的标注数据，人工成本过高。另外，现在每天的信息量增加过多，会有大量的新信息出现，一个固定的词表有时很难将新信息的内容表达出来，但是要人工维护这个受控的词表却要很高的人力成本，这也是使用有监督方法来进行关键词提取的一个比较大的缺陷。

相对于有监督的方法而言，无监督的方法对数据的要求就低多了。既不需要一张人工生成、维护的词表，也不需要人工标准语料辅助进行训练。因此，这类算法在关键词提取领域的应用更受到大家的青睐。在本章中，主要为大家介绍的就是一些目前较常用的无监督关键词提取算法，分别是 TF-IDF 算法、TextRank 算法和主题模型算法（包括 LSA、LSI、LDA 等）。

## 5.2 关键词提取算法 TF/IDF 算法

TF-IDF 算法（Term Frequency-Inverse Document Frequency，词频 – 逆文档频次算法）是一种基于统计的计算方法，常用于评估在一个文档集中一个词对某份文档的重要程度。这种作用显然很符合关键词抽取的需求，一个词对文档越重要，那就越可能是文档的关键词，人们常将 TF-IDF 算法应用于关键词提取中。

从算法的名称就可以看出，TF-IDF 算法由两部分组成：TF 算法以及 IDF 算法。TF 算法是统计一个词在一篇文档中出现的频次，其基本思想是，一个词在文档中出现的次数越多，则其对文档的表达能力也就越强。而 IDF 算法则是统计一个词在文档集的多少个文档中出现，其基本的思想是，如果一个词在越少的文档中出现，则其对文档的区分能力也就越强。

TF 算法和 IDF 算法也能单独使用，在最早的时候就是如此。但是在使用过程中，学者们发现这两种算法都有其不足之处。TF 仅衡量词的出现频次，但是没有考虑到词的对文档的区分能力。比如针对下面这篇文档：

世界献血日，学校团体、献血服务志愿者等可到血液中心参观检验加工过程，我们会对检验结果进行公示，同时血液的价格也将进行公示。

上文中“献血”“血液”“进行”“公示”等词出现的频次均为 2，如果从 TF 算法的角度，他们对于这篇文档的重要性是一样的。但是实际上明显“血液”“献血”对这篇文档来说更关键。而 IDF 则是相反，强调的是词的区分能力，但是一个词既然能在一篇文档中频繁出现，那说明这个词能够很好地表现该篇文档的特征，忽略这一点显然也是不合理的。于是，学者们将这两种算法综合进行使用，构成 TF-IDF 算法，从词频、逆文档频次两个角度对词的重要性进行衡量。

在实际使用中，TF 的计算常用式（5.1）。其中 $n_{ij}$ 表示词 $i$ 在文档 $j$ 中的出现频次，但是仅用频次来表示，长文本中的词出现频次高的概率会更大，这一点会影响到不同文档之间关键词权值的比较。所以在计算的过程中一般会对词频进行归一化。分母部分就是统计文档中每个词出现次数的总和，也就是文档的总词数。还是以上文文档为例，“献血”一词出现次数为 2，文档的总词数为 30，则 tf（献血）= $n$（献血）/$n$（总）= 2/30 ≈ 0.067。更直白的表示方式就是，tf（word）=（word 在文档中出现的次数）/（文档总词数）。

$$\mathrm{tf}_{ij}=\frac{n_{ij}}{\sum_k n_{kj}} \tag{5.1}$$

而 IDF 的计算常用式（5.2）。$|D|$ 为文档集中总文档数，$|D_i|$ 为文档集中出现词 $i$ 的文档数量。分母加 1 是采用了拉普拉斯平滑，避免有部分新的词没有在语料库中出现过而导致分母为零的情况出现，增强算法的健壮性。

$$\mathrm{idf}_i=\log\left(\frac{|D|}{1+|D_i|}\right) \tag{5.2}$$

TF-IDF 算法就是 TF 算法与 IDF 算法的综合使用，具体计算方法见式（5.3）。对于这两种方法怎么组合，学者们也做了很多的研究，tf 和 idf 是相加还是相乘，idf 的计算究竟要取对数还是不取对数。经过大量的理论推导和实验研究后，发现式（5.3）的计算方式是较为有效的计算方式之一。

$$\text{tf} \times \text{idf}(\text{i}, \text{j}) = \text{tf}_{ij} \times \text{idf}_i = \frac{n_{ij}}{\sum_k n_{kj}} \times \log\left(\frac{|D|}{1+|D_i|}\right) \tag{5.3}$$

以上文文档为例，经过计算得到“献血”“血液”“进行”“公示”四个词出现的频次均为2，因此他们的tf值都是0.067。现假设我们具有的文档集有1000篇文档，其中出现“献血”“血液”“进行”“公示”的文档数分别为10、15、100、50，则根据式（5.2），idf（献血）= log（1000/10）= 10。同理可得，idf（血液）= 4.20，idf（进行）= 2.30，idf（进行）= 3.00。得到这些信息后，根据式（5.3）计算每个词的tf-idf值，可以知道“献血”的tf-idf值最高，为最适合这篇文档的关键词。当然，关键词数量可以不止一个，可以根据tf-idf值由大到小排序取前*n*个作为关键词。

除了上面提到的传统的TF-IDF算法之外，TF-IDF算法也有很多变种的加权方法。传统的TF-IDF算法中，仅考虑了词的两个统计信息（出现频次、在多少个文档出现），因此，其对文本的信息利用程度显然也是很少的。除了上面的信息外，在一个文本中还有许多信息能对关键词的提取起到很好的指导作用，例如每个词的词性、出现的位置等。在某些特定的场景中，如在传统的TF-IDF基础上，加上这些辅助信息，能对关键词提取的效果起到很好的提高作用。在文本中，名词作为一种定义现实实体的词，带有更多的关键信息，如在关键词提取过程中，对名词赋予更高的权重，能使提取出来的关键词更合理。此外，在某些场景中，文本的起始段落和末尾段落比起其他部分的文本更重要，如对出现在这些位置的词赋予更高的权重，也能提高关键词的提取效果。算法本身的定义是死的，但是结合我们的应用场景，对算法进行合适的重塑及改造，使之更适应对应场景的应用环境，无疑能对我们想要得到的结果起到更好的指导作用。

## 5.3 TextRank算法

在本节我们会讲到TextRank算法，与本章提到的其他算法都不同的一点是，其他算法的关键词提取都要基于一个现成的语料库。如在TF-IDF中需要统计每个词在语料库中的多少个文档有出现过，也就是逆文档频率；主题模型的关键词提取算法则是要通过对大规模文档的学习，来发现文档的隐含主题。而TextRank算法则是可以脱离语料库的背景，仅对单篇文档进行分析就可以提取该文档的关键词。这也是 TextRank 算法的一个重要特点。TextRank 算法最早用于文档的自动摘要，基于句子维度的分析，利用 TextRank 对每个句子进行打分，挑选出分数最高的 $n$ 个句子作为文档的关键句，以达到自动摘要的效果。

TextRank 算法的基本思想来源于 Google 的 PageRank 算法。因此在介绍 TextRank 之前，有必要先了解下 PageRank 算法。

PageRank 算法是 Google 创始人拉里·佩奇和谢尔盖·布林于 1997 年构建早期的搜索系统原型时提出的链接分析算法，该算法是他们用来评价搜索系统过覆盖网页重要性的一种重要方法，随着 Google 的成功，该算法也成为其他搜索引擎和学术界十分关注的计算模型。

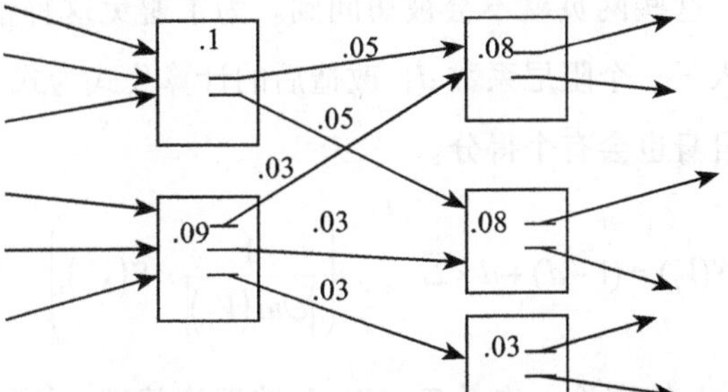


图 5-1　PageRank 算法计算示意图

PageRank 算法是一种网页排名算法，其基本思想有两条：

1）链接数量。一个网页被越多的其他网页链接，说明这个网页越重要。

2）链接质量。一个网页被一个越高权值的网页链接，也能表明这个网页越重要。

基于上述思想，一个网页的 PageRank 值计算公式为式（5.4）。

$In(V_i)$ 为 $V_i$ 的入链集合，同理，$Out(V_j)$ 为 $V_j$ 的出链集合，$|Out(V_j)|$ 则是出链的数量。

因为每个网页要将它自身的分数平均地贡献给每个出链，则 $\frac{1}{|\text{Out}(V_j)|}\times S(V_j)$ 即为 $V_j$ 贡献给 $V_i$ 的分数。将 $V_i$ 的所有入链贡献给他的分数全部加起来，就是 $V_i$ 自身的得分。

$$S(V_i)=\sum_{j\in\text{In}(Vi)}\left(\frac{1}{\left|Out\left(V_j\right)\right|}\times S\left(V_j\right)\right) \tag{5.4}$$

当然，以这种方式来计算每个网页的分数就会有一个问题：每个网页的得分都与其链接网页的分数有关，那么其链接网页的分数又该怎么确定呢？为了解决这个问题，算法开始时会将所有网页的得分初始化为 1，然后通过多次迭代来对每个网页的分数进行收敛。收敛时的得分就是网页的最终得分。若不能收敛，也可以通过设定最大迭代次数来对计算进行控制，计算停止时的分数就是网页的得分。

但是以式（5.4）进行计算会导致一些孤立网页（也就是没有出链入链的网页）的得分会为 0，这样的话，这些网页就不会被访问到。为了避免这种情况出现，我们对计算公式进行了改造，加入了一个阻尼系数 $d$，改造后的计算公式为式（5.5）。这样即使一个网页是孤立网页，其自身也会有个得分。

$$S(V_i)=(1-d)+d\times\sum_{j\in\text{In}(V_j)}\left(\frac{1}{\left|Out\left(V_j\right)\right|}\times S\left(V_j\right)\right) \tag{5.5}$$

以上就是 PageRank 的理论，也是 TextRank 的理论基础。不同的一点是，PageRank 是有向无权图，而 TextRank 进行自动摘要则是有权图，因为在计分时除了考虑链接句的重要性外，还要考虑两个句子间的相似性。因此 TextRank 的完整表达为式（5.6）。计算每个句子给它链接句的贡献时，就不是通过平均分配的方式，而是通过计算权重占总权重的比例来分配。在这里，权重就是两个句子之间的相似度，相似度的计算可以采用编辑距离、余弦相似度等。另外，需要注意的一点是，在对一篇文档进行自动摘要时，默认每个语句和其他所有句子都是有链接关系的，也就是一个有向完全图。

$$WS(V_i)=(1-d)+d\times\sum_{V_j\in\text{In}(Vi)}\left(\frac{w_{ji}}{\sum_{V_k\in\text{Out}(V_j)w_{jk}}}\times WS\left(V_j\right)\right) \tag{5.6}$$

当 TextRank 应用到关键词抽取时，与应用在自动摘要中时主要有两点不同：1）词与词之间的关联没有权重，2）每个词不是与文档中所有词都有链接。

由于第一点不同，因此 TextRank 中的分数计算公式就退化为与 PageRank 一致，将得分平均贡献给每个链接的词。如式（5.7）。

$$WS(V_i)=(1-d)+d\times\sum_{j\in\mathrm{In}(V_j)}\left(\frac{1}{\left|\mathrm{Out}\left(V_j\right)\right|}\times WS\left(V_j\right)\right) \tag{5.7}$$

对于第二点不同，既然每个词不是与所有词相连，那么链接关系要怎么界定呢。当 TextRank 应用在关键词提取中时，学者们提出了一个窗口的概念。在窗口中的词相互间都有链接关系。下面举例说明一下“窗口”的概念。仍以下面的文本为例：

世界献血日，学校团体、献血服务志愿者等可到血液中心参观检验加工过程，我们会对检验结果进行公示，同时血液的价格也将进行公示。

经过分词后为——[ 世界，献血，日，学校，团体，献血，服务，志愿者，等 ]。现在将窗口大小设为 5，可得到以下的几个窗口：

1）[ 世界，献血，日，学校，团体 ]

2）[ 献血，日，学校，团体，献血 ]

3）[ 日，学校，团体，献血，服务 ]

4）[ 学校，团体，献血，服务，志愿者 ]

5）[ 团体，献血，服务，志愿者等 ]

……

每个窗口内所有的词之间都有链接关系，如 [ 世界 ] 就和 [ 献血，日，学校，团体 ] 之间有链接关系。得到了链接关系，我们就可以套用 TextRank 的公式，对每个词的得分进行计算了。最后选择得分最高的 $n$ 个词作为文档的关键词。

## 5.4 LSA/LSI/LDA 算法

一般来说，TF-IDF 算法和 TextRank 算法就能满足大部分关键词提取的任务。但是在某些场景，基于文档本身的关键词提取还不是非常足够，有些关键词并不一定会显式地出现在文档当中，如一篇讲动物生存环境的科普文，通篇介绍了狮子老虎鳄鱼等各种动物的情况，但是文中并没有显式地出现动物二字，这种情况下，前面的两种算法显然不能提取出动物这个隐含的主题信息，这时候就需要用到主题模型，如图 5-2 所示。

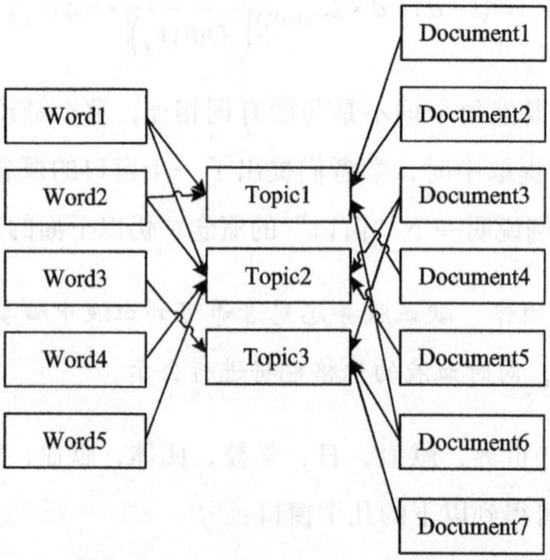


图 5-2　主题模型映射示意图

前面两种模型是直接根据词与文档的关系，对关键词进行抽取。这两种方法仅用到了文本中的统计信息，对文本中丰富的信息无法充分地进行利用，尤其是其中的语义信息，对文本关键词的抽取显然是一种非常有用的信息。与前面两种模型不同的是，主题模型认为在词与文档之间没有直接的联系，它们应当还有一个维度将它们串联起来，主题模型将这个维度称为主题。每个文档都应该对应着一个或多个的主题，而每个主题都会有对应的词分布，通过主题，就可以得到每个文档的词分布。依据这一原理，就可以得到主题模型的一个核心公式，见式（5.8）。

$$p(w_i \mid d_j) = \sum_{k=1}^{K} p(w_i \mid t_k) \times p(t_k \mid d_j) \tag{5.8}$$

在一个已知的数据集中，每个词和文档对应的 $p(w_i|d_j)$ 都是已知的。而主题模型就是根据这个已知的信息，通过计算 $p(w_i|t_k)$ 和 $p(t_k|d_j)$ 的值，从而得到主题的词分布和文档的主题分布信息。而要想得到这个分布信息，现在常用的方法就是 LSA（LSI）和 LDA。其

中 LSA 主要是采用 SVD（奇异值分解）的方法进行暴力破解，而 LDA 则是通过贝叶斯学派的方法对分布信息进行拟合。

### 5.4.1 LSA/LSI 算法

LSA（Latent Semantic Analysis，潜在语义分析）和 LSI（Latent Semantic Index，潜在语义索引），二者通常被认为是同一种算法，只是应用的场景略有不同，LSA 是在需要构建的相关任务中的叫法。可以说，LSA 和 LSI 都是对文档的潜在语义进行分析，但是潜在语义索引在分析后，还会利用分析的结果建立相关的索引。

1988 年，美国贝尔通讯实验室的 S.T.Dumais 等人为了解决传统向量空间模型对文本的语义信息利用能力匮乏的问题，提出了潜在语义分析的概念，撰写了《Using Latent Semantic Analysis to Improve Access to Textual Information》，这是 LSA 最早的公开发表研究成果，该论文至今仍被广泛引用。而后，为了更全面和完整地阐述 LSA 算法的背景情况和具体实现方法，S.T.Dumais 等人在前面的研究基础上再次发表了“Indexing by Latent Semantic Analysis”一文。

LSA 的主要步骤如下：1）使用 BOW 模型将每个文档表示为向量；2）将所有的文档词向量拼接起来构成词 – 文档矩阵（m × n）；3）对词 – 文档矩阵进行奇异值分解（SVD）操作（[m × r] · [r × r] · [r × n]）；4.）根据 SVD 的结果，将词 – 文档矩阵映射到一个更低维度 k（[m × k] · [k × k] · [k × n]，0 < k < r）的近似 SVD 结果，每个词和文档都可以表示为 k 个主题构成的空间中的一个点，通过计算每个词和文档的相似度（相似度计算可以通过余弦相似度或者是 KL 相似度进行），可以得到每个文档中对每个词的相似度结果，去相似度最高的一个词即为文档的关键词。

相较于传统 SVM 模型（Space Vector Model，空间向量模型）对语义信息利用的缺乏，LSA 通过 SVD（奇异值分解）将词、文档映射到一个低维的语义空间，挖掘出词、文档的浅层语义信息，从而对词、文档进行更本质地表达。这也反映了 LSA 的优点，可以映射到低维的空间，并在有限利用文本语义信息的同时，大大降低计算的代价，提高分析质量。

LSA是通过SVD这一暴力的方法，简单直接地求解出近似的word-topic-document分布信息。但是其作为一个初级的主题模型，仍然存在着许多的不足。其中主要的缺点是：SVD的计算复杂度非常高，特征空间维度较大的，计算效率十分低下。另外，LSA得到的分布信息是基于已有数据集的，当一个新的文档进入到已有的特征空间时，需要对整个空间重新训练，以得到加入新文档后对应的分布信息。除此之外，LSA还存在着对词的频率分布不敏感、物理解释性薄弱等问题。为了解决这些问题，学者们在LSA的基础上进行了改进，提出了pLSA算法，通过使用EM算法对分布信息进行拟合替代了使用SVD进行暴力破解，从一定程度上解决了LSA的部分缺陷，但是LSA仍有较多不足。通过不断探索，学者们又在pLSA的基础上，引入了贝叶斯模型，实现了现在topic model的主流方法——LDA（Latent Dirichlet Allocation，隐含狄利克雷分布）。

### 5.4.2 LDA算法

LDA是由David Blei等人在2003年提出的，该方法的理论基础是贝叶斯理论。LDA根据词的共现信息的分析，拟合出词 – 文档 – 主题的分布，进而将词、文本都映射到一个语义空间中。

LDA算法假设文档中主题的先验分布和主题中词的先验分布都服从狄利克雷分布（这也是隐含狄利克雷分布这一名字的由来）。在贝叶斯学派看来，先验分布 + 数据（似然）= 后验分布。我们通过对已有数据集的统计，就可以得到每篇文档中主题的多项式分布和每个主题对应词的多项式分布。然后就可以根据贝叶斯学派的方法，通过先验的狄利克雷分布和观测数据得到的多项式分布，得到一组Dirichlet-multi共轭，并据此来推断文档中主题的后验分布和主题中词的后验分布，也就是我们最后需要的结果。那么具体的LDA模型应当如何进行求解，其中一种主流的方法就是吉布斯采样。 结合吉布斯采样的LDA模型训练过程一般如下：

1）随机初始化，对语料中每篇文档中的每个词w，随机地赋予一个topic编号z。

2）重新扫描语料库，对每个词 w 按照吉布斯采样公式重新采样它的 topic，在语料中进行更新。

3）重复以上语料库的重新采样过程直到吉布斯采样收敛。

4）统计语料库的 topic-word 共现频率矩阵，该矩阵就是 LDA 的模型。

经过以上的步骤，就得到一个训练好的 LDA 模型，接下来就可以按照一定的方式针对新文档的 topic 进行预估，具体步骤如下：

1）随机初始化，对当前文档中的每个词 w，随机地赋一个 topic 编号 z。

2）重新扫描当前文档，按照吉布斯采样公式，重新采样它的 topic。

3）重复以上过程直到吉布斯采样收敛。

4）统计文档中的 topic 分布即为预估结果。

LDA 具体流程看起来似乎并不是非常复杂，但是这里有许多需要注意的地方，比如怎么确定共轭分布中的超参，怎么通过狄利克雷分布和多项式分布得到他们的共轭分布，具体要怎么实现吉布斯采样等，每一个环节都有许多复杂的数学推导过程。想要更深入地对具体的理论进行了解，需要较长的一段时间。

通过上面 LSA 或者是 LDA 算法，我们得到了文档对主题的分布和主题对词的分布，接下来就是要利用这些信息来对关键词进行抽取。在我们得到主题对词的分布后，也据此得到词对主题的分布。接下来，就可以通过这个分布信息计算文档与词的相似性，继而得到文档最相似的词列表，最后就可以得到文档的关键词。

## 5.5 实战提取文本关键词

上面我们介绍了提取关键词的几种算法，那么接下来就使用这些算法具体来实现一个关键词提取算法。在本节的代码中，主要使用了 Jieba 和 Gensim。Jieba 库在前面的分词章节做了较为详细的阐述，这里主要使用了其在 analyse 模块封装的 TextRank 算法。Gensim 是一款开源的第三方 Python 工具包，用于从原始的非结构化的文本中，无监督地学习到文本隐层的主题向量表达。它支持包括 TF-IDF、LSA、LDA 和 word2vec 在内的多种主题模型算法，支持流式训练，并提供了诸如相似度计算，信息检索等一些常用任务的 API 接口。这里我们主要调用 Gensim 中 LSI 和 LDA 模型的接口实现。读者可在命令行中运行“pip install genism”来安装 Gensim。

本节代码放在 https://github.com/nlpinaction/code/tree/master/chapter-5 中，读者可参照其进行本节实战内容的复现。下面详细介绍整个流程。

首先是加载相关的模块。其中 functools 模块主要是使用了其 cmp_to_key 函数，因为在 python3 中 sorted 函数废弃了 cmp 参数，我们可使用该函数来实现 cmp 的功能。

```
import math
import jieba
import jieba.posseg as psg
from gensim import corpora, models
from jieba import analyse
import functools
```

从前文可知，除了 TextRank 算法外，另外的两类算法都要基于一个已知的数据集才能对关键词进行提取。所以，我们先要读入一个数据集，其一般由多个文本组成。

数据集刚读入的时候是一段段完整的文字，而我们要实现关键词提取算法，显而易见的，实现的基础就是要有词的信息。因此，第一个关键环节就是对所有的输入文本分词，可具体参照第 3 章。

在分完词之后，每个文档都可以表示为一系列词的集合，可以作为我们下面分析的基础了。但是，一个文档中，除了能表达文章信息的实词外，还有许多如“的”“地”“得”等虚词和其他一些没有实际含义的词，这些词明显不是我们要找的关键词，而且还可能对我们算法的抽取产生负面的影响，我们将这种词称为干扰词。因此，一般在算法开始前，还需要进行一个步骤——去除停用词，也就是将前面提到的干扰词删去。去除干扰词一般是使用一个受控停用表来对词进行筛选，出现在停用词表中的词就直接去除，因此在程序中需要先加载一个受控的停用词表。现在中文自然语言处理中较常用的一个停用词表就是哈工大的停用词表，里面包含了大部分中文文本中常见的干扰词。在实际应用中，也可以根据具体项目和应用场景，建立和维护一个更适用的停用词表。除了停用词表外，也可以使用词性对词进行进一步筛选，例如在关键词提取中，可以尝试只要名词性的词语，其他词语视为干扰词过滤掉。

完成前面的所有环节后，数据的预处理步骤就完成了。接下来就是要使用预处理完成的数据来训练我们的算法。前面提到，TF-IDF 算法和主题模型都需要通过一个已有的先对模型的参数进行训练。在模型训练完成后，就可以使用训练好的模型来进行关键词提取。而前面提到，TextRank 可以不用训练，直接根据单个文档就可以对关键词进行提取。

根据前面的阐述，我们训练一个关键词提取算法需要以下几个步骤：

1）加载已有的文档数据集。

2）加载停用词表。

3）对数据集中的文档进行分词。

4）根据停用词表，过滤干扰词。

5）根据数据集训练算法。

而根据训练好的关键词提取算法对新文档进行关键词提取要经过以下环节：

1）对新文档进行分词。

2）根据停用词表，过滤干扰词。

3）根据训练好的算法提取关键词。

根据以上的情况，开始实现一个完整的关键词提取算法。首先，先定义好停用词表的加载方法。

```
# 停用词表加载方法
```

```
def get_stopword_list():
    # 停用词表存储路径，每一行为一个词，按行读取进行加载
    # 进行编码转换确保匹配准确率
    stop_word_path = './stopword.txt'
    stopword_list = [sw.replace('\n','') for sw in open(stop_word_path).
readlines()]
    return stopword_list
```

定义一个分词方法。pos为判断是否采用词性标注的参数。

```
# 分词方法，调用结巴接口
def seg_to_list(sentence, pos=False):
    if not pos:
        # 不进行词性标注的分词方法
        seg_list = jieba.cut(sentence)
    else:
        # 进行词性标注的分词方法
        seg_list = psg.cut(sentence)
    return seg_list
```

定义干扰词过滤方法：根据分词结果对干扰词进行过滤，根据pos判断是否过滤除名词外的其他词性，再判断词是否在停用词表中，长度是否大于等于2等。

```
# 去除干扰词
def word_filter(seg_list, pos=False):
    stopword_list = get_stopword_list()
    filter_list = []
    # 根据POS参数选择是否词性过滤
    ## 不进行词性过滤，则将词性都标记为n，表示全部保留
    for seg in seg_list:
        if not pos:
            word = seg
            flag = 'n'
        else:
            word = seg.word
            flag = seg.flag
        if not flag.startswith('n'):
            continue
        # 过滤高停用词表中的词，以及长度为<2的词
        if not word in stopword_list and len(word)>1:
            filter_list.append(word)

    return filter_list
```

加载数据集，并对数据集中的数据分词和过滤干扰词，原始数据集是一个文件，文件中每一行是一个文本。按行读取后对文本进行分词、过滤干扰词。每个文本最后变成一个非干扰词组成的词语列表。

```
# 数据加载，pos 为是否词性标注的参数，corpus_path 为数据集路径
def load_data(pos=False, corpus_path='./corpus.txt'):

    # 调用上面方式对数据集进行处理，处理后的每条数据仅保留非干扰词
    doc_list = []
    for line in open(corpus_path,'r'):
        content = line.strip()
        seg_list = seg_to_list(content, pos)
        filter_list = word_filter(seg_list, pos)
        doc_list.append(filter_list)

    return doc_list
```

TF-IDF 训练、LSI 训练和 LDA 训练各有特点。TF-IDF 的训练主要是根据数据集生成对应的 IDF 值字典，后续计算每个词的 TF-IDF 时，直接从字典中读取。LSI 和 LDA 的训练是根据现有的数据集生成文档 – 主题分布矩阵和主题 – 词分布矩阵，Gensim 中有实现好的训练方法，直接调用即可。

```
    #idf 值统计方法
def train_idf(doc_list):
    idf_dic = {}
    # 总文档数
    tt_count = len(doc_list)
    # 每个词出现的文档数
    for doc in doc_list:
        for word in set(doc):
            idf_dic[word] = idf_dic.get(word, 0.0) + 1.0

    # 按公式转换为 idf 值，分母加 1 进行平滑处理
    for k,v in idf_dic.items():
        idf_dic[k] = math.log(tt_count/(1.0+v))

    # 对于没有在字典中的词，默认其尽在一个文档出现，得到默认 idf 值
    default_idf = math.log(tt_count / (1.0))
    return idf_dic, default_idf
```

```
    def train_lsi(self):
        lsi = models.LsiModel(self.corpus_tfidf,id2word=self.dictionary,num_
topics=self.num_topics)
        return lsi

    def train_lda(self):
         lda = models.LdaModel(self.corpus_tfidf, id2word=self.dictionary, num_
topics=self.num_topics)
        return lda
```

下面的cmp函数是为了输出top关键词时，先按照关键词的计算分值排序，在得分相同时，根据关键词进行排序。

```
#  排序函数，用于topK关键词的按值排
def cmp(e1, e2):
    import numpy as np
    res = np.sign(e1[1] - e2[1])
    if res != 0:
        return res
    else:
        a = e1[0] + e2[0]
        b = e2[0] + e1[0]
        if a > b:
            return 1
        elif a == b:
            return 0
        else:
            return -1
```

完整的TF-IDF实现方法。根据具体要处理的文本，计算每个词的TF值，并获取前面训练后的IDF数据，直接获取每个词的IDF值，综合计算每个词的TF-IDF。TF-IDF类传入参数主要有三个：idf_dic为前面训练好的idf数据；word_list为经过分词、去除干扰词后的待提取关键词文本，是一个非干扰词组成的列表；keyword_num决定要提取多少个关键词。

```
#TF-IDF类
class TfIdf(object):
    # 四个参数分别是：训练好的idf字典，默认idf值，处理后的待提取文本，关键词数量
    def __init__(self, idf_dic,default_idf, word_list, keyword_num):
        self.word_list = word_list
        self.idf_dic, self.default_idf = idf_dic,default_idf
        self.tf_dic = self.get_tf_dic()
        self.keyword_num = keyword_num
```

```
    #统计tf值
    def get_tf_dic(self):
        tf_dic = {}
        for word in self.word_list:
            tf_dic[word] = tf_dic.get(word, 0.0) + 1.0

        tt_count = len(self.word_list)
        for k,v in tf_dic.items():
            tf_dic[k] = float(v)/tt_count

        return tf_dic

    # 按公式计算tf-idf
    def get_tfidf(self):
        tfidf_dic = {}
        for word in self.word_list:
            idf = self.idf_dic.get(word,self.default_idf)
            tf  = self.tf_dic.get(word,0)

            tfidf = tf*idf
            tfidf_dic[word] = tfidf

        #根据tf-idf排序，去排名前keyword_num的词作为关键词
         for k, v in sorted(tfidf_dic.items(), key=functools.cmp_to_key(cmp),
reverse=True)[:self.keyword_num]:
            print(k + "/", end='')
        print()
```

完整的主题模型实现方法里面分别实现了LSI、LDA算法，根据传入参数model进行选择。几个参数如下：

- doc_list是前面数据集加载方法的返回结果。
- keyword_num同上，为关键词数量。
- model为本主题模型的具体算法，分别可以传入LSI、LDA，默认为LSI。
- num_topics为主题模型的主题数量。

```
#主题模型
class TopicModel(object):
    #三个传入参数：处理后的数据集，关键词数量，具体模型（LSI、LDA），主题数量
    def __init__(self, doc_list,keyword_num, model='LSI', num_topics=4):
        # 使用gensim的接口，将文本转为向量化表示
        # 先构建词空间
```

```
        self.dictionary = corpora.Dictionary(doc_list)
        # 使用 BOW 模型向量化
        corpus = [self.dictionary.doc2bow(doc) for doc in doc_list]
        # 对每个词，根据 tf-idf 进行加权，得到加权后的向量表示
        self.tfidf_model = models.TfidfModel(corpus)
        self.corpus_tfidf = self.tfidf_model[corpus]

        self.keyword_num = keyword_num
        self.num_topics = num_topics
        # 选择加载的模型
        if model == 'LSI':
            self.model = self.train_lsi()
        else:
            self.model = self.train_lda()

        # 得到数据集的主题 - 词分布
        word_dic = self.word_dictionary(doc_list)
        self.wordtopic_dic = self.get_wordtopic(word_dic)

    def train_lsi(self):
        lsi = models.LsiModel(self.corpus_tfidf,id2word=self.dictionary,num_
topics=self.num_topics)
        return lsi

    def train_lda(self):
        lda = models.LdaModel(self.corpus_tfidf, id2word=self.dictionary, num_
topics=self.num_topics)
        return lda

    def get_wordtopic(self,word_dic):
        wordtopic_dic = {}

        for word in word_dic:
            single_list = [word]
            wordcorpus = self.tfidf_model[self.dictionary.doc2bow(single_
list)]
            wordtopic = self.model[wordcorpus]
            wordtopic_dic[word] = wordtopic
        return wordtopic_dic

    # 计算词的分布和文档的分布的相似度，取相似度最高的 keyword_num 个词作为关键词
    def get_simword(self, word_list):
        sentcorpus = self.tfidf_model[self.dictionary.doc2bow(word_list)]
        senttopic = self.model[sentcorpus]
        # 余弦相似度计算
```

```
        def calsim(l1, l2):
            a, b, c = 0.0, 0.0, 0.0
            for t1, t2 in zip(l1, l2):
                x1 = t1[1]
                x2 = t2[1]
                a += x1 * x1
                b += x1 * x1
                c += x2 * x2
            sim = a / math.sqrt(b * c) if not (b * c)==0.0 else 0.0
            return sim

        # 计算输入文本和每个词的主题分布相似度
        sim_dic = {}
        for k, v in self.wordtopic_dic.items():
            if k not in word_list:
                continue
            sim = calsim(v, senttopic)
            sim_dic[k] = sim

        for k, v in sorted(sim_dic.items(), key=functools.cmp_to_key(cmp),
reverse=True)[:self.keyword_num]:
            print(k + "/ ", end='')
        print()
```

接下来对上面的各个方法进行封装，统一算法调用接口：

```
def tfidf_extract(word_list, pos=False, keyword_num=10):

    doc_list = load_data(pos)
    idf_dic ,default_idf= train_idf(doc_list)
    tfidf_model = TfIdf(idf_dic,default_idf,word_list,keyword_num)
    tfidf_model.get_tfidf()

def textrank_extract(text, pos=False, keyword_num=10):
    textrank = analyse.textrank
    keywords = textrank(text,keyword_num)
    # 输出抽取出的关键词
    for keyword in keywords:
        print(keyword + "/"),
    print()

def topic_extract(word_list, model, pos=False, keyword_num=10):

    doc_list = load_data(pos)
```

```
    topic_model = TopicModel(doc_list,keyword_num, model=model)
    topic_model.get_simword(word_list)
```

调用几种算法对目标文本进行关键词提取。

```
if __name__ == '__main__':

text = '6月19日，《2012年度"中国爱心城市"公益活动新闻发布会》在京举行。'+ \
      '中华社会救助基金会理事长许嘉璐到会讲话。基金会高级顾问朱发忠，全国老龄'+ \
      '办副主任朱勇，民政部社会救助司助理巡视员周萍，中华社会救助基金会副理事长耿志远，'+ \
      '重庆市民政局巡视员谭明政。晋江市人大常委会主任陈健倩，以及10余个省、市、自治区民政局'
+ \
      '领导及四十多家媒体参加了发布会。中华社会救助基金会秘书长时正新介绍本年度"中国爱心城'+ \
      '市"公益活动将以"爱心城市宣传、孤老关爱救助项目及第二届中国爱心城市大会"为主要内容，
重庆市'+ \
      '、呼和浩特市、长沙市、太原市、蚌埠市、南昌市、汕头市、沧州市、晋江市及遵化市将会积极参
加'+ \
      '这一公益活动。中国雅虎副总编张银生和凤凰网城市频道总监赵耀分别以各自媒体优势介绍了活
动'+ \
      '的宣传方案。会上，中华社会救助基金会与"第二届中国爱心城市大会"承办方晋江市签约，许嘉
璐理'+ \
      '事长接受晋江市参与"百万孤老关爱行动"向国家重点扶贫地区捐赠的价值400万元的款物。晋江
市人大'+ \
      '常委会主任陈健倩介绍了大会的筹备情况。'

pos = False
seg_list = seg_to_list(text,pos)
filter_list = word_filter(seg_list,pos)

print('TF-IDF模型结果：')
tfidf_extract(filter_list)
print('TextRank模型结果：')
textrank_extract(text)
print('LSI模型结果：')
topic_extract(filter_list, 'LSI', pos)
print('LDA模型结果：')
topic_extract(filter_list,'LDA',pos)
```

几种方法的执行结果如下，这是不选择词性过滤，各种词性的词都可能被选为关键词：

```
TF-IDF模型结果：
晋江市/救助/城市/大会/爱心/中华/基金会/陈健倩/重庆市/许嘉璐/
TextRank模型结果：
城市/爱心/救助/中国/社会/晋江市/基金会/大会/介绍/公益活动/
```

```
LSI 模型结果：
中华 / 活动 / 宣传 / 爱心 / 行动 / 中国 / 基金会 / 项目 / 救助 / 社会 /
LDA 模型结果：
晋江市 / 签约 / 民政部 / 大会 / 第二届 / 许嘉璐 / 重庆市 / 人大常委会 / 巡视员 / 孤老 /
```

这是使用词性过滤再次去除干扰词，仅选择名词作为关键词的结果：

```
TF-IDF 模型结果：
晋江市 / 城市 / 大会 / 爱心 / 中华 / 基金会 / 陈健倩 / 重庆市 / 许嘉璐 / 巡视员 /
TextRank 模型结果：
城市 / 爱心 / 救助 / 中国 / 社会 / 晋江市 / 基金会 / 大会 / 介绍 / 公益活动 /
LSI 模型结果：
中国 / 中华 / 爱心 / 基金会 / 项目 / 社会 / 城市 / 公益活动 / 全国 / 国家 /
LDA 模型结果：
晋江市 / 公益活动 / 年度 / 民政局 / 大会 / 新闻 / 许嘉璐 / 巡视员 / 陈健倩 / 人大常委会 /
```

一般情况下，使用词性过滤，仅保留名词作为关键词的结果更符合我们的要求，但是有些场景对其他词性的词有特殊的要求，可以根据场景的不同，选择需要过滤的不同词性。此外，还可以通过调整关键词提取数量、主题模型的主题数量等参数，观察不同参数下的不同提取结果。

另外，由于实战使用的数据集较少（仅有一百余篇文本），所以部分算法效果不太理想，读者在实践时可选择更大的数据集对算法进行实验。

**轮到你来：**

采用搜狗新闻语料训练模型，对比不同关键词提取算法的差异。

## 5.6 本章小结

本章主要介绍了一些常见的关键词提取算法，之后结合一些开源框架进行了实例对比和展示。在这里需要读者注意的是，通常在项目实践中，算法本身并没有高下之分，需要结合具体业务和尝试情况进行调整。此外，关键词提取算法既然是提取“词”，那么一些基础的任务，如中文分词、词性标注以及命名实体识别等都会与提取效果息息相关，因此，在进行关键词提取之前，一定要做好分词等基础工作。

CHAPTER 6

# 第6章

# 句法分析

在本章中，你将学到与句法分析相关的一些算法和技术。很多技术手段可以用来实现句法分析，包括基于规则的和基于统计的，在本章中读者将会了解其基本原理和使用方法。

本章要点主要如下：

- ▼ 句法分析及其难点
- ▼ 句法分析相关数据和技术
- ▼ 基于 Stanford Parser 的句法分析实战

## 6.1 句法分析概述

在自然语言处理中，机器翻译是一个重要的课题，也是 NLP 应用的主要领域，而句法分析是机器翻译的核心数据结构。句法分析是自然语言处理的核心技术，是对语言进行深层次理解的基石。句法分析的主要任务是识别出句子所包含的句法成分以及这些成分之间的关系，一般以句法树来表示句法分析的结果。从 20 世纪 50 年代初机器翻译课题被提出时算起，自然语言处理研究已经有 60 余年的历史，句法分析一直是自然语言处理前进的巨大障碍。句法分析主要有以下两个难点：

- ▼ **歧义**。自然语言区别于人工语言的一个重要特点就是它存在大量的歧义现象。人类自身可以依靠大量的先验知识有效地消除各种歧义，而机器由于在知识表示和获取方面存在严重不足，很难像人类那样进行句法消歧。
- ▼ **搜索空间**。句法分析是一个极为复杂的任务，候选树个数随句子增多呈指数级增长，搜索空间巨大。因此，必须设计出合适的解码器，以确保能够在可以容忍的时间内搜索到模型定义最优解。

句法分析（Parsing）是从单词串得到句法结构的过程，而实现该过程的工具或程序被称为句法分析器（Parser）。句法分析的种类很多，这里我们根据其侧重目标将其分为完全句法分析和局部句法分析两种。两者的差别在于，完全句法分析以获取整个句子的句法结构为目的；而局部句法分析只关注于局部的一些成分，例如常用的依存句法分析就是一种局部分析方法。

句法分析中所用方法可以简单地分为基于规则的方法和基于统计的方法两大类。基于规则的方法在处理大规模真实文本时，会存在语法规则覆盖有限、系统可迁移差等缺陷。随着大规模标注树库的建立，基于统计学习模型的句法分析方法开始兴起，句法分析器的性能不断提高，最典型的就是风靡于 20 世纪 70 年代的 PCFG（Probabilistic Context Free Grammar），它在句法分析领域得到了极大的应用，也是现在句法分析中常用的方法。统计句法分析模型本质是一套面向候选树的评价方法，其会给正确的句法树赋予一个较高的分值，而给不合理的句法树赋予一个较低的分值，这样就可以借用候选句法树的分值进行消歧。在本章中，我们将着重于基于统计的句法分析方法（简称统计分析方法）的介绍。

## 6.2 句法分析的数据集与评测方法

统计分析方法一般都离不开语料数据集和相应的评价体系的支撑，本节将详细介绍这方面的内容。

## 6.2.1 句法分析的数据集

统计学习方法多需要语料数据的支撑，统计句法分析也不例外。相较于分词或词性标注，句法分析的数据集要复杂很多，其是一种树形的标注结构，因此又称树库。图 6-1 所示是一个典型的句法树。

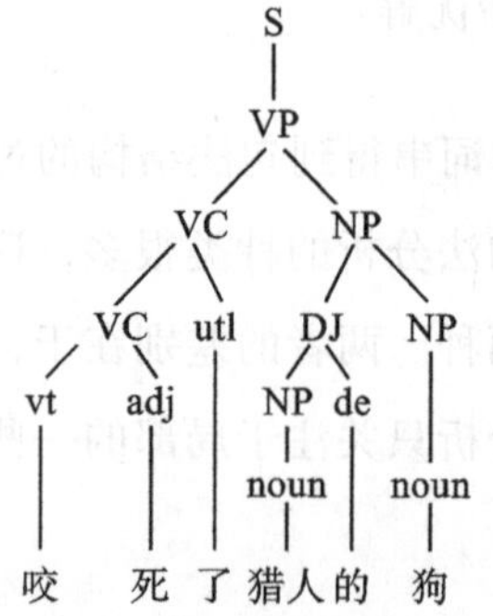


图 6-1 句法树示例

目前使用最多的树库来自美国宾夕法尼亚大学加工的英文宾州树库（Penn TreeBank, PTB）。PTB 的前身为 ATIS（Air Travel Information System）和 WSJ（Wall Street Journa）树库，具有较高的一致性和标注准确率。

中文树库建设较晚，比较著名的有中文宾州树库（Chinese TreeBank，CTB)、清华树库（Tsinghua Chinese TreeBank，TCT)、台湾中研院树库。其中 CTB 是宾夕法尼亚大学标注的汉语句法树库，也是目前绝大多数的中文句法分析研究的基准语料库。TCT 是清华大学计算机系智能技术与系统国家重点实验室人员从汉语平衡语料库中提取出 100 万规模的汉字语料文本，经过自动句法分析和人工校对，形成的高质量的标注有完整句法结构的中文句法树语料库。Sinica TreeBank 是中国台湾中研院词库小组从中研院平衡语料库中抽取句子，经过电脑自动分析成句法树，并加以人工修改、检验后所得的成果。

不同的树库有着不同的标记体系，使用时切忌使用一种树库的句法分析器，然后用其他树库的标记体系来解释。由于树库众多，这里不再讲述具体每一种树库的标记规范，感兴趣的读者可网上搜索自行查阅。图 6-2 所示为清华树库的部分标记集。

| 序号 | 标记代码 | 标记名称 | 序号 | 标记代码 | 标记名称 |
|---|---|---|---|---|---|
| 1 | np | 名词短语 | 9 | mbar | 数词准短语 |
| 2 | tp | 时间短语 | 10 | mp | 数量短语 |
| 3 | sp | 空间短语 | 11 | dj | 单句句型 |
| 4 | vp | 动词短语 | 12 | fj | 复句句型 |
| 5 | ap | 形容词短语 | 13 | zj | 整句 |
| 6 | bp | 区别词短语 | 14 | jp | 句群 |
| 7 | dp | 副词短语 | 15 | dlc | 独立成分 |
| 8 | pp | 介词短语 | 16 | yj | 直接引语 |

图 6-2 清华树库的汉语成分标记集（部分）

### 6.2.2 句法分析的评测方法

句法分析评测的主要任务是评测句法分析器生成的树结构与手工标注的树结构之间的相似程度。其主要考虑两方面的性能：满意度和效率。其中满意度是指测试句法分析器是否适合或胜任某个特定的自然语言处理任务；而效率主要用于对比句法分析器的运行时间。

目前主流的句法分析评测方法是 PARSEVAL 评测体系，它是一种粒度比较适中、较为理想的评价方法，主要指标有准确率、召回率、交叉括号数。准确率表示分析正确的短语个数在句法分析结果中所占的比例，即分析结果中与标准句法树中相匹配的短语个数占分析结果中所有短语个数的比例。召回率表示分析得到的正确短语个数占标准分析树全部短语个数的比例。交叉括号表示分析得到的某一个短语的覆盖范围与标准句法分析结果的某个短语的覆盖范围存在重叠又不存在包含关系，即构成了一个交叉括号。

## 6.3 句法分析的常用方法

相较于词法分析（分词、词性标注或命名实体识别等），句法分析成熟度要低上不少。为此，学者们投入了大量精力进行探索，他们基于不同的语法形式，提出了各种不同的算法。在这些算法中，以短语结构树为目标的句法分析器目前研究得最为彻底，应用也最为广泛，与很多其他形式语法对应的句法分析器都能通过对短语结构语法（特别是上下文无关文法）的改造而得到。因此，本节将主要介绍基于上下文无关文法的句法分析。这里需要强调的是，因为本书是 NLP 入门实践书籍，而句法分析又属于 NLP 中较为高阶的问题，故本节不会深陷算法的细节中。读者了解这些算法即可，重要的是能够在后面的实践环节中使用起来。

### 6.3.1　基于 PCFG 的句法分析

PCFG（Probabilistic Context Free Grammar）是基于概率的短语结构分析方法，是目前研究最为充分、形式最为简单的统计句法分析模型，也可以认为是规则方法与统计方法的结合。

PCFG 是上下文无关文法的扩展，是一种生成式的方法，其短语结构文法可以表示为一个五元组 $(X, V, S, R, P)$：

▼ $X$ 是一个有限词汇的集合（词典），它的元素称为词汇或终结符。

▼ $V$ 是一个有限标注的集合，称为非终结符集合。

▼ $S$ 称为文法的开始符号，其包含于 $V$，即 $S \in V$。

▼ $R$ 是有序偶对 $(\alpha, \beta)$ 的集合，也就是产生的规则集。

▼ $P$ 代表每个产生规则的统计概率。

PCFG 可以解决以下问题：

▼ 基于 PCFG 可以计算分析树的概率值。

▼ 若一个句子有多个分析树，可以依据概率值对所有的分析树进行排序。

▼ PCFG 可以用来进行句法排歧，面对多个分析结果选择概率值最大的。

如果把→看作一个运算符，PCFG 可以写成如下的形式：

形式：$A \to \alpha, P$

约束：$\sum_{\alpha} P(A \to \alpha)$

下面根据一个例子来看 PCFG 求解最优句法树的过程。有一个规则集，内容如下：

| | | | |
|---|---|---|---|
| $S \rightarrow$ NP VP | 1.0 | NP → NP PP | 0.4 |
| PP → P NP | 1.0 | NP → astronomers | 0.1 |
| VP → $V$ NP | 0.7 | NP → ears | 0.18 |
| VP → VP PP | 0.3 | NP → saw | 0.04 |
| $P$ → with | 1.0 | NP → stars | 0.18 |
| $V$ → saw | 1.0 | NP → telescope | 0.1 |

其中第一列表示规则，第二列表示该规则成立的概率。

给定句子 S：astronomers saw stars with ears，得到两个句法树，如图 6-3 所示。

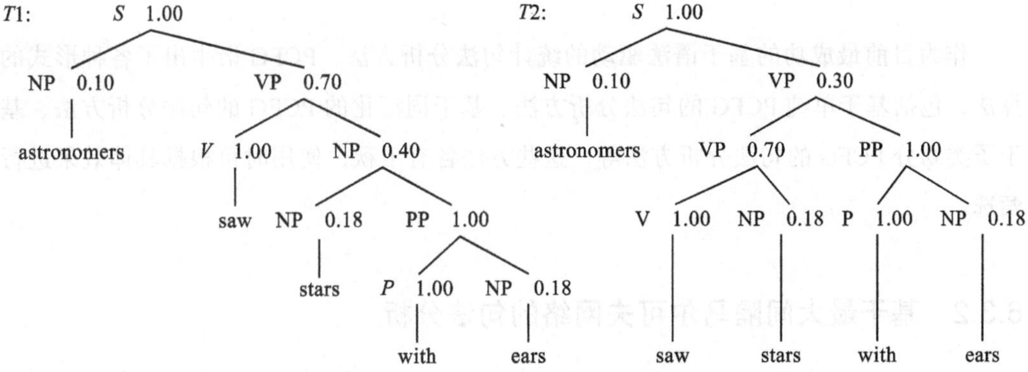


图 6-3 单句的不同句法树示例

计算两棵句法树的概率如下：

$$
\begin{aligned}
P(T1) &= S \times \mathrm{NP} \times \mathrm{VP} \times V \times \mathrm{NP} \times \mathrm{NP} \times \mathrm{PP} \times P \times \mathrm{NP} \\
&= 1.0 \times 0.1 \times 0.7 \times 1.0 \times 0.4 \times 0.18 \times 1.0 \times 1.0 \times 0.18 \\
&= 0.0009072
\end{aligned}
$$

$$
\begin{aligned}
P(T2) &= S \times \mathrm{NP} \times \mathrm{VP} \times \mathrm{VP} \times V \times \mathrm{NP} \times \mathrm{PP} \times P \times \mathrm{NP} \\
&= 1.0 \times 0.1 \times 0.3 \times 0.7 \times 1.0 \times 0.18 \times 1.0 \times 1.0 \times 0.18 \\
&= 0.0006804
\end{aligned}
$$

因此选择 $T1$ 作为最终的句法树。

根据上述例子，我们很自然想到关于 PCFG 的三个基本问题。

▼ 给定上下文无关文法 $G$，如何计算句子 $S$ 的概率，即计算 $P(S|G)$？
▼ 给定上下文无关文法 $G$ 以及句子 $S$，如何选择最佳的句法树，即计算 $\arg\max_T P(T/S, G)$？
▼ 如何为文法规则选择参数，使得训练句子的概率最大，即计算 $\arg\max_G P(S/G)$？

可以使用内向算法和外向算法解决第一个问题，使用 Viterbi 算法解决第二个问题，使用 EM 算法解决第三个问题。

作为目前最成功的基于语法驱动的统计句法分析方法，PCFG 衍生出了各种形式的算法，包括基于单纯 PCFG 的句法分析方法、基于词汇化的 PCFG 的句法分析方法、基于子类划分 PCFG 的句法分析方法等。这些方法各有千秋，使用时可根据具体效果进行甄选。

### 6.3.2　基于最大间隔马尔可夫网络的句法分析

最大间隔是 SVM（支持向量机）中的重要理论，而马尔可夫网络是概率图模型中一种具备一定结构处理关系能力的算法。最大间隔马尔可夫网络（Max-Margin Markov Networks）就是这两者的结合，能够解决复杂的结构化预测问题，尤为适合用于句法分析任务。这是一种判别式的句法分析方法，通过丰富特征来消解分析过程中产生的歧义。其判别函数采用如下形式：

$$f_x(x) = \arg\max_{y \in G(x)} \langle w, \Phi(x, y) \rangle$$

其中，$\Phi(x, y)$ 表示与 $x$ 相对应的句法树 $y$ 的特征向量，$w$ 表示特征权重。

类似 SVM 算法，最大间隔马尔可夫网络要实现多元分类，可以采用多个独立而且可以并行训练的二分类器来代替。这样，每个二分类器识别一个短语标记，通过组合这些分类器就能完成句法分析任务，同时也能通过并行方式，大大提升训练速度。

### 6.3.3 基于 CRF 的句法分析

当将句法分析作为序列标注问题来解决时，同样可以采用条件随机场（CRF）模型。该方法在第 4 章中已做详细介绍，因此这里不再展开，读者将标注序列做相应变换，然后参照第 4 章实战环节进行即可。

与前面 PCFG 的模型相比，采用 CRF 模型进行句法分析，主要不同点在于概率计算方法和概率归一化的方式。CRF 模型最大化的是句法树的条件概率值而不是联合概率值，并且对概率进行归一化。

同基于最大间隔马尔可夫网络的句法分析一样，基于 CRF 的句法分析也是一种判别式的方法，需要融合大量的特征。

---

**扩展训练：**

*在第 4 章我们采用了 CRF++ 工具来进行命名实体识别。事实上，其同样可以用来实现句法分析。采用清华树库，自己动手设计特征模板，训练一个基于 CRF++ 的模型，并进行测试。*

---

### 6.3.4 基于移进 – 归约的句法分析模型

移进 – 归约方法（Shift-Reduce Algorithm）是一种自下而上的方法。其从输入串开始，逐步进行“归约”，直至归约到文法的开始符号。移进 – 归约算法类似于下推自动机的 LR 分析法，其操作的基本数据结构是堆栈。

移进 – 归约算法主要涉及四种操作（这里符号 S 表示句法树的根节点）。

1）移进：从句子左端将一个终结符移到栈顶。

2）归约：根据规则，将栈顶的若干个字符替换为一个符号。

3）接受：句子中所有词语都已移进栈中，且栈中只剩下一个符号S，分析成功，结束。

4）拒绝：句子中所有词语都已移进栈中，栈中并非只有一个符号S，也无法进行任何归约操作，分析失败，结束。

以“我是元首”这句话为例，演示采用移进–归约的流程。其对应的句法树如图6-4所示。

句法树的数据表示为“(S (IP (NP (PN 我)) (VP (VC 是) (NP (NN 元首)))))”，对其的操作如表6-1所示：

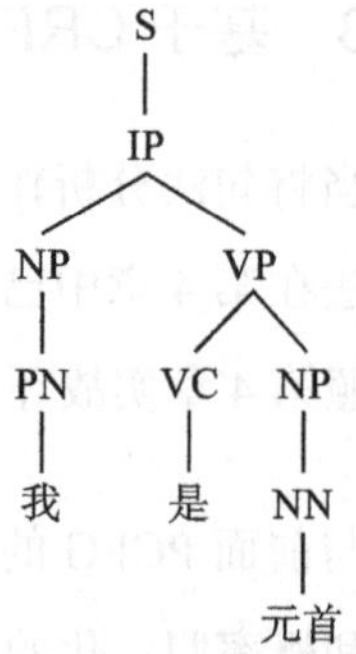


图6-4　“我是元首”句法树

**表6-1　“我是元首”移进–归约演示**

| 步骤 | 栈 | 输入 | 操作 | 规则 |
|---|---|---|---|---|
| 1 | # | 我 是 元首 | 移进 | |
| 2 | # 我 | 是 元首 | 归约 | PN-> 我 |
| 3 | # PN | 是 元首 | 归约 | NP->PN |
| 4 | # NP | 是 元首 | 移进 | |
| 5 | # NP 是 | 元首 | 归约 | VC-> 是 |
| 6 | # NP VC | 元首 | 移进 | |
| 7 | # NP VC 元首 | | 归约 | NN-> 元首 |
| 8 | # NP VC NN | | 归约 | NP->NN |
| 9 | # NP VC NP | | 归约 | VP->VC NP |
| 10 | # NP VP | | 归约 | IP->NP VP |
| 11 | # IP | | 归约 | S->IP |
| 12 | # S | | 接受 | |

基于移进–归约的句法分析通常会出现冲突情况，一种是既可以移进又可以规约，还有一种是可以采用不同的规则进行规约。一般可通过引入规则、引入上下文以及缓冲区等方式进行改进。基于移进–规约的句法分析应用于中文时，其对词性非常敏感，常常需要和准确度较高的词性标注工具一块使用。

## 6.4 使用 Stanford Parser 的 PCFG 算法进行句法分析

前面介绍了多种句法分析方法，本节我们将采用 Stanford Parser 来具体演示当下最流行的基于 PCFG 的句法分析方法。首先介绍 Stanford Parser 基本情况和其安装方法，然后使用其进行中文句法分析的句法树展示。

### 6.4.1 Stanford Parser

Stanford Parser 是斯坦福大学自然语言小组开发的开源句法分析器，是基于概率统计句法分析的一个 Java 实现。该句法分析器目前提供了 5 个中文文法的实现。

Stanford Parser 主要有以下优点：

- ▼ 既是一个高度优化的概率上下文无关文法和词汇化依存分析器，又是一个词汇化上下文无关文法分析器。
- ▼ 以权威的宾州树库作为分析器的训练数据，支持多语言。目前已经支持英文、中文、德文、阿拉伯文、意大利文、保加利亚文、葡萄牙文等语种。
- ▼ 提供了多样化的分析输出形式，除句法分析树输出外，还支持分词和词性标注、短语结构、依存关系等输出。
- ▼ 内置了分词、词性标注、基于自定义树库的分析器训练等辅助工作。
- ▼ 支持多种平台，并封装了多种常用语言的接口，如 Java、Python、PHP、Ruby、C# 等。

这里我们主要使用 Stanford Parser 的 Python 接口。由于该句法分析器底层是由 Java 实现，因此使用时需要确保安装 JDK。截至本书完稿时，最新的 Stanford Parser 版本为 3.8.0，对 JDK 的要求是 1.8 及以上。关于 JDK 的安装，网上教程众多，这里不再展开。需要注意的是，读者在安装 JDK 后，需要配置环境变量中的 JAVA_HOME。

Stanford Parser 的 Python 封装是在 nltk 库中实现的，因此需要先安装 nltk 库。nltk 库是一款 Python 的自然语言处理工具，但是其主要针对英文，对中文的支持较差，因此本书未做展开叙述。读者可通过“ pip install nltk ”来进行安装，我们主要使用 nltk.parse 中的 Stanford 模块。

接下来，需要下载 Stanford Parser 的 jar 包，主要有两个：stanford-parser.jar 和 stanford-parser-3.8.0-models.jar。在 Stanford Parser 3.8.0 官方版本中已经内置了中文句法分析的一些算法，读者若在程序运行时出现缺失算法包问题，下载中文包替换即可。官方的下载地址为 https://nlp.stanford.edu/software/lex-parser.shtml#Download，下载相应文件，进行解压，即可在目录下找到上面所述的 jar 包文件。

接下来将结合实例，讲解如何使用这些文件和库。

### 6.4.2　基于 PCFG 的中文句法分析实战

在本节，我们将对“他骑自行车去了菜市场。”这句话进行句法分析以及可视化操作。

在 Stanford Parser 相关依赖安装完以及 jar 包获得后，即可进行实战之旅。

首先进行分词处理，这里我们采用 Jieba 分词，代码如下：

```
# 分词
import jieba
string = '他骑自行车去了菜市场。'
seg_list = jieba.cut(string, cut_all=False, HMM=True)
seg_str = ''.join(seg_list)
```

分词后的结果为：

```
他 骑 自行车 去 了 菜市场 。
```

需要指出的是，在分词的第 5 行代码中，我们将词用空格切分后再重新拼接成字符串。这样做的原因是 Stanford Parser 的句法分析器接收的输入是分词完后以空格隔开的句子。

最后采用中文 PCFG 算法进行句法分析的代码如下：

```
#PCFG 句法分析
```

```
from nltk.parse import staford
imort os

root = './'
parser_path = root + 'stanford-parser.jar'
model_path =  root + 'stanford-parser-3.8.0-models.jar'

# 指定JDK路径
if not os.environ.get('JAVA_HOME'):
    JAVA_HOME = '/usr/lib/jvm/jdk1.8'
    os.environ['JAVA_HOME'] = JAVA_HOME

# PCFG模型路径
pcfg_path = 'edu/stanford/nlp/models/lexparser/chinesePCFG.ser.gz'

parser = stanford.StanfordParser(
    path_to_jar=parser_path,
    path_to_models_jar=model_path,
    model_path=pcfg_path
)

sentence = parser.raw_parse(seg_str)
for line in sentence:
    print(line)
    line.draw()
```

在代码Stanford Parser中，我们使用了3个参数，其中path_to_jar传入的是Stanford Parser的jar包，model_path传入的是其训练好的模型jar包，这两个jar包都是前面下载的。第三个参数model_path传入的是需要调用的句法分析算法的java class路径，读者可解压jar包查看算法路径，可看到支持的算法如图6-5所示，里面包括了各种语言的句法分析算法。

使用时需要注意的是，传入路径时，应尽量按照本文的方式进行组织，将依赖的jar包放置在工作目录下。此外，若系统未设置JAVA_HOME变量，需要在代码中指定。

代码运行后，生成的句法树结构为：

```
(ROOT
  (IP
    (NP (PN 他))
    (VP (VP (VV 骑) (NP (NN 自行车))) (VP (VV 去) (AS 了) (NP (NN 菜市场))))
    (PU。)))
```

```
edu/stanford/nlp/models/lexparser/arabicFactored.ser.gz
edu/stanford/nlp/models/lexparser/chineseFactored.ser.gz
edu/stanford/nlp/models/lexparser/chinesePCFG.ser.gz
edu/stanford/nlp/models/lexparser/englishFactored.ser.gz
edu/stanford/nlp/models/lexparser/englishPCFG.caseless.ser.gz
edu/stanford/nlp/models/lexparser/englishPCFG.ser.gz
edu/stanford/nlp/models/lexparser/englishRNN.ser.gz
edu/stanford/nlp/models/lexparser/frenchFactored.ser.gz
edu/stanford/nlp/models/lexparser/germanFactored.ser.gz
edu/stanford/nlp/models/lexparser/germanPCFG.ser.gz
edu/stanford/nlp/models/lexparser/spanishPCFG.ser.gz
edu/stanford/nlp/models/lexparser/wsjFactored.ser.gz
edu/stanford/nlp/models/lexparser/wsjPCFG.ser.gz
edu/stanford/nlp/models/lexparser/wsjRNN.ser.gz
edu/stanford/nlp/models/lexparser/xinhuaFactored.ser.gz
edu/stanford/nlp/models/lexparser/xinhuaFactoredSegmenting.ser.gz
edu/stanford/nlp/models/lexparser/xinhuaPCFG.ser.gz
```

图 6-5　Stanford Parser 支持的算法

生成的句法树图形如图 6-6 所示。

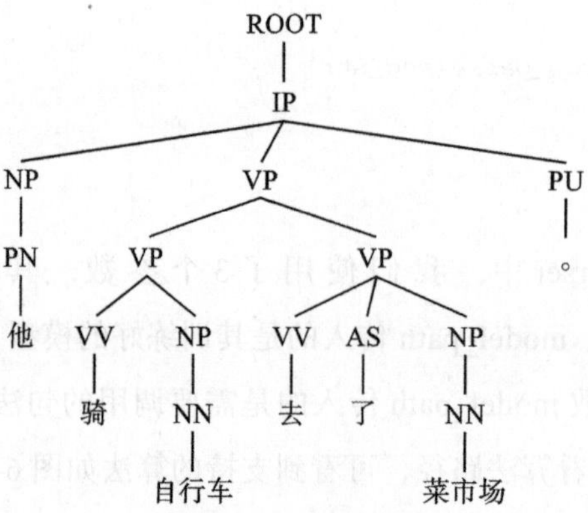


图 6-6　句法树图形

其中叶子节点可以通过方法 line.leaves() 获取，结果如下：

```
['他', '骑', '自行车', '去', '了', '菜市场', '。']
```

可以看到叶子节点对应的就是分词后的结果，每个词对应着一个叶子节点。

**轮到你来：**

尝试模仿上述代码，对文本“我爱北京天安门”进行句法分析。

## 6.5 本章小结

句法分析是NLP任务中非常重要的一环，一些涉及语义层面的应用也需要其支撑。本章主要介绍了句法分析的常用算法以及句法分析中常用的数据集和评测方法，并结合Stanford Parser演示了采用PCFG算法进行句法分析的过程。这里需要指出的是，相较于词法分析（分词、词性标注和命名实体识别等），句法分析算法实际性能离真正实用化还有不小的距离，主要原因在于，在语言学理论和实际的自然语言应用之间存在着巨大的差距。

在实践中，句法分析常常通过结合一定的规则来辅助解决一些任务。如模板解析类的任务，可以通过句法分析进行语义标注，提取其中的一些主谓宾关系，然后通过规则模板标出重要的角色信息和行为。

句法分析的方法远不止本章介绍的这几种，感兴趣的读者可以查找相关资料以进一步探索和研究。

CHAPTER 7

# 第7章 文本向量化

在本章中，你将学到最流行的文本向量化算法。文本向量化的方法有很多，从之前的基于统计的方法，到时下流行的基于神经网络的方法，掌握word2vec词向量算法和doc2vec文本向量化算法是学习文本向量化的好方式。

本章的要点包括：

- 文本向量化常用算法介绍，包括word2vec和doc2vec
- 向量化方法的模型训练和使用

## 7.1 文本向量化概述

文本表示是自然语言处理中的基础工作，文本表示的好坏直接影响到整个自然语言处理系统的性能。因此，研究者们投入了大量的人力物力来研究文本表示方法，以期提高自然语言处理系统的性能。在自然语言处理研究领域，文本向量化是文本表示的一种重要方式。顾名思义，文本向量化就是将文本表示成一系列能够表达文本语义的向量。无论是中文还是英文，词语都是表达文本处理的最基本单元。当前阶段，对文本向量化大部分的研究都是通过词向量化实现的。与此同时，也有相当一部分研究者将文章或者句子作为文本处理的基本单元，于是产生了doc2vec和str2vec技术。

为清楚论述文本向量化的相关原理和方法，后文将首先讨论以词语为基本处理单元的 word2vec 技术，接着阐述 doc2vec 和 str2vec 的原理，最后介绍文本向量化的实际案例——将网页文本向量化。

## 7.2 向量化算法 word2vec

词袋（Bag Of Word）模型是最早的以词语为基本处理单元的文本向量化方法。下面举例说明该方法的原理。首先给出两个简单的文本如下：

- ▼ John likes to watch movies,Mary likes too.
- ▼ John also likes to watch football games.

基于上述两个文档中出现的单词，构建如下词典(dictionary)：

```
{"John": 1, "likes": 2,"to": 3, "watch": 4, "movies": 5,"also": 6, "football":
7, "games": 8,"Mary": 9, "too": 10}
```

上面词典中包含 10 个单词，每个单词有唯一的索引，那么每个文本我们可以使用一个 10 维的向量来表示。如下所示：

```
[1, 2, 1, 1, 1, 0, 0, 0, 1, 1]
[1, 1,1, 1, 0, 1, 1, 1, 0, 0]
```

该向量与原来文本中单词出现的顺序没有关系，而是词典中每个单词在文本中出现的频率。该方法虽然简单易行，但是存在如下三方面的问题：

- ▼ 维度灾难。很显然，如果上述例子词典中包含 10000 个单词，那么每个文本需要用 10000 维的向量表示，也就是说除了文本中出现的词语位置不为 0，其余 9000 多的位置均为 0，如此高维度的向量会严重影响计算速度。
- ▼ 无法保留词序信息。
- ▼ 存在语义鸿沟的问题。

近年来，随着互联网技术的发展，互联网上的数据急剧增加。大量无标注的数据产生，使得研究者将注意力转移到利用无标注数据挖掘有价值的信息上来。词向量

（word2vec）技术就是为了利用神经网络从大量无标注的文本中提取有用信息而产生的。

一般来说词语是表达语义的基本单元。因为词袋模型只是将词语符号化，所以词袋模型是不包含任何语义信息的。如何使“词表示”包含语义信息是该领域研究者面临的问题。分布假说（distributional hypothesis）的提出为解决上述问题提供了理论基础。该假说的核心思想是：上下文相似的词，其语义也相似。随后有学者整理了利用上下文分布表示词义的方法，这类方法就是有名的词空间模型（word space model）。随着各类硬件设备计算能力的提升和相关算法的发展，神经网络模型逐渐在各个领域中崭露头角，可以灵活地对上下文进行建模是神经网络构造词表示的最大优点。下文将介绍神经网络构建词向量的方法。

通过语言模型构建上下文与目标词之间的关系是一种常见的方法。神经网络词向量模型就是根据上下文与目标词之间的关系进行建模。在初期，词向量只是训练神经网络语言模型过程中产生的副产品，而后神经网络语言模型对后期词向量的发展方向有着决定性的作用。关于语言模型，在分词章节已有介绍，这里不再赘述，接下来将重点介绍三种常见的生成词向量的神经网络模型。

### 7.2.1　神经网络语言模型

在 21 世纪初，有研究者试着使用神经网络求解二元语言模型。随后神经网络语言模型（Neural Network Language Model，NNLM）被正式提出。与传统方法估算 $P(\omega_i|\omega_{i-(n-1)}, \cdots, \omega_{i-1})$ 不同，NNLM 模型直接通过一个神经网络结构对 $n$ 元条件概率进行估计。NNLM 模型的基本结构如图 7-1 所示。

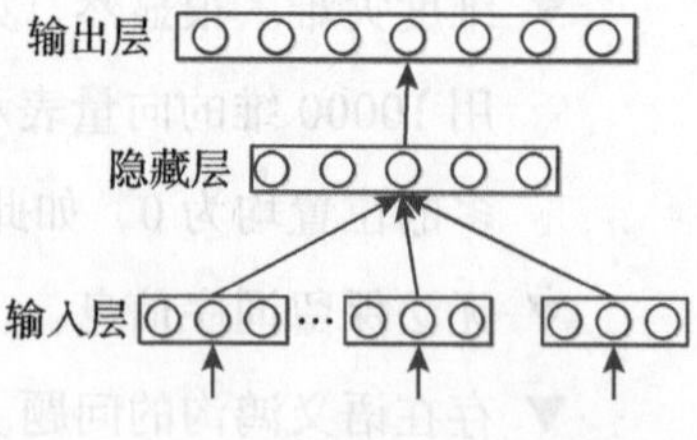

图 7-1　NNLM 语言模型

大致的操作是：从语料库中搜集一系列长度为 $n$ 的文本序列 $\omega_{i-(n-1)}, \cdots, \omega_{i-1}, \omega_i$，假设这些长度为 $n$ 的文本序列组成的集合为 $D$，那么 NNLM 的目标函数如式（7.1）所示：

$$\sum_D P(\omega_i|\omega_{i-(n-1)}, \cdots, \omega_{i-1}) \tag{7.1}$$

上式的含义是：在输入词序列为 $\omega_{i-(n-1)}, \cdots, \omega_{i-1}$ 的情况下，计算目标词为 $\omega_i$ 的概率。

图 7-1 所示的神经网络语言模型是经典的三层前馈神经网络结构，其中包括三层：输入层、隐藏层和输出层。为解决词袋模型数据稀疏问题，输入层的输入为低维度的、紧密的词向量，输入层的操作就是将词序列 $\omega_{i-(n-1)}, \cdots, \omega_{i-1}$ 中的每个词向量按顺序拼接，如式（7.2）所示：

$$x = [v(w_{i-(n-1)}); \cdots; v(w_{i-2}); v(w_{i-1})] \tag{7.2}$$

在输入层得到式（7.2）的 $x$ 后，将 $x$ 输入隐藏层得到 $h$，再将 $h$ 接入输出层得到最后的输出变量 $y$，隐藏层变量 $h$ 和输出变量 $y$ 的计算如下二式所示：

$$h = \tanh(b + Hx) \tag{7.3}$$

$$y = b + Uh \tag{7.4}$$

上式中 $H$ 为输入层到隐藏层的权重矩阵，其维度为 $|h| \times (n-1)|e|$；$U$ 为隐藏层到输出层的权重矩阵，其维度为 $|V| \times |h|$，$|V|$ 表示词表的大小，其他绝对值符号类似；$b$ 为模型中的偏置项。NNLM 模型中计算量最大的操作就是从隐藏层到输出层的矩阵运算 $Uh$。输出变量 $y$ 是一个 $|V|$ 维的向量，该向量的每一个分量依次对应下一个词为词表中某个词的可能性。用 $y(\omega)$ 表示由 NNLM 模型计算得到的目标词 $\omega$ 的输出量，为保证输出 $y(\omega)$ 的表示概率值，需要对输出层进行归一化操作。一般会在输出层之后加入 softmax 函数，将 $y$ 转成对应的概率值，具体如式（7.5）所示：

$$P\left(\omega_i \mid \omega_{i-(n-1)}, \cdots, \omega_{i-1}\right) = \frac{\exp\left(y\left(\omega_i\right)\right)}{\sum_{k=1}^{|V|} \exp\left(y\left(\omega_k\right)\right)} \tag{7.5}$$

由于 NNLM 模型使用低维紧凑的词向量对上文进行表示，这解决了词袋模型带来的数据稀疏、语义鸿沟等问题，显然 NNLM 模型是一种更好的 $n$ 元语言模型；另一方面，在相似的上下文语境中，NNLM 模型可以预测出相似的目标词，而传统模型无法做到这一点。例如，在某语料中 $A$ =“一只小狗躺在地毯上”出现了 2000 次，而 $B$ =“一只猫躺在地毯上”出现了 1 次。根据频率来计算概率，$P(A)$ 要远远大于 $P(B)$，而语料 $A$ 和 $B$

唯一的区别在于猫和狗，这两个词无论在词义和语法上都相似，而 $P(A)$ 远大于 $P(B)$ 显然是不合理的。如果采用 NNLM 计算则得到的 $P(A)$ 和 $P(B)$ 是相似的，这因为 NNLM 模型采用低维的向量表示词语，假定相似的词其词向量也应该相似。

如前所述，输出的 $y(\omega_i)$ 代表上文出现词序列 $\omega_{i-(n-1)}, \cdots, \omega_{i-1}$ 的情况下，下一个词为 $\omega_i$ 的概率，因此在语料库 $D$ 中最大化 $y(\omega_i)$ 便是 NNLM 模型的目标函数，如式（7.6）所示：

$$\sum_{\omega_{i-(n-1):i\in D}} \log P(\omega_i \mid \omega_{i-(n-1)}, \cdots, \omega_{i-1}) \tag{7.6}$$

一般使用随机梯度下降算法对 NNLM 模型进行训练。在训练每个 batch 时，随机从语料库 $D$ 中抽取若干样本进行训练，梯度迭代公式如式（7.7）所示：

$$\theta : \theta + \alpha \frac{\partial \log P(\omega_i \mid \omega_{i-(n-1)}, \cdots, \omega_{i-1})}{\partial \theta} \tag{7.7}$$

其中，$\alpha$ 是学习率；$\theta$ 是模型中涉及的所有参数，包括 NNLM 模型中的权重、偏置以及输入的词向量。

### 7.2.2　C&W 模型

NNLM 模型的目标是构建一个语言概率模型，而 C&W 则是以生成词向量为目标的模型。在 NNLM 模型的求解中，最费时的部分当属隐藏层到输出层的权重计算。由于 C&W 模型没有采用语言模型的方式去求解词语上下文的条件概率，而是直接对 $n$ 元短语打分，这是一种更为快速获取词向量的方式。C&W 模型的核心机理是：如果 $n$ 元短语在语料库中出现过，那么模型会给该短语打高分；如果是未出现在语料库中的短语则会得到较低的评分。C&W 模型的结构如图 7-2 所示。

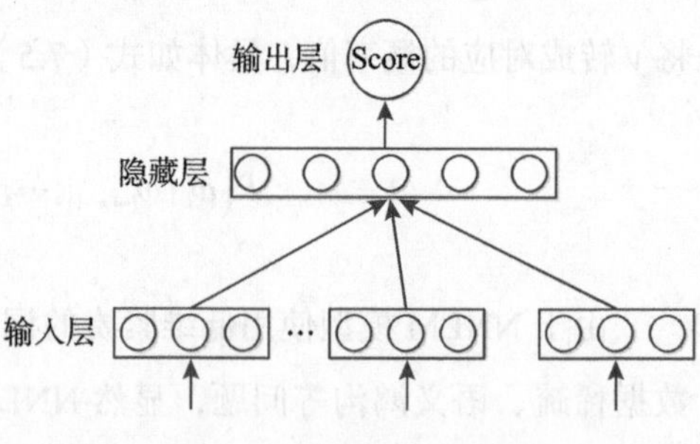


图 7-2　C&W 模型结构图

相对于整个语料库而言，C&W 模型需要优化的目标函数见式（7.8）：

$$\sum_{(\omega,c)\in D}\sum_{\omega'\in V}\max(0,1-\text{score}(\omega,c)+\text{score}(\omega',c)) \tag{7.8}$$

其中，$(\omega, c)$ 为从语料中抽取的 $n$ 元短语，为保证上下文词数的一致性，$n$ 应为奇数；$\omega$ 是目标词；$c$ 表示目标词的上下文语境；$\omega'$ 是从词典中随机抽取的一个词语。C&W 模型采用成对词语的方式对目标函数进行优化，对式（7.8）分析可知，目标函数期望正样本的得分比负样本至少高 1 分。这里 $(\omega, c)$ 表示正样本，该样本来自语料库；$(\omega', c)$ 表示负样本，负样本是将正样本序列中的中间词替换成其他词得到的。一般而言，用一个随机的词语替换正确文本序列的中间词，得到新的文本序列基本上都是不符合语法习惯的错误序列，因此这种构造负样本的方法是合理的。同时由于负样本仅仅是修改了正样本一个词得来的，故其基本的语境没有改变，因此不会对分类效果造成太大影响。

与 NNLM 模型的目标词在输出层不同，C&W 模型的输入层就包含了目标词，其输出层也变为一个节点，该节点输出值的大小代表 $n$ 元短语的打分高低。相应的，C&W 模型的最后一层运算次数为 $|h|$，远低于 NNLM 模型的 $|V|\times|h|$ 次。综上所述，较 NNLM 模型而言，C&W 模型可大大降低运算量。

### 7.2.3 CBOW 模型和 Skip-gram 模型

为了更高效地获取词向量，有研究者在 NNLM 和 C&W 模型的基础上保留其核心部分，得到了 CBOW（Continuous Bag of-Words）模型和 Skip-gram 模型，下面介绍这两种模型。

#### 1. CBOW 模型

CBOW 模型如图 7-3 所示，由图易知，该模型使用一段文本的中间词作为目标词；同时，CBOW 模型去掉了隐藏层，这会大幅提升运算速率。此外，CBOW 模型使用上下文各词的词向量的平均值替代 NNLM 模型各个拼接的词向量。由于 CBOW 模型去除了隐藏层，所以其输入层就是语义上下文的表示。

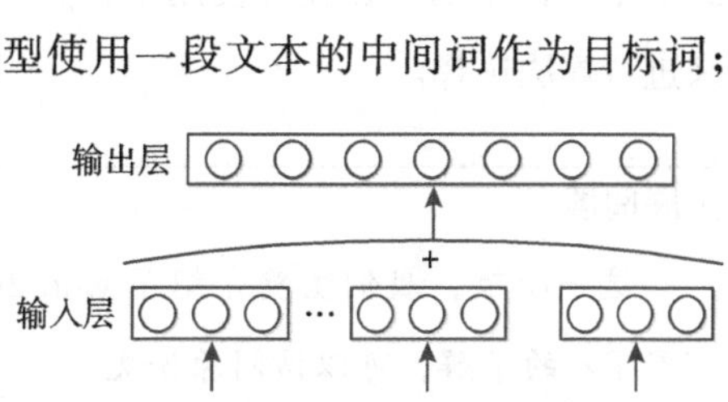


图 7-3　CBOW 模型结构图

CBOW 对目标词的条件概率计算如式（7.9）所示：

$$P(\omega|c)=\frac{\exp\left(e'(\omega)^{\mathrm{T}}x\right)}{\sum_{\omega'\in V}\exp\left(e'(\omega')^{\mathrm{T}}x\right)} \tag{7.9}$$

CBOW 的目标函数与 NNLM 模型类似，具体为最大化式：

$$\sum_{(\omega,\,c)\in D}\log P(\omega,\,c) \tag{7.10}$$

### 2. Skip-gram 模型

Skip-gram 模型的结构如图 7-4 所示，由图可知，Skip-gram 模型同样没有隐藏层。但与 CBOW 模型输入上下文词的平均词向量不同，Skip-gram 模型是从目标词 $\omega$ 的上下文中选择一个词，将其词向量组成上下文的表示。

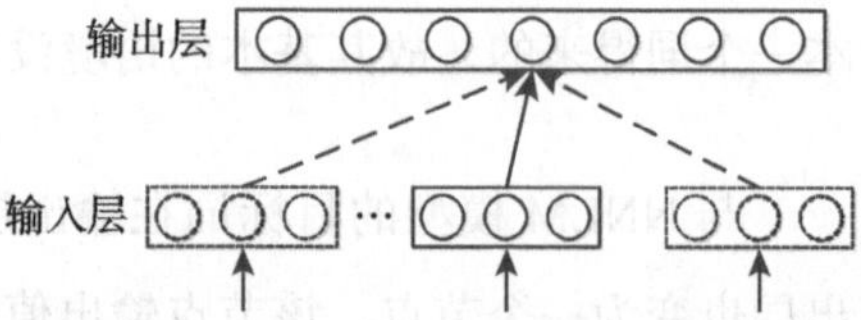

图 7-4　Skip-gram 模型结构图

对整个语料而言，Skip-gram 模型的目标函数为：

$$\max\left(\sum_{(\omega,\,c)\in D}\sum_{\omega_j\in c}\log P(\omega|\omega_j)\right) \tag{7.11}$$

Skip-gram 和 CBOW 实际上是 word2vec 两种不同思想的实现：CBOW 的目标是根据上下文来预测当前词语的概率，且上下文所有的词对当前词出现概率的影响的权重是一样的，因此叫 continuous bag-of-words 模型。如在袋子中取词，取出数量足够的词就可以了，取出的先后顺序则是无关紧要的。Skip-gram 刚好相反，其是根据当前词语来预测上下文概率的。在实际使用中，算法本身并无高下之分，读者可根据最后呈现的效果来进行算法选择。

---

**扩展阅读**

这一小节，我们主要介绍了 word2vec 的基本概念和原理，如果读者需要对 word2vec 有更深入的了解，可以访问原论文：

https://arxiv.org/pdf/1301.3781.pdf。

---

## 7.3 向量化算法 doc2vec/str2vec

上一节介绍了 word2vec 的原理以及生成词向量神经网络模型的常见方法，word2vec 基于分布假说理论可以很好地提取词语的语义信息，因此，利用 word2vec 技术计算词语间的相似度有非常好的效果。同样 word2vec 技术也用于计算句子或者其他长文本间的相似度，其一般做法是对文本分词后，提取其关键词，用词向量表示这些关键词，接着对关键词向量求平均或者将其拼接，最后利用词向量计算文本间的相似度。这种方法丢失了文本中的语序信息，而文本的语序包含重要信息。例如“小王送给小红一个苹果”和“小红送给小王一个苹果”虽然组成两个句子的词语相同，但是表达的信息却完全不同。为了充分利用文本语序信息，有研究者在 word2vec 的基础上提出了文本向量化（doc2vec），又称 str2vec 和 para2vec。下面介绍 doc2vec 的相关原理。

在 word2vec 崭露头角时，谷歌的工程师 Quoc Le 和 Tomoas Mikolov 在 word2vec 的基础上进行拓展，提出了 doc2vec 技术。doc2vec 技术存在两种模型——Distributed Memory（DM）和 Distributed Bag of Words（DBOW），分别对应 word2vec 技术里的 CBOW 和 Skip-gram 模型。与 CBOW 模型类似，DM 模型试图预测给定上下文中某单词出现的概率，只不过 DM 模型的上下文不仅包括上下文单词而且还包括相应的段落。DBOW 则在仅给定段落向量的情况下预测段落中一组随机单词的概率，与 Skip-gram 模型只给定一个词语预测目标词概率分布类似。

这里简要回顾一下 CBOW 模型。图 7-5 所示是一个利用 CBOW 模型训练词向量的例子。以“the cat sat”这句话为例，用来构建预测下一个词的概率分布。首先用固定长度的不同词向量表示上文的三个词语，接着将这三个词向量拼接起来组成上文的向量化表示，将这个上文向量化表示输入 CBOW 模型预测下一个词的概率分布。

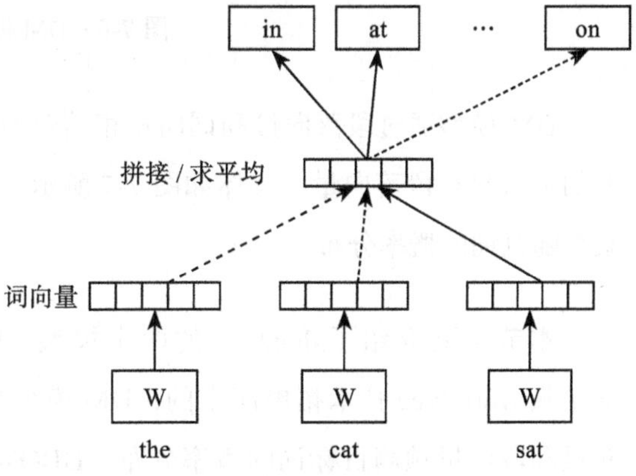


图 7-5 CBOW 模型例子

与 CBOW 模型相比，DM 模型增加了一个与词向量长度相等的段向量，也就是说 DM 模型结合词向量和段向量预测目标词的概率分布，如图 7-6 所示。在训练的过程中，DM 模型增加了一个 paragraph ID，和普通的 word2vec 一样，paragraph ID 也是先映射成一个向量，即 paragraph vector。paragraph vector 与 word vector 的维数虽然一样，但是代表两个不同的向量空间。在之后的计算里，paragraph vector 和 word vector 累加或者连接起来，将其输入 softmax 层。在一个句子或者文档的训练过程中，paragraph ID 保持不变，共享着同一个 paragraph vector，相当于每次在预测单词的概率时，都利用了整个句子的语义。在预测阶段，给待预测的句子新分配一个 paragraph ID，词向量和输出层 softmax 的参数保持训练阶段得到的参数不变，重新利用随机梯度下降算法训练待预测的句子。待误差收敛后，即得到待预测句子的 paragraph vector。

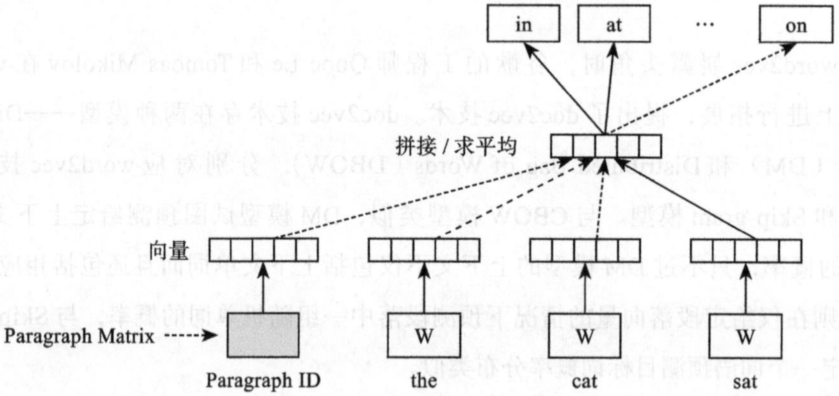


图 7-6　DM 模型示意图

DM 模型通过段落向量和词向量相结合的方式预测目标词的概率分布，而 DBOW 模型的输入只有段落向量，具体如图 7-7 所示。DBOW 模型通过一个段落向量预测段落中某个随机词的概率分布。

本节主要介绍了 doc2vec 的两个模型：DM 模型和 DBOW 模型。由于 doc2vec 完全是从 word2vec 技术拓展而来的，DM 模型与 CBOW 模型相对应，故可根据上下文词向量和段向量预测目标词的概率分布；DBOW 模型与 Skip-gram 模型对应，只输入段向量，预测从段落中随机抽取的词组概率分布。总体而言，doc2vec 是 word2vec 的升级，

doc2vec不仅提取了文本的语义信息，而且提取了文本的语序信息。在一般的文本处理任务中，会将词向量和段向量相结合使用以期获得更好的效果。

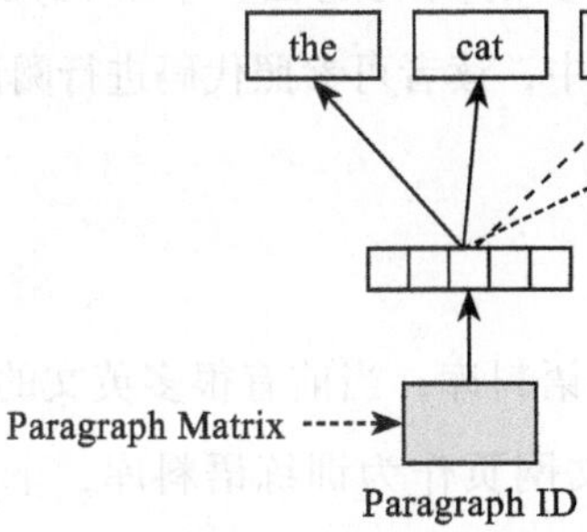

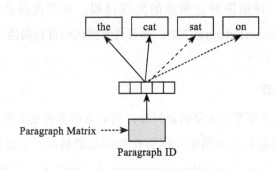

图 7-7　DBOW 模型示意图

**扩展阅读**

本节我们主要介绍了文本向量化 doc2vec/str2vec 的基本概念和原理，如果读者需要对 doc2vec 有更深入的了解，可以访问原论文：

https://cs.stanford.edu/~quocle/paragraph_vector.pdf。

## 7.4　案例：将网页文本向量化

前文理论介绍完毕后，本节进入实战环节。事实上，实践中向量化应用的场景常有不同，但向文本量化的训练和使用方式大同小异。本节将对网页文本数据进行向量化，重点介绍 word2vec 和 doc2vec 的使用过程。在这里，我们将采用 gensim 库来完成我们的实战演练。演练主要分为 word2vec 训练、doc2vec 训练以及训练结果演示（相似度展示）三部分。

### 7.4.1　词向量的训练

统计自然语言处理任务多需要语料数据作为支撑，还不可避免地要对语料进行一定的预处理，因此本小节将词向量的训练分为以下两部分：

▼ 对中文语料进行预处理；

▼ 利用 gensim 模块训练词向量。

下面结合代码，详细讲解这两步的实现过程。本节代码放在 https://github.com/nlpinaction/code/tree/master/chapter-7 中，读者可参照代码进行阅读。

#### 1. 中文语料预处理

要训练词向量就必须要有大量的语料库，当前有很多英文的语料库，中文语料库较少，这里我们采用维基百科里的中文网页作为训练语料库，下载地址为 https://dumps.wikimedia.org/zhwiki/latest/zhwiki-latest-pages-articles.xml.bz2。维基百科提供的语料是 xml 格式的，因此需要将其转换为 txt 格式。由于维基百科中有很多是繁体中文网页，故需要将这些繁体字转换为简体字。另外，在用语料库训练词向量之前需要对中文句子进行分词，这里采用 Jieba 中文分词工具对句子进行分词。具体代码如下：

```
def my_function():
    space = ""
    i = 0
    l = []
    zhwiki_name = './data/zhwiki-latest-pages-articles.xml.bz2'
    f = open('./data/reduce_zhiwiki.txt', 'w')
    wiki = WikiCorpus(zhwiki_name, lemmatize=False, dictionary={})
    for text in wiki.get_texts():
        for temp_sentence in text:
            temp_sentence = Converter('zh-hans').convert(temp_sentence)
            seg_list = list(jieba.cut(temp_sentence))
            for temp_term in seg_list:
                l.append(temp_term)
        f.write(space.join(l) + "\n")
        l = []
        i = i + 1

        if (i %200 == 0):
            print("Saved " + str(i) + "articles")
    f.close()
```

上面这个函数的功能就是将 xml 格式的维基中文语料转换为相应的 txt 格式。第 7 行代码就是 xml 文件中读出的训练语料，第 10 行代码就是将语料中的繁体中文转换为简体中文，第 11 行代码便是利用 Jieba 分词工具包对语料中的句子进行分词，最后将处理后的语料存入 txt 文档中，处理后的语料如图 7-8 所示。

```
欧几里得 西元前 三 世纪 的 希腊 数学家 现在 被 认为 是 几何
之 父 此画 为 拉斐尔 的 作品 雅典 学院 数学 是 利用 符号语
言 研究 数量 结构 变化 以及 空间 等 概念 的 一门 学科 从 某
种 角度看 属于 形式 科学 的 一种 数学 透过 抽象化 和 逻辑推
理 的 使用 由 计数 计算 数学家 们 拓展 这些 概念 对 数学 基
本概念 的 完善 早 在 古埃及 而 在 古希腊 那里 有 更为 严谨
的 处理 从 那时 开始 数学 的 发展 便 持续 不断 地 小幅 进展
```

图 7-8 预处理后的部分语料

### 2. 向量化训练

如下面代码所示，利用 gensim 模块训练词向量，代码第 10 行的主要功能就是训练词向量，word2vec 函数中第一个参数是预处理后的训练语料库。sg=0 表示使用 CBOW 模型训练词向量；sg=1 表示利用 Skip-gram 训练词向量。参数 size 表示词向量的维度。windows 表示当前词和预测词可能的最大距离，windows 越大所需要枚举的预测词越多，计算时间越长。min_count 表示最小出现的次数，如果一个词语出现的次数小于 min_count，那么直接忽略该词语。最后一个 workers 表示训练词向量时使用的线程数。

```
# -*- coding: utf-8 -*-
from gensim.models import Word2Vec
from gensim.models.word2vec import LineSentence
import logging

logging.basicConfig(format='%(asctime)s : %(levelname)s : %(message)s',
level=logging.INFO)

def my_function():
    wiki_news = open('./data/reduce_zhiwiki.txt', 'r')
    model = Word2Vec(LineSentence(wiki_news), sg=0,size=192, window=5, min_
count=5, workers=9)
    model.save('zhiwiki_news.word2vec')

if __name__ == '__main__':
    my_function()
```

前面介绍了训练词向量时的相关代码，这里介绍本节训练词向量用到的相关文件以及操作步骤。

图 7-9 所示的是训练词向量所要用到的相关文件。最后一个 xml 文件存储了原始的中文语料库；data_pre_process.py 实现对中文语料的预处理；angconv.py 和 zh_wiki.py 是将繁体中文转简体中文的文件。

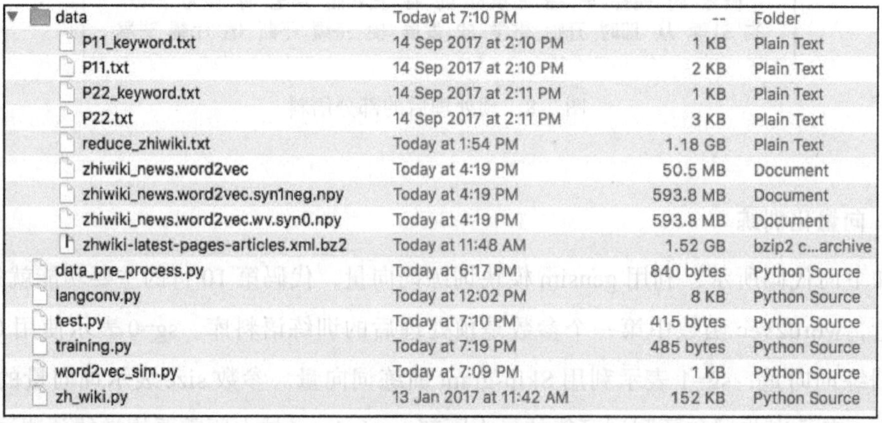

| | | | |
|---|---|---|---|
| data | Today at 7:10 PM | -- | Folder |
| P11_keyword.txt | 14 Sep 2017 at 2:10 PM | 1 KB | Plain Text |
| P11.txt | 14 Sep 2017 at 2:10 PM | 2 KB | Plain Text |
| P22_keyword.txt | 14 Sep 2017 at 2:11 PM | 1 KB | Plain Text |
| P22.txt | 14 Sep 2017 at 2:11 PM | 3 KB | Plain Text |
| reduce_zhiwiki.txt | Today at 1:54 PM | 1.18 GB | Plain Text |
| zhiwiki_news.word2vec | Today at 4:19 PM | 50.5 MB | Document |
| zhiwiki_news.word2vec.syn1neg.npy | Today at 4:19 PM | 593.8 MB | Document |
| zhiwiki_news.word2vec.wv.syn0.npy | Today at 4:19 PM | 593.8 MB | Document |
| zhwiki-latest-pages-articles.xml.bz2 | Today at 11:48 AM | 1.52 GB | bzip2 c...archive |
| data_pre_process.py | Today at 6:17 PM | 840 bytes | Python Source |
| langconv.py | Today at 12:02 PM | 8 KB | Python Source |
| test.py | Today at 7:10 PM | 415 bytes | Python Source |
| training.py | Today at 7:19 PM | 485 bytes | Python Source |
| word2vec_sim.py | Today at 7:09 PM | 1 KB | Python Source |
| zh_wiki.py | 13 Jan 2017 at 11:42 AM | 152 KB | Python Source |

图 7-9　词向量训练用到的文件

本文训练词向量的步骤是：

1）运行 data_pre_process.py 脚本对原始中文语料库进行预处理，该脚本执行完毕后会产生 reduce_zhiwiki.txt 这个文档。

2）运行 training.py 脚本，执行完该脚本后会得到 zhiwiki_news 系列的四个文件，训练好的词向量就存在这几个文件里。

需要注意的是，由于维基百科语料较多，对其进行预处理和词向量训练时会等待较长时间，读者在进行该部分实验时需要有一定耐心。

在训练得到词向量模型后就可以做一些应用了。下面代码所示的就是利用词向量计算词语的相似度和找出与“中国”语义最相似的 10 个词的例子（详见 test.py）。

```
model = gensim.models.Word2Vec.load("zhiwiki_news")
print(model.similarity("西红柿", "番茄"))  # 相似度为 0.63
print(model.similarity("西红柿", "香蕉"))  # 相似度为 0.47
word = "中国"
if word in model.wv.index2word:
    print(model.most_similar(word))
```

**轮到你来：**

模仿上述程序，尝试设计一个案例使用word2vec训练语料，并计算词语“大数据”与“人工智能”“滴滴”与“共享单车”之间的相似度。

### 7.4.2 段落向量的训练

上一节介绍了词向量的训练方法，本节将介绍段落向量的训练方法。与训练词向量类似，段落向量的训练分为训练数据预处理和段落向量训练两个步骤。这里的我们通过定义TaggedWikiDocument来预处理数据，所不同的是这里不再是将每个文档进行分词，而是直接将转换后的简体文本保留。此外，doc2vec在训练时能够采用tag信息来更好地辅助训练（表明是同一类doc），因此相对word2vec模型，输入文档多了一个tag属性。具体代码如下所示。这里解释一下doc2vec函数里各个参数的意思：

- docs表示用于训练的语料文章。
- size代表段落向量的维度。
- window表示当前词和预测词可能的最大距离。
- min_count表示最小出现的次数。
- workers表示训练词向量时使用的线程数。
- dm表示训练时使用的模型种类，一般dm默认等于1，这时默认使用DM模型；当dm等于其他值时，使用DBOW模型训练词向量。

```
#!/usr/bin/env python
# -*- coding: utf-8 -*-

import gensim.models as g
from gensim.corpora import WikiCorpus
import logging
```

```
from langconv import *

#enable logging
logging.basicConfig(format='%(asctime)s : %(levelname)s : %(message)s',
level=logging.INFO)

class TaggedWikiDocument(object):
    def __init__(self, wiki):
        self.wiki = wiki
        self.wiki.metadata = True
    def __iter__(self):
        for content, (page_id, title) in self.wiki.get_texts():
                yield g.doc2vec.TaggedDocument([Converter('zh-hans').convert(c)
for c in content], [title])

def my_function():
    zhwiki_name = './data/zhwiki-latest-pages-articles.xml.bz2'
    wiki = WikiCorpus(zhwiki_name, lemmatize=False, dictionary={})
    documents = TaggedWikiDocument(wiki)

    model = g.Doc2Vec(documents, dm=0, dbow_words=1, size=200, window=8, min_
count=19, iter=10, workers=8)
    model.save('data/zhiwiki_news.doc2vec')

if __name__ == '__main__':
    my_function()
```

同词向量模型训练一样，这一步由于语料数据较多，运行会非常缓慢，建议读者下载我们训练好的模型文件，下载地址为 https://pan.baidu.com/s/1nwTpzHB，其中共包含 4 个文件，使用时解压到相应代码目录下即可。

### 7.4.3　利用 word2vec 和 doc2vec 计算网页相似度

前文介绍了利用 gensim 模块训练词向量和段落向量的方法。本节将利用训练好的词向量和段落向量对两篇关于天津全运会的新闻进行向量化，并计算两篇新闻的相似度。如下是两篇新闻：

**新闻 1**：6 日，第十三届全运会女子篮球成年组决赛在天津财经大学体育馆打响，中国篮协主席姚明到场观战。姚明在接受媒体采访时表示，天津全运会是全社会的体育盛会，他称赞了赛事保障与服务工作，并表示中国篮协将在未来的工作中挖掘天津篮球文化的价值。

本届天津全运会增加了包括攀岩、马拉松、象棋在内的19个大项的群众体育比赛项目，普通群众成为赛场“主角”。对此，姚明表示：“引入群众性的体育项目，真正做到了全运会的‘全’字，这不仅仅是专业运动员的盛会，更是全社会的体育盛会。”谈及本届全运会赛事筹备与保障服务时，姚明说：“全运会得到了天津市委市政府和各区、各学校的大力帮助，篮球项目比赛（顺利举办）要感谢天津方方面面的支持。”此外，姚明还对全运村内的保障服务和志愿者工作表示赞赏。“很多熟悉的教练员和运动员都表示服务保障很不错，志愿者态度很积极。”“毋庸置疑，天津是中国篮球发源地，1895年，在篮球运动诞生4年的时候就漂洋过海从天津上岸，这是中国篮球具有历史意义的地方。”姚明在谈及天津篮球文化和未来发展时说，“天津保留着迄今为止世界上最古老的室内篮球场，这都是非常重要的篮球文化遗产，希望能在未来的工作中挖掘这些历史遗产的价值。”姚明说：“天津是座美丽的城市，这次来天津能够感到浓厚的体育文化元素，希望运动员和教练员在比赛赛得好的同时，也能领略到天津的城市文化。”

**新闻2**：从开幕式前入住全运村到奔波于全运三座篮球场馆之间，中国篮协主席姚明抵津已有10多天了。昨天在天津财大篮球馆，姚明还饶有兴致地谈了对本次天津全运会的看法，能够让群众融入进来，是他觉得最有亮点的地方。“全运会是一项很有传统的运动会，这次来到天津，得到市委、市政府的大力支持，天津各个区学校对于篮球比赛从人员到场馆给予很大帮助，中国篮协作为竞委会的一员，受到总局的委派承办篮球的比赛，真的非常感谢天津对我们方方面面的支持。”尽管之前多次到访津城，不过这次因为全运，还是给了姚明很多不一样的感受，“天津是座非常美丽的城市，我之前来这里很多次了，这次来感受到了非常浓烈的体育文化元素，我们希望运动员、教练员在这座美丽的城市比赛赛得好，同时能够领略到天津的城市文化。”本届全运的群众项目的比赛，引起了姚明极大的兴趣，“这次天津全运会最突出的特点是引入了群众性体育和群众性的项目，同时设立了群众性的奖牌和荣誉，是真的做到了一个‘全’字，这也符合体育融入社会的一个大趋势，全运会不该只是专业运动员的盛会，也是所有社会人的一个盛会。”对于这段时间在天津的生活，姚明也是赞不绝口，“我们作为篮协的官员都住在技术官员村，这段时间的生活工作都在里面，听到了很多熟悉的运动员、教练员对本次全运会的夸赞，生活工作非常方便，保障非常齐全，我们为天津感到非常高兴。很多场馆都很新，很多志愿者都很年轻，大家都积极奔波在各自的岗位上，这一点我们的运动员和教练员应该是最有发言权的。”作为中国最出色的篮球运动员，姚明也谈了天津作为中国篮球故乡的感受，“毋庸置疑，天津是中国篮球的发源地，是篮球传入中国的第一故乡，在篮球1891年诞生之后4年就漂洋过海来到中国，在天津上岸，这是对中国篮球具有历史意义的地方，并且我们也知道这里保留了迄今为止世界上最古老的室内篮球馆，这些都是我们非常重要的文化遗产。我希望我们在未来的工作中，可以让这样越来越多的历史故事被重新挖掘出来。

### 1. word2vec计算网页相似度

word2vec计算网页相似度的基本方法是：抽取网页新闻中的关键词，接着将关键词向量化，然后将得到的各个词向量相加，最后得到的一个词向量总和代表网页新闻的向量化表示，利用这个总的向量计算网页相似度。包括的步骤是：①关键词提取；②关键词向量化；③相似度计算。

首先是关键词提取。关于关键词提取算法，我们在第5章已有介绍，这里我们采用Jiebag工具包中tfidf关键词提取方法。其中函数keyword_extract的功能就是提取句子的关键词；getKeywords函数将文档的每句话进行关键词提取，并将关键词保存在txt文件中（详见keyword_extract.py）。

```
def keyword_extract(data, file_name):
    tfidf = analyse.extract_tags
    keywords = tfidf(data)
    return keywords

def getKeywords(docpath, savepath):
    with open(docpath, 'r') as docf, open(savepath, 'w') as outf:
        for data in docf:
            data = data[:len(data)-1]
            keywords = keyword_extract(data, savepath)
            for word in keywords:
                outf.write(word + '')
```

```
        outf.write('\n')
```

下面代码所示的函数 word2vec 便是从 txt 文件中读取关键词，利用上两节训练好的词向量获取关键词的词向量。需要注意的是，由于本书训练词向量的语料不是特别大（大约 1.5GB 的纯文本）无法包括所有的汉语词语，所以在获取一个词语的词向量时，最好使用第 25 行代码所示的方式判断模型是否包含该词语，否则会报错（详见 word2vec_sim.py）。

```
def word2vec(file_name,model):
    with codecs.open(file_name, 'r') as f:
        word_vec_all = numpy.zeros(wordvec_size)
        for data in f:
            space_pos = get_char_pos(data, ' ')
            first_word=data[0:space_pos[0]]
            if model.__contains__(first_word):
                word_vec_all= word_vec_all+model[first_word]

            for i in range(len(space_pos) - 1):
                word = data[space_pos[i]:space_pos[i + 1]]
                if model.__contains__(word):
                    word_vec_all = word_vec_all+model[word]
        return word_vec_all
```

下面所示的为词向量相似度计算代码，其中 simlarityCalu 函数表示通过余弦距离计算两个向量的相似度。运行该代码，可计算出新闻 1 和新闻 2 的相似度为 0.66。

```
def simlarityCalu(vector1,vector2):
    vector1Mod=np.sqrt(vector1.dot(vector1))
    vector2Mod=np.sqrt(vector2.dot(vector2))
    if vector2Mod!=0 and vector1Mod!=0:
        simlarity=(vector1.dot(vector2))/(vector1Mod*vector2Mod)
    else:
        simlarity=0
    return simlarity

if __name__ == '__main__':
    model = gensim.models.Word2Vec.load('data/zhiwiki_news.word2vec')
    p1 = './data/P1.txt'
    p2 = './data/P2.txt'
    p1_keywords = './data/P1_keywords.txt'
    p2_keywords = './data/P2_keywords.txt'
```

```
    getKeywords(p1, p1_keywords)
    getKeywords(p2, p2_keywords)
    p1_vec=word2vec(p1_keywords,model)
    p2_vec=word2vec(p2_keywords,model)

    print(simlarityCalu(p1_vec,p2_vec))
```

### 2. doc2vec 计算网页相似度

跟 word2vec 计算网页相似度类似，doc2vec 计算网页相似度也主要包括如下三个步骤：①预处理；②文档向量化；③计算文本相似。

详细代码如下所示，在 doc2vec 函数中，第 3 行就是预处理操作，采用 jieba 分词对文档进行分词；第 4 行是句子向量化操作，通过加载训练好的模型，迭代找出合适的向量来代表输入文本。在 main 函数中，同样采用了余弦相似度来进行向量相似度计算（详见前文介绍的 simlarityCalu 函数）。最后经计算得到：利用 doc2vec 计算新闻 1 和新闻 2 间的相似度为 0.87。

```
def doc2vec(file_name, model):
    import jieba
     doc = [w for x in codecs.open(file_name, 'r', 'utf-8').readlines() for w in jieba.cut(x.strip())]
      doc_vec_all = model.infer_vector(doc, alpha=start_alpha, steps=infer_epoch)
    return doc_vec_all

if __name__ == '__main__':
    model = g.Doc2Vec.load(model_path)
    p1 = './data/P1.txt'
    p2 = './data/P2.txt'
    P1_doc2vec = doc2vec(p1, model)
    P2_doc2vec = doc2vec(p2, model)
    print(simlarityCalu(P1_doc2vec, P2_doc2vec))
```

### 3. 两种相似度计算方法分析

前文介绍了 word2vec 和 doc2vec 两种计算网页相似度的方法，结果显示利用 doc2vec 方法计算的相似度为 0.87 高于 word2vec 计算的 0.66，显然通过阅读前两篇新闻，知道这两篇新闻极为相似，因此可以判断 doc2vec 计算文本相似度的方法更胜一筹。这是因为：doc2vec 不仅利用了词语的语义信息而且还综合了上下文语序信息，而 word2vec 则丢失了语序信息；word2vec 方法中的关键词提取算法准确率不高，丢失了很多关键信息。

---

**轮到你来：**

模仿上述程序，尝试设计一个案例使用 doc2vec 训练语料，并计算文本之间的相似度。

---

## 7.5 本章小结

本章主要介绍了 word2vec 和 doc2vec 的基本概念和原理，并结合代码详细介绍了用 gensim 从模型训练到使用的整个过程。word2vec 是 word embedding 最常用的方法，而 doc2vec 则是基于 word2vec 发展而来的。它们经常被用来丰富各种 NLP 任务的输入，例如在文本分类或机器翻译中，将输入的文本进行向量化操作后，一般能取得更好的效果。建议读者深入理解这两种算法，结合一些具体任务动手实践。

CHAPTER 8

# 第 8 章 情感分析技术

近年来，随着互联网的飞速发展，越来越多的互联网用户从单纯的信息受众，变为互联网信息制造的参与者。互联网中的博客、微博、论坛、评论等这些主观性文本可以是用户对某个产品或服务的评价，或者是公众对某个新闻事件或者政策的观点。潜在的消费者在购买某个产品或者服务时获取相关的评论可以作为决策参考，政府部门也可以浏览公众对新闻事件或政策的看法了解舆情。这些主观性的文本对于决策者制定商业策略或者决策都非常重要，而以往仅靠人工监控分析的方式不仅耗费大量人工成本，而且有很强的滞后性。因此采用计算机自动化进行情感分析成为目前学术界和工业界的大趋势。目前，情感分析在实际生产场景中得到越来越多的应用，接下来我们会详细介绍该方向的基本概念、原理和方法。

本章要点如下：

- 对舆情数据进行舆情分析
- 分类算法应用
- 初步了解深度学习方法 RNN
- 实战使用 RNN 变种——LSTM

## 8.1　情感分析的应用

在日常生活中，情感分析的应用非常普遍，下面列举几个常见的应用渠道。

### 1. 电子商务

情感分析最常应用到的领域就是电子商务。例如淘宝和京东，用户在购买一件商品以后可以发表他们关于该商品的体验。通过分配等级或者分数，这些网站能够为产品和产品的不同功能提供简要的描述。客户可以很容易产生关于整个产品的一些建议和反馈。通过分析用户的评价，可以帮助这些网站提高用户满意度，完善不到位的地方。

如图 8-1 所示，从评价可以分析得到：物流快递选择有问题，可以换一家快递公司，提升客户满意度。同时也可以分析出是否是产品有质量问题，导致客户不满意。

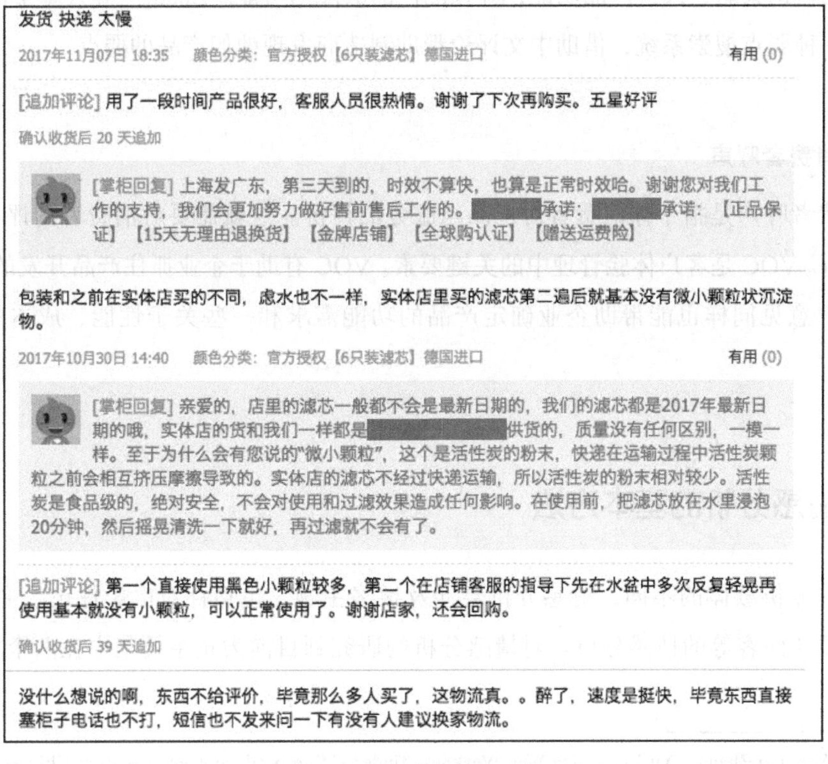
发货 快递 太慢

2017年11月07日 18:35　颜色分类：官方授权【6只装滤芯】德国进口　有用 (0)

[追加评论] 用了一段时间产品很好，客服人员很热情。谢谢了下次再购买。五星好评

确认收货后 20 天追加

[掌柜回复] 上海发广东，第三天到的，时效不算快，也算是正常时效哈。谢谢您对我们工作的支持，我们会更加努力做好售前售后工作的。[redacted]承诺：[redacted]承诺：【正品保证】【15天无理由退换货】【金牌店铺】【全球购认证】【赠送运费险】

包装和之前在实体店买的不同，虑水也不一样，实体店里买的滤芯第二遍后就基本没有微小颗粒状沉淀物。

2017年10月30日 14:40　颜色分类：官方授权【6只装滤芯】德国进口　有用 (0)

[掌柜回复] 亲爱的，店里的滤芯一般都不会是最新日期的，我们的滤芯都是2017年最新日期的哦，实体店的货和我们一样都是[redacted]供货的，质量没有任何区别，一模一样。至于为什么会有您说的"微小颗粒"，这个是活性炭的粉末，快递在运输过程中活性炭颗粒之前会相互挤压摩擦导致的。实体店的滤芯不经过快递运输，所以活性炭的粉末相对较少。活性炭是食品级的，绝对安全，不会对使用和过滤效果造成任何影响。在使用前，把滤芯放在水里浸泡20分钟，然后摇晃清洗一下就好，再过滤就不会有了。

[追加评论] 第一个直接使用黑色小颗粒较多，第二个在店铺客服的指导下先在水盆中多次反复轻晃再使用基本就没有小颗粒，可以正常使用了。谢谢店家，还会回购。

确认收货后 39 天追加

没什么想说的啊，东西不给评价，毕竟那么多人买了，这物流真。。醉了，速度是挺快，毕竟东西直接塞柜子电话也不打，短信也不发来问一下有没有人建议换家物流。

图 8-1　某购物网站评价页面

### 2. 舆情分析

无论是政府还是公司，都需要不断监控社会对于自身的舆论态度。来自消费者或者任何第三方机构的正面或者负面的新闻报道，都会影响到公司的发展。相对于消费者，公司更看中品牌声誉管理（BRM）。如今，由于互联网的放大效应，任何一件小的事件都可能发酵为大的舆论风暴，及时感知舆情，进行情感分析有助于及时公关，正确维护好公司的品牌，以及产品和服务评价。

### 3. 市场呼声

市场呼声是指消费者使用竞争对手提供的产品与服务的感受。及时准确的市场呼声有助于取得竞争优势，并促进新产品的开发。尽早检测这类信息有助于进行直接、关键的营销活动。情感分析能够为企业实时获取消费者的意见。这种实时的信息有助于企业制定新的营销策略，改进产品功能，并预测产品故障的可能。Zhang[⊖]等人基于情感分析提出了一种弱点搜索系统，借助中文评论帮助制造商发现他们产品的弱点。

### 4. 消费者呼声

消费者呼声是指个体消费者对产品与服务的评价。这就需要对消费者的评价和反馈进行分析。VOC 是客户体验管理中的关键要素。VOC 有助于企业抓住产品开发的新机会。提取客户意见同样也能帮助企业确定产品的功能需求和一些关于性能、成本的非功能需求。

## 8.2　情感分析的基本方法

根据分析载体的不同，情感分析会涉及很多主题，包括针对电影评论、商品评论，以及新闻和博客等的情感分析。对情感分析的研究到目前为止主要集中在两个方面：识

⊖ Wen hao Zhang，Xu Hua，Wei Wan Weakness finder：find produce weakness from Chinese reviews by using aspects based sentiment analysis Expert Syst Appl，39（2012），pp.10283-10291。

别给定的文本实体是主观的还是客观的，以及识别主观的文本的极性。大多数情感分析研究都使用机器学习方法。

在情感分析领域，文本可以划分为积极和消极两类，或者积极、消极和中性（或不相关）的多类。分析方法主要分为：

- ▼ 词法分析；
- ▼ 基于机器学习的分析；
- ▼ 混合分析。

后续我们会对每种分析方法进行深入介绍。

### 8.2.1 词法分析

词法分析运用了由预标记词汇组成的字典，使用词法分析器将输入文本转换为单词序列。将每一个新的单词与字典中的词汇进行匹配。如果有一个积极的匹配，分数加到输入文本的分数总池中。例如，如果“戏剧性”在字典中是一个积极的匹配，那么文本的总分会递增。相反，如果有一个消极的匹配，输入文本的总分会减少。虽然这项技术感觉有些业余，但已被证明是有价值的。词法分析技术的工作方式如图 8-2 所示。

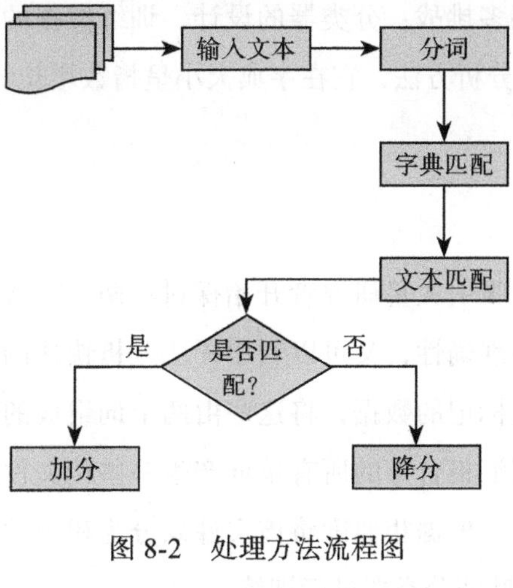


图 8-2 处理方法流程图

文本的分类取决于文本的总得分。目前有大量的工作致力于度量词法信息的有效性。对单个短语，通过手动标记词汇（仅包含形容词）的方式，大概能达到85%的准确率，这是由评价文本的主观性所决定的。有研究者将同样的方法用于电影评论，准确率仅为62%。也有研究者通过简单地从消极词汇集合中去除积极词汇来评价语义差距，得到了82%的准确度。词法分析也存在一个不足：其性能（时间复杂度和准确率）会随着字典大小（词汇的数量）的增加而迅速下降。

### 8.2.2 机器学习方法

机器学习技术由于其具有高的适应性和准确性受到了越来越多的关注。在情感分析中，主要使用的是监督学习方法。它可以分为三个阶段：数据收集、预处理、训练分类。在训练过程中，需要提供一个标记语料库作为训练数据。分类器使用一系列特征向量对目标数据进行分类。在机器学习技术中，决定分类器准确率的关键是合适的特征选择。通常来说，unigram（单个短语）、bigrams（两个连续的短语）、trigrams（三个连续的短语）都可以被选为特征向量。当然还有其他的一些特征，如积极词汇的数量、消极词汇的数量、文档的长度、支持向量机（SVM）、朴素贝叶斯（NB）算法和卷积神经网络（CNN）等。具体取决于所选择的各种特征的组合，精度范围可以从63%至80%。

机器学习技术面临很多挑战：分类器的设计、训练数据的获取、对一些未见过的短语的正确解释。相比词法分析方法，它在字典大小呈指数增长的时候依然工作得很好。

### 8.2.3 混合分析

情感分析研究的进步吸引大量研究者开始探讨将两种方法进行组合的可能性，既可以利用机器学习方法的高准确性，又可以利用词法分析快速的特点。有研究者利用由两个词组成的词汇和一个未标记的数据，将这些由两个词组成的词汇划分为积极的类和消极的类。利用被选择的词汇集合中的所有单词产生一些伪文件。然后计算伪文件与未标记文件之间的余弦相似度。根据相似度将该文件划分为积极的或消极的情感。之后这些训练数据集被送入朴素贝叶斯分类器进行训练。

有研究者使用背景词法信息作为单词类关联，提出了一种统一的框架，设计了一个Polling多项式分类器（PMC，又称多项式朴素贝叶斯），在训练中融入了手动标记数据。他们声称利用词法知识后性能得到了提高。

我们已经介绍了很多理论方面的知识，接下来，让我们使用一个案例来介绍情感分析的实际步骤。

## 8.3 实战电影评论情感分析

在NLP当中，如前所述，情感分析是一段文字表达的情绪状态。其中，一段文本可以是一个句子、一个段落或者一个文档。情绪状态可以是两类，例如正面、负面，喜悦、忧伤；也可以是三类，例如积极、中性、消极等。情感分析被应用在大量的在线服务中，例如，电子商务，像淘宝、京东；公共服务，像携程、去哪儿网；以及电影评价，例如豆瓣和欧美的IMDB等。这些数据可以用来分析用户对于产品的喜好以及体验感受。如表8-1所示是从豆瓣上摘取的电影相关数据。

表8-1　电影评论情感分析

| 电影评价 | 类别 |
|---|---|
| ××好的电影 | 正面 |
| 拍得特别烂，感觉就像老太太的裹脚布，又臭又长。 | 负面 |
| 太难看了，辣眼睛！ | 负面 |
| 场面令人震撼，情节跌宕起伏，是难得的好片！ | 正面 |

在NLP问题中，情感分析可以被归类为文本分类问题，这在前面提到过。主要涉及两个问题：文本表达和文本分类。在深度学习出现之前，主流的表示方法有BOW（词袋模型）和topic model（主题模型），分类模型主要有SVM（支持向量机）和LR（逻辑回归）。

但是词袋模型有个很大的问题，就是无法抓取到核心的信息，因为它忽略了语法和文法，只是把一句话当成一个词的合集。例如，“这部电影非常难看”和“无聊，无趣，毫无意义”有着类似的意义，但是“这部电影一点也不难看”和前面一句话有着几乎一样的特征表示，但是却代表着截然不同的意思。

为了解决这一问题，这里我们使用了 word2vec 方法进行特征提取，由于该方法比较复杂且归属于深度学习相关方法，我们会在第 10 章介绍，读者可以先单纯地将该方法归属到类似词袋模型的一种文本特征提取方法。该方法比词袋模型先进的地方是，它可以将文本嵌入到低维空间，并且不丢失文本的顺序信息，是一种非常方便的端到端的训练模型。

在文本分类模型方面，一般我们会使用传统机器学习方法，例如支持向量机（Support Vector Machines，SVM）、朴素贝叶斯（Naïve bayes，NB）等，或者深度学习相关方法，比如卷积神经网络（Convolutional Neural Networks，CNN）、循环神经网络（Recurrent Neural Networks，RNN）及其变体。因为这里用到了 RNN 的变体方法，且 RNN 网络借鉴了 CNN 等网络的基础部分，所以我们会先介绍一下 CNN 的大致原理，再深入讲解 RNN 相关变种方法。

### 8.3.1　卷积神经网络

如图 8-3 所示，CNN 卷积神经网络，一般首先使用卷积操作处理词向量序列，生成多通道特征图，对特征图采用时间维度上的最大池化操作得到与此卷积核对应的整句话的特征，最后将所有卷积核得到的特征拼接起来即为文本的定长向量表示。对于文本分类问题，将其连接至 Softmax 层即构建出完整的模型。在实际应用中，我们会使用多个卷积核来处理数据，窗口大小相同的卷积核堆叠起来形成一个矩阵，这样可以更高效完成运算。

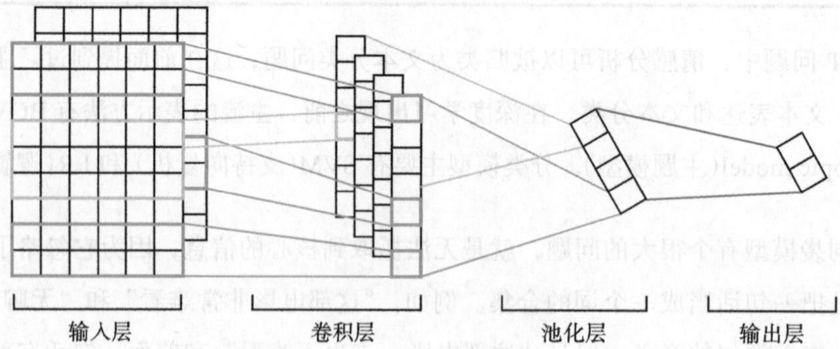


图 8-3　CNN 结构

## 8.3.2 循环神经网络

循环神经网络是一种能够对时序数据进行精准建模的网络。文本的独特在于是典型的序列数据，每个文字的出现都是依赖于前面的单词和后面的单词。近年来，RNN 及其变种长短时记忆网络（Long Short Term Memory，LSTM）在 NLP 领域得到了广泛应用，例如在语言模型、句法分析、语意角色标注，图说模型、对话、机器翻译等领域均有优异的表现。

循环神经网络按照时间展开，如图 8-4 所示，在 $t$ 时刻，网络读入第 $t$ 个输入 $x_t$，以及前一时刻的状态值 $h_{t-1}$（向量表示，$h_0$ 一般表示初始化为 0 的向量），计算得出本时刻隐藏层的状态值 $h_t$，重复直到读取完成。

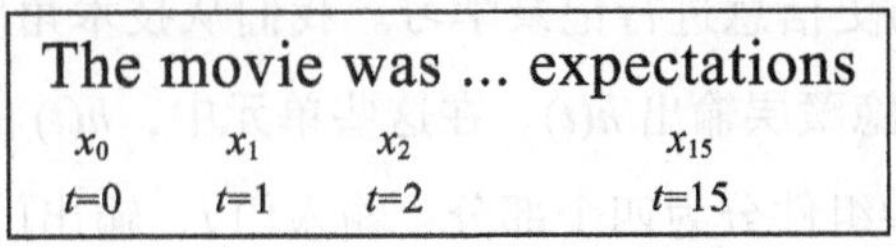


图 8-4 句子示意图

将 RNN 的函数表示为 $f$，那么公式可以表示为：

$$h_t=f(x_t, h_{t-1})=\sigma(W_{xh}x_t+W_{hh}h_{t-1}+b_h) \tag{8.1}$$

其中 $w_{xh}$ 是输入层到隐藏层的矩阵参数，$W_{hh}$ 是隐藏层到隐藏层的矩阵参数，$b_h$ 为隐藏层偏置（bias）参数。式（8.1）中有两个 $W$ 权重矩阵，这些权重矩阵的大小不但受到当前向量的影响，还受到前面隐藏层的影响，RNN 示意图如图 8-5 所示。

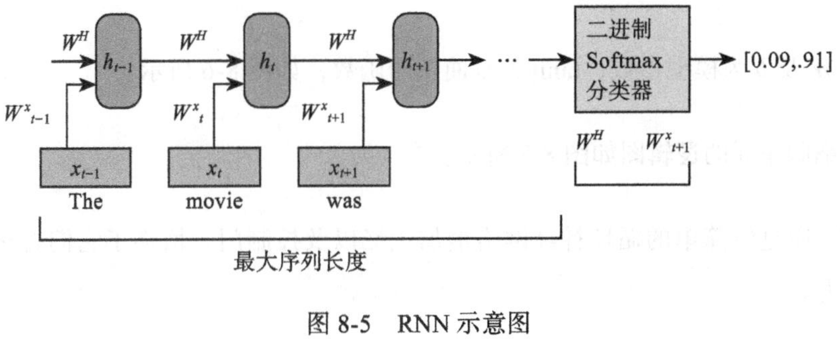


图 8-5 RNN 示意图

在最后的时刻，隐藏层的状态向量被送入一个 Softmax 分类器中，用于判断文本是积极情绪还是消极情绪。

### 8.3.3 长短时记忆网络

长短时记忆网络单元是 RNN 的升级版本，由 Hochreiter 和 Schmidhuber（1997）提出，近期被 Alex Graves 改良。从抽象的角度来看，LSTM 保存了文本中的长期依赖信息。LSTM 通过对循环层的刻意设计来避免长期依赖问题和梯度消失的问题。

正如我们前面所看到的，传统的 RNN 网络是非常简单的，这种简单结构不能有效将历史信息链接在一起。举个例子，在问答领域中，假设我们得到如下一段文本，那么 LSTM 就可以很好地对历史信息进行记录学习。我们从技术角度来谈谈 LSTM 单元。该输入单元输入数据 $x(t)$，隐藏层输出 $h(t)$。在这些单元中，$h(t)$ 的表达形式比经典的 RNN 网络复杂很多。这些复杂组件分为四个部分：输入门 $i$、输出门 $o$、遗忘门 $f$ 和一个记忆控制器 $c$。这些门和记忆单元组合起来大大提升了循环神经网络处理长序列数据的能力。若将基于 LSTM 的循环神经网络表示的函数记做 $F$，公式为 $h_t = F(x_t, h_{t-1})$，$F$ 为下列公式组合而成：

$$i_t = \sigma (W_{xi} x_t + W_{hi} h_{t-1} + W_{ci} c_{t-1} + b_i) \tag{8.2}$$

$$f_t = \sigma(W_{xf} x_t + W_{hf} h_{t-1} + W_{cf} c_{t-1} + b_f) \tag{8.3}$$

$$c_t = f_t \odot c_{t-1} + i_t \odot \tanh(W_{xi} x_t + W_{hi} h_{t-1} + b_i) \tag{8.4}$$

$$o_t = \sigma(W_{xo} x_t + W_{ho} h_{t-1} + W_{co} c_t + b_o) \tag{8.5}$$

$$h_t = o_t \odot \tanh(c_t) \tag{8.6}$$

其中 $W$ 及 $b$ 为模型参数，tanh 为双曲正切函数，如图 8-6 所示。

每个细胞单元的逻辑图如图 8-7 所示。

LSTM 通过给简单的循环神经网络增加记忆以及控制门，增强了它们处理距离依赖问题的能力。

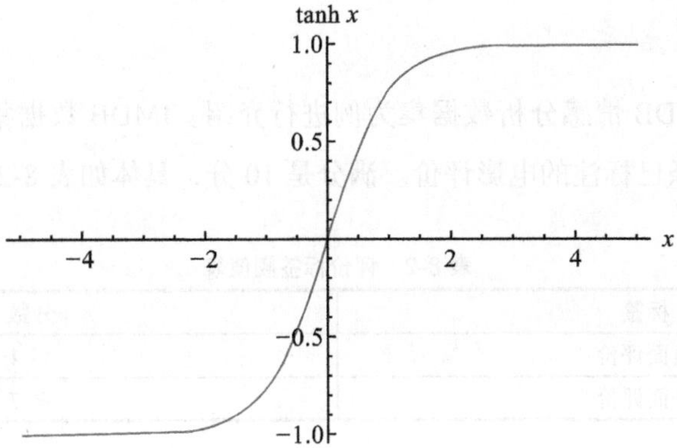


图 8-6 tanh 曲线图

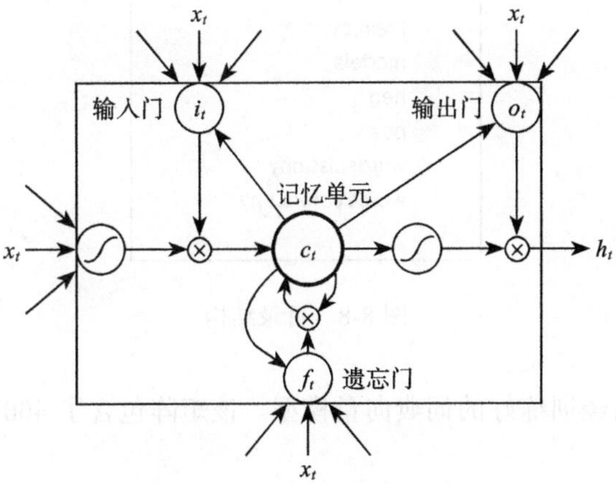


图 8-7 LSTM cell 单元图

根据前面的学习可知，情感分析的任务是分析一句话是积极、消极还是中性的。我们把任务分为五个部分：

1）训练或者载入一个词向量生成模型。

2）创建一个用于训练集的 ID 矩阵。

3）创建 LSTM 计算单元。

4）训练。

5）测试。

## 8.3.4　载入数据

本节我们以 IMDB 情感分析数据集为例进行介绍。IMDB 数据集的训练集和测试集分别包含了 25000 条已标注的电影评价。满分是 10 分，具体如表 8-2 所示：

表 8-2　评价标签阈值表

| 标签 | 分数 |
|---|---|
| 负面评价 | ≤4 |
| 正面评价 | ≥7 |

文件目录结构如图 8-8 所示：

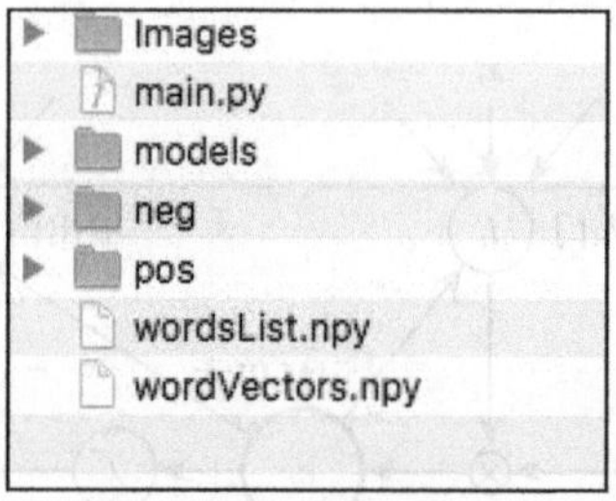


图 8-8　目录结构

首先我们使用已经训练好的词典向量模型。该矩阵包含了 400 000 的文本向量，每行有 50 维的数据。

首先引入 2 个数据集合，400 000 的词典以及 400 000 × 50 维的嵌入矩阵。

```
#encoding:utf-8
import numpy as np
words_list = np.load('wordsList.npy')
print(' 载入 word 列表 ')
words_list = words_list.tolist() # 转化为 list
words_list = [word.decode('UTF-8') for word in words_list]
word_vectors = np.load('wordVectors.npy')
print(' 载入文本向量 ')
```

检查一下数据：

```
print(len(words_list))
```

```
print(word_vectors.shape)
```

结果：

```
Loaded the word list!
Loaded the word vectors!
400000
(400000,50)
```

我们还可以搜索一下：

```
Home_ndex=words_list.index("home")
wordVectors[home_index]
```

输出结果：

```
array([ 2.33019993e-01,   4.58849996e-01,   2.66020000e-01,
          3.82039994e-02,   5.66940010e-01,  -5.11940002e-01,
       -1.78310001e+00,   4.30720001e-01,   1.32459996e-03,
          1.78520009e-02,  -5.15489995e-01,  -5.44659972e-01,
       -2.51150012e-01,  -3.76320004e-01,   4.09689993e-01,
          7.03559965e-02,  -2.61200011e-01,  -2.77690007e-03,
       -5.13610005e-01,   2.98280001e-01,   1.44960001e-01,
          5.37479997e-01,  -6.24430001e-01,   4.13789988e-01,
       -2.20060006e-01,  -1.62769997e+00,   2.90259987e-01,
       -1.85300000e-02,   5.10039985e-01,  -6.12309992e-01,
          3.23799992e+00,   7.48730004e-01,   1.88350007e-01,
          2.21670009e-02,   5.78239977e-01,   5.20219982e-01,
          1.52869999e-01,   4.16009992e-01,   5.52600026e-01,
       -4.03730005e-01,  -1.80570006e-01,   2.09140003e-01,
       -2.38729998e-01,   1.12839997e-01,  -7.49399979e-03,
          5.79180002e-01,  -4.36410010e-01,  -7.09040010e-01,
          2.04099998e-01,  -1.95319995e-01], dtype=float32)
```

在构造整个训练集索引之前，需要先可视化和分析数据的情况从而确定并设置最好的序列长度。训练集我们用的是 IMDB 数据集。这个数据集合包含 25000 条评价，其中 12500 条是正面的评价，另外 12500 是负面的评价。这些数据存放在一个文本文件下面，首先需要解析这个文件。下面是预处理的具体过程：

```
import os
from os.path import isfile, join
pos_files = ['pos/' + f for f in os.listdir('pos/') if isfile(join('pos/', f))]
```

```
neg_files = ['neg/' + f for f in os.listdir('neg/') if isfile(join('neg/', f))]
num_words = []
for pf in pos_files:
    with open(pf, "r", encoding='utf-8') as f:
        line=f.readline()
        counter = len(line.split())
        num_words.append(counter)
print('正面评价完结')

for nf in neg_files:
    with open(nf, "r", encoding='utf-8') as f:
        line=f.readline()
        counter = len(line.split())
        num_words.append(counter)
print('负面评价完结')

num_files = len(num_words)
print('文件总数', num_files)
print('所有的词的数量', sum(num_words))
print('平均文件词的长度', sum(num_words)/len(num_words))
```

结果：

```
正面评价完结
负面评价完结
文件总数 25000
所有的词的数量 5844680
平均文件词的长度 233.7872
```

进行可视化：

```
import matplotlib
matplotlib.use('qt4agg')
#指定默认字体
matplotlib.rcParams['font.sans-serif'] = ['SimHei']
matplotlib.rcParams['font.family']='sans-serif'
%matplotlib inline
matplotlib.pyplot.hist(num_words, 50,facecolor='g')
matplotlib.pyplot.xlabel('文本长度')
matplotlib.pyplot.ylabel('频次')
matplotlib.pyplot.axis([0, 1200, 0, 8000])
matplotlib.pyplot.show()
```

直方图如图8-9所示。

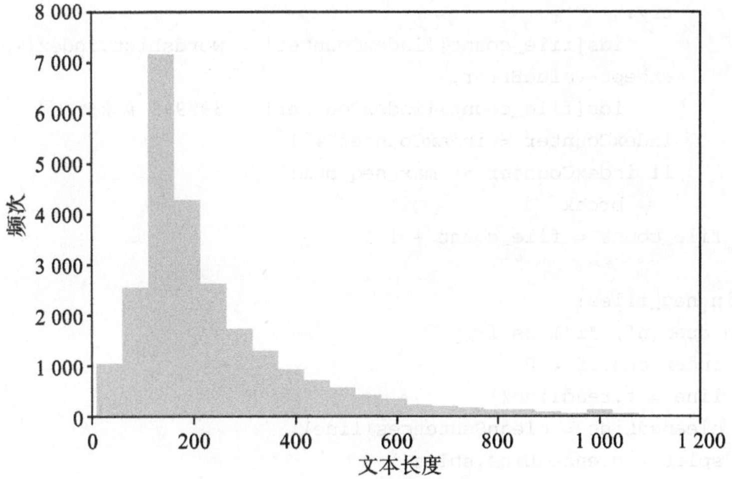


图 8-9 文本长度直方图

由图 8-9 可以看出，大部分文本都在 230 之内，这里保守起见，我们设置：

```
max_seq_len=300
```

接下来我们将文本生成一个索引矩阵，并且得到一个 25000 × 300 的矩阵。这需要一定的时间进行运算。

```
import re
strip_special_chars = re.compile("[^A-Za-z0-9 ]+")

def cleanSentences(string):
    string = string.lower().replace("<br />", " ")
    return re.sub(strip_special_chars, "", string.lower())


max_seq_num=300
ids = np.zeros((num_files, max_seq_num), dtype='int32')
file_count = 0
for pf in pos_files:
    with open(pf, "r", encoding='utf-8') as f:
        indexCounter = 0
        line = f.readline()
        cleanedLine = cleanSentences(line)
        split = cleanedLine.split()
        for word in split:
```

```
                try:
                    ids[file_count][indexCounter] = wordsList.index(word)
                except ValueError:
                    ids[file_count][indexCounter] = 399999 #未知的词
                indexCounter = indexCounter + 1
                if indexCounter >= max_seq_num:
                    break
            file_count = file_count + 1

    for nf in neg_files:
        with open(nf, "r") as f:
            indexCounter = 0
            line = f.readline()
            cleanedLine = cleanSentences(line)
            split = cleanedLine.split()
            for word in split:
                try:
                    ids[file_count][indexCounter] = wordsList.index(word)
                except ValueError:
                    ids[file_count][indexCounter] = 399999 #未知的词语
                indexCounter = indexCounter + 1
                if indexCounter >= max_seq_num:
                    break
            file_count = file_count + 1
    #保存到文件
    np.save('idsMatrix', ids)
```

### 8.3.5 辅助函数

下面放一对辅助函数，这在训练中会用到，该辅助函数返回一个数据集的迭代器，用于返回一批训练（训练）集合。

```
from random import randint

def get_train_batch():
    labels = []
    arr = np.zeros([batch_size, max_seq_num])
    for i in range(batch_size):
        if (i % 2 == 0):
            num = randint(1, 11499)
            labels.append([1, 0])
        else:
```

```
            num = randint(13499, 24999)
            labels.append([0, 1])
        arr[i] = ids[num - 1:num]
    return arr, labels

def get_test_batch():
    labels = []
    arr = np.zeros([batch_size, max_seq_num])
    for i in range(batch_size):
        num = randint(11499, 13499)
        if (num <= 12499):
            labels.append([1, 0])
        else:
            labels.append([0, 1])
        arr[i] = ids[num - 1:num]
    return arr, labels8.
```

## 8.3.6 模型设置

前面准备就绪，接着就是构建 Tensorflow 图。首先我们需要定义一些超参数，例如 batch 的尺寸、LSTM 的单元数量、输出的类别数，以及迭代的次数。

```
batch_size = 24
lstm_units = 64
num_labels = 2
iterations = 200000
```

和大部分的 Tensorflow 图相似，我们需要指定两个单元，一个用于输入，一个用于输出。对于单元，最重要的一点是确定好维度。其中标签的单元代表了一组值，每个值为 [1，0] 或者 [0，1]，输入部分主要是索引数组，如图 8-10 所示。

```
import tensorflow as tf
tf.reset_default_graph()

labels = tf.placeholder(tf.float32, [batch_size, num_labels])
input_data = tf.placeholder(tf.int32, [batch_size, max_seq_num])
```

一旦我们设置好了占位符（tf.placeholder）单元之后，调用 tf.nn.lookup() 接口获得文本向量。该函数会返回 batch_size 个文本的 3D 张量，用于后续的训练。图 8-11 所示可以清晰地表达出运算过程。

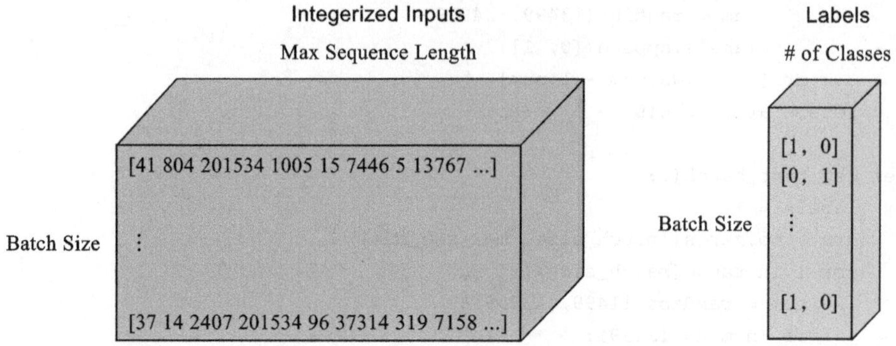


图 8-10　数据和 label

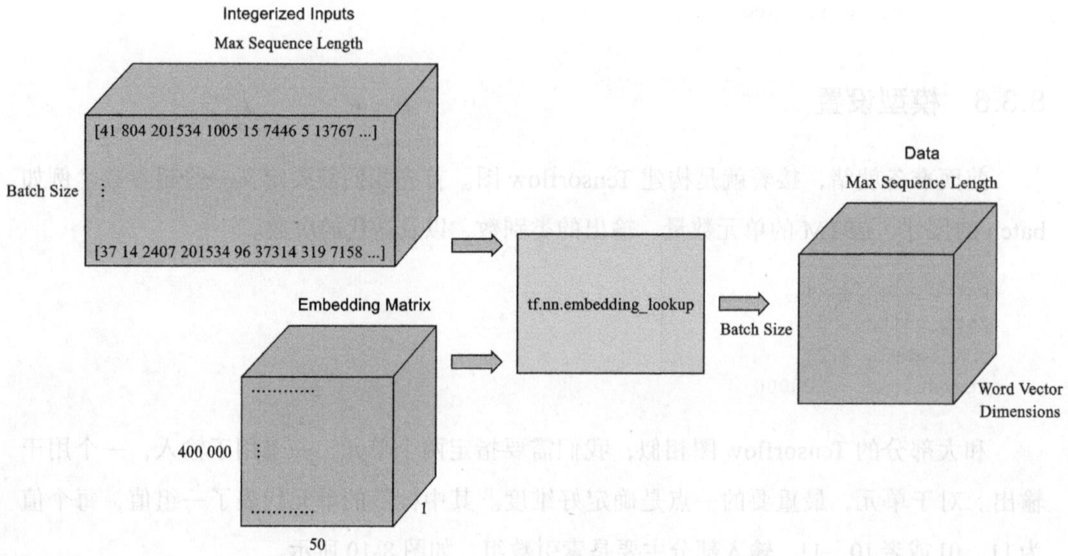


图 8-11　运算过程

代码表示为：

```
data =tf.Variable(tf.zeros([batchSize, maxSeqLength, numDimensions]),dtype=tf.
float32)
data = tf.nn.embedding_lookup(wordVectors,input_data)
```

有了数据之后，我们配置 LSTM 网络，使用 tf.nn.rnn_cell.BasicLSTMCell 细胞单

元，配置 LSTM 的数量，再配置好 dropout 参数，以此避免一些过拟合。最后将 LSTM cell 和数据输入到 tf.nn.dynamic_rnn 函数，其功能是展开整个网络，并且构建一整个 RNN 模型。

```
lstmCell = tf.contrib.rnn.BasicLSTMCell(lstm_units)
lstmCell = tf.contrib.rnn.DropoutWrapper(cell=lstmCell, output_keep_prob=0.75)
value, _ = tf.nn.dynamic_rnn(lstmCell, data, dtype=tf.float32)
```

Dynamic RNN 函数的第一个输出可以被认为是最后的隐藏状态，该向量将重新确定维度，然后乘以一个权重加上偏置，获得最终的 label。

```
weight = tf.Variable(tf.truncated_normal([lstm_units, num_labels]))
bias = tf.Variable(tf.constant(0.1, shape=[num_labels]))
value = tf.transpose(value, [1, 0, 2])
last = tf.gather(value, int(value.get_shape()[0]) - 1)
prediction = (tf.matmul(last, weight) + bias)
```

接着，定义正确的预测函数以及正确率评估参数。正确的预测形式是查看最后的输出向量是否和标记向量相同。

```
correct_pred = tf.equal(tf.argmax(prediction,1), tf.argmax(labels,1))
accuracy = tf.reduce_mean(tf.cast(correct_pred, tf.float32))
```

最后将标准的交叉熵损失函数定义为损失值。我们选择 Adam 作为优化函数。

```
loss = tf.reduce_mean(tf.nn.softmax_cross_entropy_with_
logits(logits=prediction, labels=labels))
optimizer = tf.train.AdamOptimizer().minimize(loss)
```

使用 tensorboard 可视化损失值和正确值，添加如下代码：

```
import datetime
sess = tf.InteractiveSession()
tf.device("/gpu:0")
saver = tf.train.Saver()
sess.run(tf.global_variables_initializer())


tf.summary.scalar('Loss', loss)
tf.summary.scalar('Accuracy', accuracy)
merged = tf.summary.merge_all()
```

```
    logdir = “tensorboard/” + datetime.datetime.now().strftime("%Y%m%d-%H%M%S") +
“/”
    writer = tf.summary.FileWriter(logdir, sess.graph)


    for i in range(iterations):
        #下个批次的数据
        nextBatch, nextBatchLabels = get_train_batch();
        sess.run(optimizer, {input_data: nextBatch, labels: nextBatchLabels})

        #每 50 次写入一次 leadboard.
        if (i % 50 == 0):
               summary = sess.run(merged, {input_data: nextBatch, labels:
nextBatchLabels})
            writer.add_summary(summary, i)

        #每 10,000 次保存一下模型
        if (i % 10000 == 0 and i != 0):
              save_path = saver.save(sess, “models/pretrained_lstm.ckpt”, global_
step=i)
            print("saved to %s" % save_path)
    writer.close()
```

### 8.3.7 调参配置

选择合适的参数训练网络非常重要，最终模型的好坏很大程度上取决于你选择的优化器（Momentum、Nesterov、AdaGrad、RMSProp、AdaDelta、Adam）、学习率以及网络架构。特别是 RNN 和 LSTM，单元数量和词向量大小都是重要的因素。

- Learning Rate：RNN 网络最困难的部分就是它的训练速度慢，耗时非常久。所以学习率至关重要。如果学习率设置过大，则学习曲线会有很大的波动性，如果设置过小，则收敛得非常慢。根据经验设置为 0.001 比较好。如果训练得非常慢，可以适当增大这个值。
- 优化器：之所以优化器选择 Adam，是因为其广泛被使用。
- LSTM 细胞数量：这个值取决于输入文本的平均长度。单元数量过多会导致速度非常慢。
- 词向量维度：词向量一般设置在 50 ～ 300 之间，维度越多可以存放越多的单词信息，但是也意味着更高的计算成本。

### 8.3.8 训练过程

使用 Tensorflow 训练的基本过程是：先定义一个 Tensorflow 的会话，如果有 GPU 选择用 GPU 运算，然后加载一批文字和对应的标签，之后调用会话的 run 函数。这个函数有两个参数，第一个称为 fetches 参数，这个参数定义了我们感兴趣的值。希望通过我们的优化器来最小化损失函数。第二个参数是 feed_dict 参数，这个参数用来传入占位单元。需要将一批处理的评论和标签输入模型，然后不断对这组数据进行训练。在 tensorboard 上查看的方法：

```
tensorboard --logdir=tensorboard
```

之后打开浏览器，输入如下代码可以查看训练动态。

```
http://localhost:6006/
```

大概需要几个小时，可以训练好模型。

## 8.4 本章小结

在前面的章节中我们提到了与分类相关的概念，以此为基础，本章我们详细梳理了情感分析的需求，例如电子商务、舆情分析、市场呼声等。之后介绍了舆情分析的基本原理、方法，以及最新的一些应用场景。在此基础上，在实战内容中，我们还简述了 RNN、LSTM 的原理和使用方法，并且引入了一部分 Tensorflow 的使用方法，以方便读者后续学习深度学习的相关章节。

CHAPTER 9

# 第 9 章 NLP 中用到的机器学习算法

从本章开始，将引入 NLP 的算法体系。需要说明的是，很多机器学习的算法也经常用在 NLP 相关任务中。例如，用朴素贝叶斯、支持向量机、逻辑回归等方法进行文本分类，用 k-means 方法进行文本聚类等。与此同时，随着近年来对智能推理以及认知神经学等的研究，人们对大脑和语言的内在机制了解得越来越多，也越来越能从更高层次上观察和认知思维的现象，由此形成一套完整的算法理论体系。目前主流是将算法思想分为两个流派：一种是传统的基于统计学的机器学习方法；还有一种是基于连接主义的人工神经网络算法体系。在这一章中，你将学到前者，即常用的传统机器学习方法及其概念。人工神经网络将在下一章详细介绍。

这一章主要包括如下几个要点：

- ▼ 机器学习的一些基本概念：有监督学习、无监督学习、半监督学习、分类、聚类、回归、降维等
- ▼ 机器学习的常用分类算法：朴素贝叶斯、支持向量机、逻辑回归等
- ▼ 机器学习的聚类方法：k-means 算法
- ▼ 机器学习的应用

## 9.1 简介

NLP 领域中，应用了大量的机器学习模型和方法，可以说机器学习是 NLP 的基石。

文本的分类、语音识别、文本的聚类等都要用到机器学习中的方法。所以本章单独抽出一章介绍与机器学习相关的内容，并且从原理到实战着重介绍两类使用最为广泛的机器学习模型：有监督学习经典模型和无监督学习经典模型。

机器学习近年来被大规模应用在各种领域，特别是 NLP 领域。虽然机器学习是一门建立在统计和优化上的新兴学科，但是在自然语言处理、数据科学等领域，它绝对是核心课程中的核心。

“机器学习”最初的研究动机是让计算机系统具有人的学习能力以便实现人工智能。因为没有学习能力的系统很难被认为是具有智能的。目前被广泛采用的机器学习的定义是“利用经验来改善计算机系统自身的性能”。事实上，由于“经验”在计算机系统中主要以数据的形式存在，因此机器学习需要设法对数据进行分析学习，这就使得它逐渐成为智能数据分析技术的创新源之一，并且受到越来越多的关注。

机器学习的核心在于建模和算法，学习得到的参数只是一个结果。

### 9.1.1 机器学习训练的要素

成功训练一个模型需要四个要素：数据、转换数据的模型、衡量模型好坏的损失函数和一个调整模型权重以便最小化损失函数的算法。

#### 1. 数据

对于数据，肯定是越多越好。事实上，数据是机器学习发展的核心，因为复杂的非线性模型比其他线性模型需要更多的数据。例如 ImageNet 等大规模人工标注好的数据促进了深度学习的发展。数据的例子：

- 图片：例如你手机中的图片，里面可能包含猫、狗、恐龙、高中同学聚会或者昨天的晚饭。
- 文本：邮件、新闻和微信聊天记录。
- 声音：有声书籍和电话记录。

▼ 结构数据：网页、租车单和电费表。

2. 模型

通常数据和我们最终想要的相差很远，例如我们想知道照片中的人是不是在高兴，所以我们需要把一千万像素变成一个高兴度的概率值。通常我们需要在数据上应用数个非线性函数（例如神经网络）。

3. 损失函数

我们需要对比模型的输出和真实值之间的误差。损失函数可以帮助我们平衡先验和后验的期望，以便我们做出决策。损失函数的选取，取决于我们想短线还是长线。

4. 训练

通常一个模型里面有很多参数。我们通过最小化损失函数来寻找最优参数。不幸的是，即使我们在训练集上面拟合得很好，也不能保证在新的没见过的数据上我们可以仍然做得很好。

5. 训练误差

这是模型在训练数据集上的误差。这个类似于考试前我们在模拟试卷上拿到的分数。训练误差有一定的指向性，但不一定保证真实考试分数。

6. 测试误差

这是模型在没见过的新数据上的误差，可能会跟训练误差不一样（统计上叫过拟合）。这个类似于考前模考次次拿高分，但实际考起来却失误了。

### 9.1.2 机器学习的组成部分

机器学习里最重要的四类问题（按学习结果分类）：

- ▼ 预测（Prediction）：一般用回归（Regression，Arima）等模型。
- ▼ 聚类（Clustering）：如 K-means 方法。
- ▼ 分类（Classification）：如支持向量机法（Support Vector Machine，SVM），逻辑回归（Logistic Regression）。
- ▼ 降维（Dimensional reduction）：如主成分分析法（Principal Component Analysis，PCA，即纯矩阵运算）。

前三个从字面就很好理解，那么为什么要降维呢？因为通常情况下，一个自变量 $x$ 就是一个维度，在机器学习中，特别是文本，动不动就几百万维，运算复杂度非常高。而且这几百万维度里，可能其中大部分都是冗余信息或者贡献度不大的信息。因此，为了运算效率，要舍弃其中一部分信息，我们需要从几百万维中找出包含 95% 信息的几百维信息。这就是降维问题。

如果按照学习方法，机器学习又可以分为如下几类：

- ▼ 监督学习（Supervised Learning，如深度学习）；
- ▼ 无监督学习（Un-supervised Learning，如聚类）；
- ▼ 半监督学习（Semi-supervised Learning）；
- ▼ 增强学习（Reinforced Learning）。

这里不从晦涩的定义上深入展开，举个例子或许更容易理解。

邮件分类的例子：邮件管理器中的垃圾邮件和非垃圾邮件的分类，就是一个典型的机器学习的分类问题。这是一个有监督的学习问题（Supervised Learning），所谓的有监督是指计算机是在你的监督（标记）下进行学习的。简单地说，新来一封邮件，你把他标记为垃圾邮件，计算机就学习该邮件里有什么内容才使得你将它标记为“垃圾”；相反，你标记为正常的邮件，计算机也会学习其中的内容和垃圾邮件有何不同，才导致你把它标记为“正常”。把这两个分类看成“0”和“1”的分类，即二分类问题（Binary Classification）。随着标记数据越来越多，计算机学到的模式也越来越多，新出现一封邮件被正确标记的概率也会越来越高。

当然分类可不止用于判别垃圾邮件，其他应用，例如银行欺诈交易的判别（商业智能范畴），识别一张图片是狗还是猫（著名的 ImageNet，把图片分成了 2 万多类）等都在此范畴。

监督学习描述的任务是，当给定输入 $x$，如何通过在标注了输入和输出的数据上训练模型而预测输出 $y$。从统计角度来说，监督学习主要关注如何估计条件概率 $P(y|x)$。在实际情景中，监督学习最为常用。例如，给定一位患者的基因序列，预测该患者是否得癌症；给定今天股票的数据，预测明天是涨还是跌；给定前面几周的天气情况，预测下周的天气。

通过对这些问题的归纳总结，可以整理出如下所示的监督学习任务的基本框架流程（见图 9-1）：

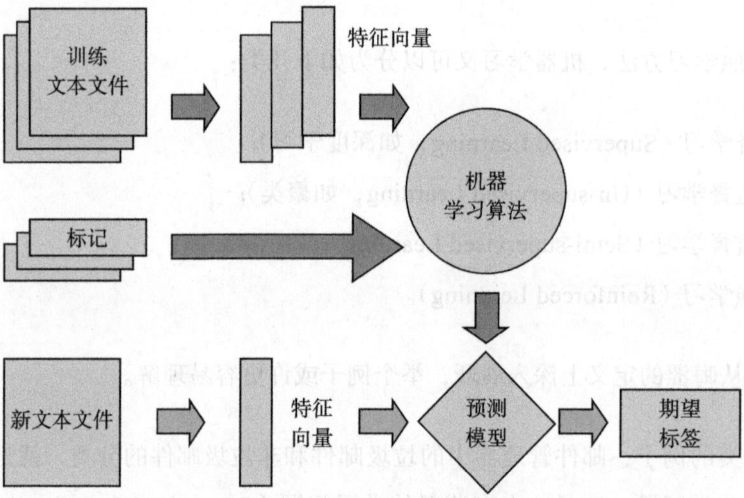


图 9-1　监督学习框架图

1）先准备训练数据，可以是文本、图像、音频、数字等，然后抽取所需要的特征，形成特征向量（Feature Vectors）；

2）把这些特征连同对应的标记（label）一起喂给学习算法，训练出一个预测模型（Predictive Model）；

3）采用同样的特征抽取方法作用于新测试数据，得到用于测试的特征向量；

4）使用预测模型对将来的数据进行预测。

除了分类问题以外，常用的还有回归预测。回归与分类的区别在于，预测的目标是连续的变量，比如股票价格、降雨量等。回归分析也许是监督学习里最简单的一类任务，在该类任务里，输入是任意离散或连续的、单一或多个的变量，而输出是连续的数值。例如我们可以在本月公司财报数据中抽取出若干特征，如营收总额、支出总额及是否有负面报道等，利用回归分析预测下个月该公司股票价格。如果我们把模型预测的输出值和真实的输出值之间的差别定义为残差，则常见的回归分析的损失函数包括训练数据的残差的平方和或者绝对值的和。机器学习的任务是找到一组模型参数使得损失函数最小化。由于回归在 NLP 中很少有应用，所以这里不会对回归做过多介绍，有兴趣的朋友可以自行阅读相关的书籍和论文。

无监督学习即在没有人工标记的情况下，计算机进行预测、分类等工作。

再来看一个例子——聚类（Clustering），无监督的学习。

如图 9-2 所示，事先没有对图中的点进行标记类别，左图在计算机看来，仅仅是 12 个点（$x$，$y$ 坐标），但是人眼可以判断出它大致可以分为三类（这时，123，321，132 代表的都是相同的聚类，顺序没有关系）。如何教计算机把数据归类呢？这就是聚类问题。其中最经典的算法叫 K-means。

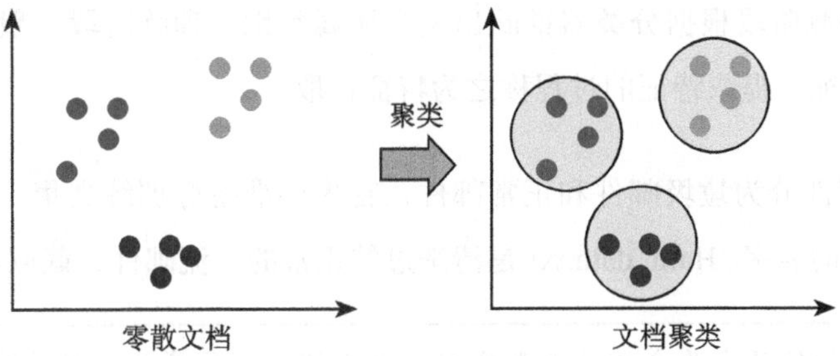


图 9-2　文本聚类

半监督介于两者之间，增强学习牵扯到更深的运筹、随机过程、博弈论基础，这里暂时不展开。

机器学习作为新创的学科或方法，被广泛应用于人工智能和数据科学等领域问题的求解。按照行业的说法，神经网络、深度学习、增强学习等模型都属于机器学习的范畴。

接下来我们详细介绍常用的几个方法。

## 9.2 几种常用的机器学习方法

### 9.2.1 文本分类

文本分类技术在NLP领域有着举足轻重的地位。文本分类是指在给定分类体系，根据文本内容自动确定文本类别的过程。20世纪90年代以来，文本分类已经出现了很多应用，比如信息检索、Web文档自动分类、数字图书馆、自动文摘、分类新闻、文本过滤、单词语义辨析、情感分析等。

最基础的分类是归到两个类别中，称为二分类（Binary Classification）问题，即是判断是非问题，例如垃圾邮件过滤，只需要确定“是”“否”是垃圾邮件。分到多个类别中的称为多分类问题，例如，把名字分类为法语名字、英语名字、西班牙语名字等。

分类过程主要分为两个阶段，训练阶段和预测阶段。训练阶段根据训练数据训练得到分类模型。预测阶段根据分类器推断出文本所属类别。训练阶段一般需要先分词，然后提取文本为特征，提取特征的过程称之为特征提取。

例如要把邮件分为垃圾邮件和正常邮件，首先要准备好训练文集，每个类别文件中包含一些该类别的名字。Ham_data.txt是清洗过的正常的交流邮件，截取其中的两个邮件：

```
本公司为软件开发为主的技术型公司，成员均为清华毕业。目前有比较多的软件开发项目。主要使用j2ee和C++。现想招聘有志之士，入职后由有经验的技术人员
```

进行培养，同时也作为公司的人才储备。要求如下：有计算机编程基础，要对 C 或 VB 或 Dephi 或 Java 等任意一种语言有编程基础，并且做过一些大作业或项目。热爱软件开发，热爱编程。

不死画像：奥斯卡王尔德的童话小说《多里安格雷的画像》，海德。史蒂文森《化身博士》，鹦鹉螺号是凡尔纳《海底两万里》，隐身人不知是不是参照威尔斯的，这个题材太多了。哈克夫人等其他人不知道。小恩康纳利的角色好像是新编的，哈克夫人不知道是范海辛什么人，海德好像常在电影里出现，隐身人应该也是一部小说里的，船长好像是凡尔纳小说里的，那个不死的画像人不知道什么典故，美国特工应该是新加的。

挑出两个垃圾邮件：

有情之人，天天是节。一句寒暖，一线相喧；一句叮咛，一笺相传；一份相思，一心相盼；一份爱意，一生相恋。搜寻 201:::http://201.****.com 在此祝大家七夕情人快乐！搜寻 201 友情提示 :::2005 年七夕情人节：8 月 11 日——别忘了给她（他）送祝福哦！

我司是一家实业贸易定税企业；有余额票向外开费用相对较低，此操作方式可以为贵公司（工厂）节约部分税金。公司本着互利互惠的原则，真诚期待你的来电 !!! 联系：王 * 生 TEL：——135****6061

对于每条邮件，就是一个实体（instance），训练文本可以通过手工整理或者网络爬虫抽取一些打好标签的信息。

常见的分类器有逻辑回归（Logistic Regression，LR。名义上虽然是回归，其实是分类）支持向量机（Support Vector Machines，SVM）、K 近邻居（K-Nearest Neighbor，KNN）、决策树（Decision Tree，DT）、神经网络（Neural Network，NN）等。可以根据场景选择合适的文本分类器。例如，如果特征数量很多，跟样本数量差不多，这时选择 LR 或者线性的 SVM。如果特征数量比较少，样本数量一般，不大也不小，选择 SVM 的高斯核函数版本。如果数据量非常大，又非线性，可以使用决策树的升级版本——随机森林。在 Kaggle 竞赛中随机森林被大规模应用，取得了非常不错的成绩，当数据达到巨量时，特征向量也非常大，则需要使用神经网络拓展到现在的深度学习模型。

交叉验证是用来验证分类器性能的一种统计方法。基本思想是在训练集的基础上将其分为训练集和验证集，循环往复，提升性能。

一般来说文本分类大致分为如下几个步骤：

1）定义阶段：定义数据以及分类体系，具体分为哪些类别，需要哪些数据。

2）数据预处理：对文档做分词、去停用词等准备工作。

3）数据提取特征：对文档矩阵进行降维，提取训练集中最有用的特征。

4）模型训练阶段：选择具体的分类模型以及算法，训练出文本分类器。

5）评测阶段：在测试集上测试并评价分类器的性能。

6）应用阶段：应用性能最高的分类模型对待分类文档进行分类。

现在我们从第 3 个阶段开始讲起，并且会逐步进行深入。

## 9.2.2　特征提取

在使用分类器之前，需要对文本提取特征，而一般来说，提取特征有几种经典的方法：

- ▼ Bag-of-words：最原始的特征集，一个单词 / 分词就是一个特征。往往一个数据集就会有上万个特征；有一些简单的指标可以帮助筛选掉一些对分类没帮助的词语，例如去停词、计算互信息熵等。但不管怎么训练，特征维度都很大，每个特征的信息量太小。
- ▼ 统计特征：包括 Term frequency（TF）、Inverse document frequency（IDF），以及

合并起来的 TF-IDF。这种语言模型主要是用词汇的统计特征来作为特征集，每个特征都能够说得出物理意义，看起来会比 bag-of-words 效果好，但实际效果也差不多。

▼ N-Gram：一种考虑了词汇顺序的模型，就是 *N* 阶 Markov 链，每个样本转移成转移概率矩阵，也能取得不错的效果。

### 9.2.3 标注

事实上，有一些看似分类的问题在实际中却难以归于分类。例如，把图 9-3 所示的小女孩与狗这张图无论分类成人还是狗看上去都有些问题。

图 9-3　小女孩与狗

正如你所见，上图里既有人又有狗。其实还不止这些，里面还有草啊、书包啊、树啊等。与其将上图仅仅分类为其中一类，倒不如把这张图里面我们所关心的类别都标注出来。比如，给定一张图片，我们希望知道里面是否有人、是否有狗、是否有草等。给定一个输入，输出不定量的类别，这个就叫作标注任务。

这类任务有时候也叫做多标签分类。想象一下，人们可能会把多个标签同时标注在自己的某篇技术类博客文章上，例如“机器学习”“AI”“Python”“分布式”“深度学习”和“NLP”。这里面的标签其实有时候相互关联，比如“机器学习”和“深度学习”。当一篇文章可能被标注的数量很大时，人力标注就显得很吃力。这时候就需要使用机器学习。

### 9.2.4 搜索与排序

在这个数据爆炸的时代，在大量数据的场景下，如何用算法帮助人们从这些无序的信息中找到人们需要的信息就成为一个刚需。搜索与排序关注的问题更多的是如何对一堆对象排序。例如在信息检索领域，我们常常关注如何把海量的文档按照与检索条目的相关性进行排序。在互联网时代，由于谷歌和百度等搜索引擎的流行，我们更加关注如何对网页进行排序。互联网时代早期，谷歌研发出一个著名的网页排序算法——PageRank。该算法的排序结果并不取决于特定的用户检索条目，这些排序结果可以更好地为所包含的检索条目的网页进行排序。

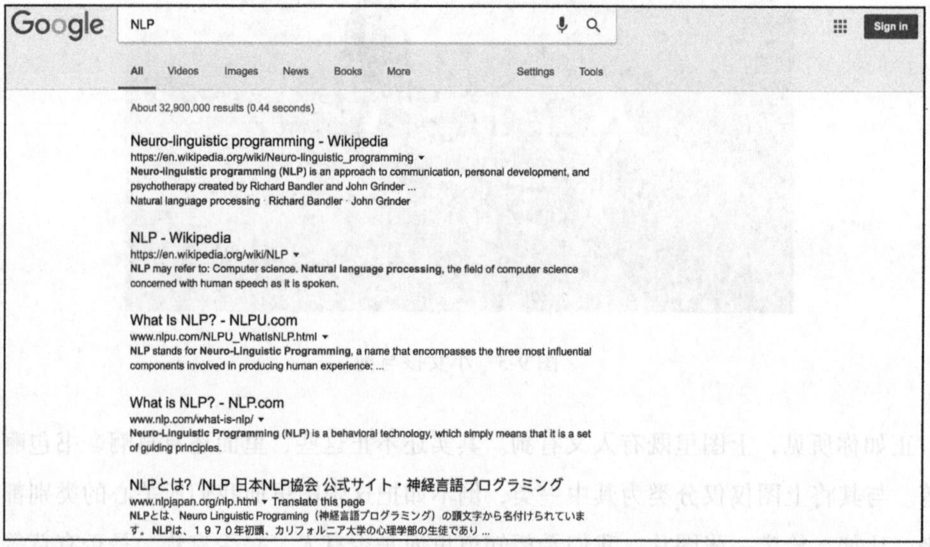


图 9-4　检索页面

### 9.2.5 推荐系统

推荐系统和搜索排序关系紧密，并且被广泛应用于电子商务、搜索引擎、新闻门户等。推荐系统的主要目标是把用户可能感兴趣的东西推荐给用户。推荐算法用到的信息种类非常多，例如用户的自我描述、过往的购物习惯，以及对过往推荐的反馈等。图 9-5 所示是淘宝的推荐（最近买过油和电子产品）。

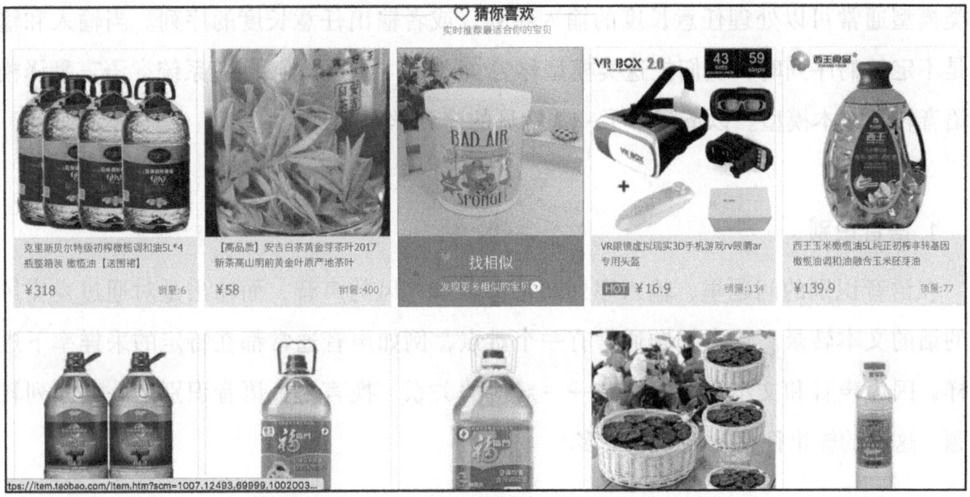


图 9-5　推荐系统

平时搜索的提示框也是很好的例子，如图 9-6 所示。

图 9-6　搜索提示框

## 9.2.6 序列学习

序列学习是一类近来备受关注的机器学习问题。在这类问题中，需要考虑顺序问题，输入和输出的长度不固定（例如翻译，输入的英文和翻译出来的中文长度都是不固定的）。这类模型通常可以处理任意长度的输入序列，或者输出任意长度的序列。当输入和输出都是不定长的序列时，我们把这类模型称为 seq2seq，例如 QA 问答系统、语言翻译模型和语音转录文本模型。以下列举了一些常见的序列学习案例。

### 1. 语音识别

在语音识别的问题里，输入序列通常都是麦克风的声音，而输出是对通过麦克风所说的话的文本转录。这类问题通常有一个难点，例如声音通常都在特定的采样率下进行采样，因为声音和文本之间不存在一一对应的关系。换言之，语音识别是一类序列转换问题。这里的输出往往比输入短很多。

### 2. 文本转语音

这是语音识别问题的逆问题。这里的输入是一个文本序列，而输出才是声音序列。因此，这类问题的输出比输入长。

### 3. 机器翻译

机器翻译的目标是把一段话从一种语言翻译成另一种语言，例如把中文翻译成英语。目前，机器翻译技术已经很成熟，例如国内的科大讯飞以及百度语音在中文翻译领域都有不错的成绩，不过有的时候也会出现一些尴尬的翻译结果。

机器翻译的复杂程度是非常高的，同一个词在两种不同语言下有时候是多对多的关系。另外，符合语法或者语言习惯的语序调整也令问题更加复杂。

梳理完了大致的算法方向，接下来让我们先从最简单的分类算法——朴素贝叶斯方法入手。

## 9.3 分类器方法

### 9.3.1 朴素贝叶斯 Naïve Bayesian

朴素贝叶斯方法是基于贝叶斯定理与特征条件独立假设的分类方法，对于给定的训练集合，首先基于特征条件独立（所以叫朴素版的贝叶斯）学习输入、输出的联合概率分布；然后基于此模型，对给定的输入 $x$，利用贝叶斯定理求出后验概率最大的输出 $y$。朴素贝叶斯方法简单，学习与预测的效率都很高，是常用的方法。读者需要重点掌握。

基本方法如下：

设输入空间 $X \subseteq R_n$ 为 $n$ 维向量的集合，输出空间为类标记集合 $Y=\{c_1, c_2, \cdots, c_k\}$. 输入为特征向量，输出为类的标记，训练集合为：

$$T=\{(x_1, y_1), (x_2, y_2), \cdots (x_N, y_N)\} \tag{9.1}$$

假设 $P(X, Y)$ 独立分布。

朴素贝叶斯通过训练集合学习联合概率分布 $P(X, Y)$。一个实例的联合概率 $P(X, Y)$ 计算有两种方式：

$$P(X,Y)=P(X|Y)\cdot P(Y) = P(Y|X)\cdot P(X) \tag{9.2}$$

根据上面的等式得到贝叶斯理论的一般形式：

$$P\left(Y=c_k \mid X=x\right)=\frac{P\left(X=x \mid Y=c_k\right)P\left(Y=c_k\right)}{\sum_k P\left(X=x \mid Y=c_k\right)P\left(Y=c_k\right)} \tag{9.3}$$

这是朴素贝叶斯分类的基本方法。于是，朴素贝叶斯可以表示为：

$$y=f(x)=\arg\max_{c_k}\frac{P\left(Y=c_k\right)\Pi_j P\left(X^{(j)}=x^{(j)} \mid Y=c_k\right)}{\sum_k P\left(Y=c_k\right)\Pi_j P\left(X^{(j)}=x^{(j)} \mid Y=c_k\right)} \tag{9.4}$$

为了简化计算，我们将相同的分母去掉；则：

$$y=\arg\max_{c_k} P\left(Y=c_k\right)\Pi_j P\left(X^{(j)}=x^{(j)} \mid Y=c_k\right) \tag{9.5}$$

## 9.3.2　逻辑回归

逻辑回归（logistic regression）是统计机器学习中的经典方法，虽然简单，但是由于其模型复杂度低，不容易过拟合，计算复杂度小，所以在工业界被大规模应用逻辑斯蒂函数如图 9-7 所示。

$$h_\theta(x)=\frac{1}{1+e^{-\theta Tx}}, P\left(Y=1 \mid X;\theta\right)=h_\theta(x), P\left(Y=0 \mid x;\theta\right)=1-h_\theta(x) \tag{9.6}$$

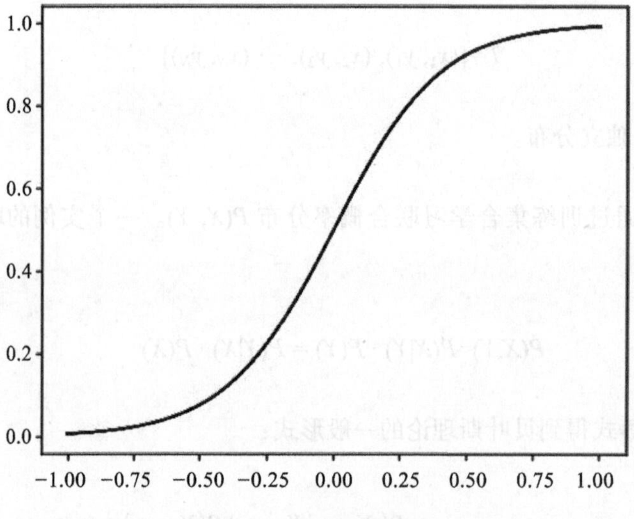


图 9-7　逻辑斯蒂函数

对于给定数据集 $T=\{(x_1, y_1),(x_1, y_1), \cdots, (x_N, y_N)\}$，应用极大似然估计法估计模型参数：

$$L(\theta)=p\left(y \mid X;\theta\right)=\prod_{i=1}^{N} p\left(y^{(i)} \mid x^{(i)};\theta\right)=\prod_{i=1}^{N}\left(h_\theta\left(x^{(i)}\right)\right)y^{(i)}\left(1-\left(h_\theta\left(x^{(i)}\right)\right)1-y^{(i)}\right. \tag{9.7}$$

从而得到：

$$l(\theta)=\log L(\theta)=\sum_{i=1}^{N} y^{(i)}\log h\left(x^{i}\right)+\left(1-y^{i}\right)\log\left(1-h\left(x^{i}\right)\right) \tag{9.8}$$

有

$$\frac{\partial}{\partial \theta j} l(\theta)=\left(y-h_{\theta}(x)\right)x_{j} \tag{9.9}$$

最终得到更新参数的式子，其中 $\alpha$ 是学习速率：

$$\theta_{j}=\theta_{j}+\alpha\left(y^{(i)}-h_{\theta}\left(x^{(i)}\right)\right)x_{j}^{(i)} \tag{9.10}$$

逻辑回归有很多优点，比如实现简单、分类时计算量小、速度快、存储资源低等；缺点也是明显的，比如容易过拟合、准确度欠佳等。

### 9.3.3　支持向量机

通俗地说，支持向量机（SVM）的最终目的是在特征空间中寻找到一个尽可能将两个数据集合分开的超级平面（hyper-plane）。之所以名字里面加上了前缀“超级”，是因为我们的数据特征空间很有可能是高维度空间（现实世界的数据可能有上百维度，甚至有上千维度），而且我们希望这个超级平面能够尽可能大地将两类数据分开，如图 9-8 所示。

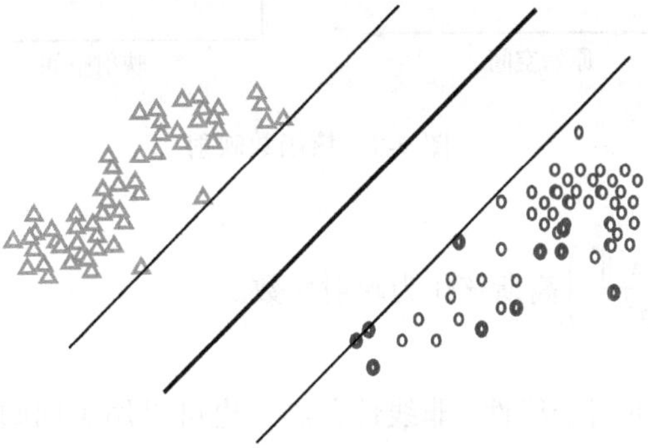

图 9-8　机器向量机最大间隔模型

为了方便起见，我们直接推出优化方程：

$$\min_{w,b}\frac{1}{2}w^{\mathrm{T}}w \tag{9.11}$$

$$s.t.y_i\left(w^{\mathrm{T}}.x_i+b\right)\geqslant 1,i=1,2\ldots n \tag{9.12}$$

通过拉格朗日法以及求导之后，原有的方程可以转化为如下的对偶问题：

$$\min\frac{1}{2}\sum_{i=1}^{n}\sum_{j=1}^{n}y_iy_j\left(x_i\cdot x_j\right)\alpha_i\alpha_j-\sum_{j=1}^{n}\alpha_j \tag{9.13}$$

$$s.t.\sum_{i=1}^{n}y_ia_i=0,0\leqslant a_i\leqslant C,i=1,\ldots,n \tag{9.14}$$

其中 $\alpha_i\in R^m$ 为拉格朗日乘子，而 $C$ 为惩罚因子。

上面的方法只能解决线性可分的问题，遇到线性不可分的问题，需要引入核函数，将问题转化到高维空间中，如图 9-9 所示。

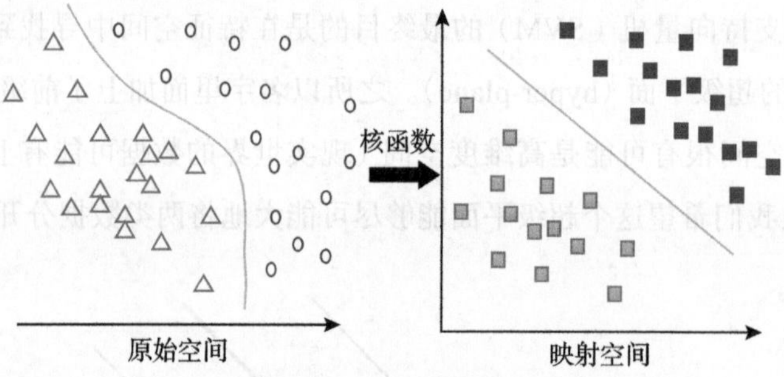


图 9-9　核函数映射

一般选用 $\mathrm{e}\left(-\frac{\|x-x'\|^2}{2\sigma^2}\right)$ 高斯核作为映射函数。

SVM 算法优点：可用于线性 / 非线性分类，也可以用于回归；低泛化误差；推导过程优美，容易解释；计算复杂度较低。

缺点：对参数和核函数的选择比较敏感；原始的 SVM 只擅长处理二分类问题。

## 9.4 无监督学习的文本聚类

无监督学习（Unsupervised Learning）希望能够发现数据本身的规律和模式，与监督学习相比，无监督学习不需要对数据进行标记。这样可以节约大量的人力、物力，也可以让数据的获取变得非常容易。某种程度上说，机器学习的终极目标就是无监督学习。类似人类刚出生一样，什么都是空白，但是可以通过无监督学习，慢慢积累出知识和有标的数据。从功能上看，无监督学习可以帮助我们发现数据的“簇”，同时也可以帮助我们找寻“离群点”（outlier）；此外，对于特征维度特别高的数据样本，我们同样可以通过无监督学习对数据进行降维，保留数据的主要特征，这样对高维空间的数据也可以进行处理。

下面我们简要介绍一些常见的非监督学习任务。

- 聚类问题通常研究如何把一堆数据点分成若干类，从而使得同类数据点相似而非同类数据点不似。根据实际问题，我们需要定义相似性。
- 子空间估计问题通常研究如何将原始数据向量在更低维度下表示。理想情况下，子空间的表示要具有代表性从而才能与原始数据接近。一个常用方法叫做主成分分析。
- 表征学习希望在欧几里得空间中找到原始对象的表示方式，从而能在欧几里得空间里表示出原始对象的符号性质。例如我们希望找到城市的向量表示，从而使得我们可以进行这样的向量运算：首都 + 美国 = 华盛顿，这个在后续的深度学习当中会提到。
- 生成对抗网络是最近很火的一个领域。这里描述数据的生成过程，并检查真实数据与生成的数据是否统计上相似，这个跟 NLP 相关性不大，更多是应用到图像领域，所以这里不会详细介绍，有兴趣的读者可以去看相关的论文和博客。

接下来将详细介绍在 NLP 领域大量使用的聚类。

聚类试图将数据集中的样本划分为若干个通常是不相交的子集，每个子集称为一个“簇”（cluster）。通过这样的划分，每个簇可能对应于一些潜在的类别。这些概念对聚类算法而言事先是未知的，聚类过程仅能自动形成簇结构，簇所对应的含义需要由使用者来把握和命名。聚类常用于寻找数据内在的分布结构，也可作为分类等其他学习任务的前驱过程。

例如，在一些商业应用中需要对用户类型进行判别，但事先没有定义好的“用户类型”，可以先对用户数据进行聚类，根据聚类结果将每个簇定义为一个类，然后基于这些类训练分类模型，用于判别新用户的类型。

在NLP领域，一个很重要的应用方向是文本聚类，文本聚类有很多种算法，例如K-means、DBScan、BIRCH、CURE等。这里我们着重介绍最经典的K-means算法。K-means算法是一种非监督学习的算法，它解决的是聚类问题。将一些数据通过无监督的方式，自动化聚集出一些簇。文本聚类存在大量的使用场景，比如数据挖掘、信息检索、主题检测、文本概括等。

文本聚类对文档集合进行划分，使得同类别的文档聚合到一起，不同类别的文档相似度比较小。文本聚类不需要预先对文档进行标记，具有高度的自动化能力。

算法接收参数 $k$，然后将事先输入的 $n$ 个数据对象划分为 $k$ 个聚类以便使得所获得的聚类满足聚类中的对象相似度较高，而不同聚类中的对象相似度较小。

算法思想：以空间中 $k$ 个点为中心进行聚类，对最靠近他们的对象归类，通过迭代的方法，逐次更新各聚类中心的值，直到得到最好的聚类结果。聚类图像见图9-10。

算法描述：

1）适当选择 $c$ 个类的初始中心。

2）在第 $k$ 次迭代中，对任意一个样本求其到 $c$ 个中心的距离，将该样本归到距离最短的那个中心所在的类。

3）利用均值等方法更新该类的中心值。

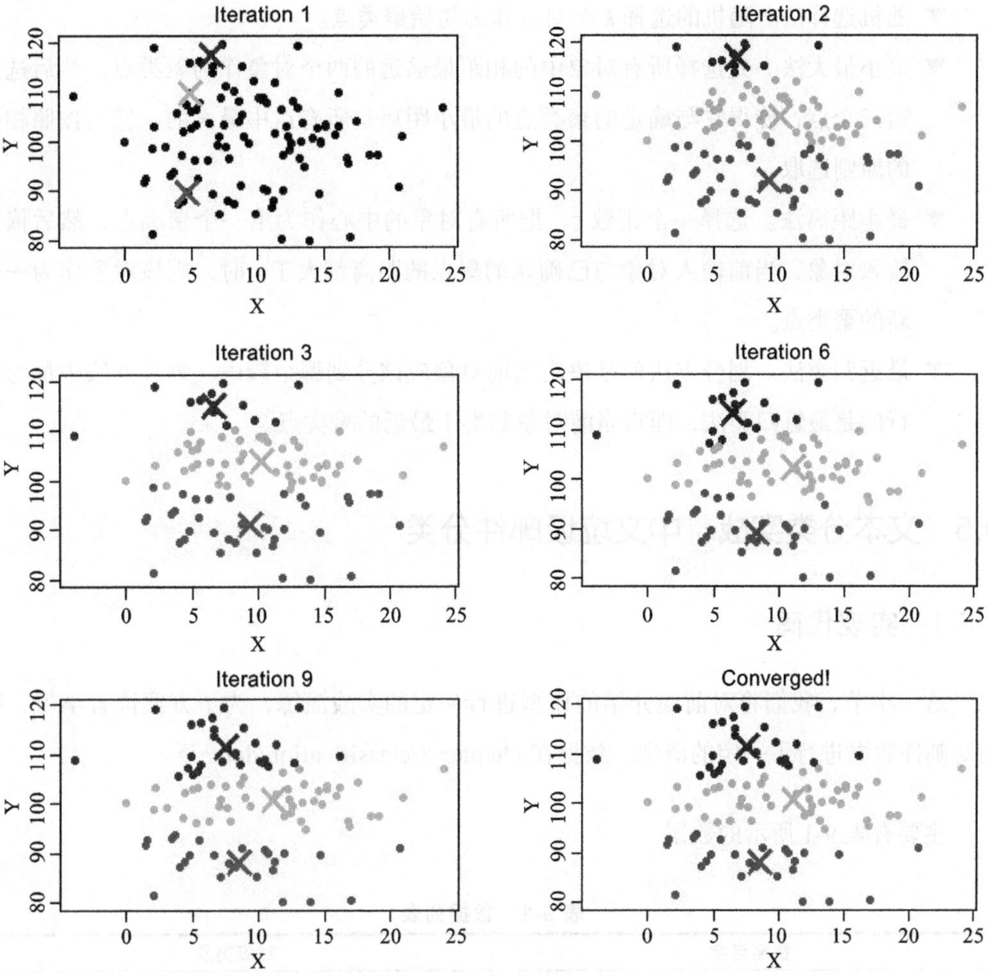


图 9-10 聚类图像

4）对于所有的 $c$ 个聚类中心，如果利用上述 2）和 3）的迭代法更新后，值保持不变，则迭代结束；否则继续迭代。

初始的聚类点对后续的最终划分有非常大的影响，选择合适的初始点，可以加快算法的收敛速度和增强类之间的区分度。

选择初始聚类点的方法有如下几种：

▼ 随机选择法。随机的选择 $k$ 个对象作为初始聚类点。
▼ 最小最大法。先选择所有对象中的相距最遥远的两个对象作为聚类点。然后选择第三个点，使得它与确定的聚类点的最小距离是所有点中最大的，然后按照相同的原则选取。
▼ 最小距离法。选择一个正数 $r$，把所有对象的中心作为第一个聚类点，然后依次输入对象，当前输入对象与已确认的聚点的距离都大于 $r$ 时，则该对象作为一个新的聚类点。
▼ 最近归类法。划分方法就是决定当前对象应该分到哪个簇中。划分方法中最为流行的是最近归类法，即将当前对象归类于最近的聚类点。

## 9.5 文本分类实战：中文垃圾邮件分类

### 9.5.1 实现代码

这一小节，我们将对前面介绍的模型进行一定的实战演练，为了方便读者学习，我们对邮件数据进行了一定的清洗。数据在 chapter-8/classification/data/ 下。

主要有表 9-1 所示的数据。

表 9-1 数据列表

| 数据名字 | 对应类别 |
|---|---|
| ham_data.txt | 正常邮件 |
| Spam_data.txt | 垃圾邮件 |

其中每行代表着一个邮件，这在上面已经提到。

第一阶段，数据提取

```
def get_data():
    '''
    获取数据
    :return: 文本数据，对应的 labels
    '''
    with open("data/ham_data.txt", encoding="utf8") as ham_f, open("data/spam_
```

```
data.txt", encoding="utf8") as spam_f:
            ham_data = ham_f.readlines()
            spam_data = spam_f.readlines()
            ham_label = np.ones(len(ham_data)).tolist()
            spam_label = np.zeros(len(spam_data)).tolist()
            corpus = ham_data + spam_data
            labels = ham_label + spam_label
        return corpus, labels

    def prepare_datasets(corpus, labels, test_data_proportion=0.3):
        '''
        :param corpus: 文本数据
        :param labels: label 数据
        :param test_data_proportion:测试数据占比
        :return: 训练数据，测试数据，训练 label，测试 label
        '''
        train_X, test_X, train_Y, test_Y = train_test_split(corpus, labels,
                                                                test_size=test_
data_proportion, random_state=42)
        return train_X, test_X, train_Y, test_Y
```

其中 get_data 函数用于将数据载入，prepare_datasets 函数用于将数据分为训练集和测试集合。

添加主函数：

```
        def main():
        corpus, labels = get_data()  # 获取数据集

        print("总的数据量:", len(labels))

        corpus, labels = remove_empty_docs(corpus, labels)

        print('样本之一:', corpus[10])
        print('样本的 label:', labels[10])
        label_name_map = ["垃圾邮件", "正常邮件"]
          print('实 际:', label_name_map[int(labels[10])],label_name_
map[int(labels[5900])])

        # 对数据进行划分
          train_corpus, test_corpus, train_labels, test_labels = prepare_
datasets(corpus,
                                                                    labels,
                                                                test_data_
proportion=0.3)
```

执行结果：

总的数据量：10001

样本之一：有的售票员会喊着腿脚好的给老弱病残让座，有的司机也会要求乘客那样做。

样本的label：1.0

实际类型：正常邮件 垃圾邮件

对数据进行归整化和预处理：

```
    # 进行归整化
    from normalization import normalize_corpus
norm_train_corpus = normalize_corpus(train_corpus)
norm_test_corpus = normalize_corpus(test_corpus)
    ''.strip()
```

其中normalization在文件normalization.py中：

```
    """

@author: liushuchun
"""
import re
import string
import jieba

# 加载停用词
with open("dict/stop_words.utf8", encoding="utf8") as f:
    stopword_list = f.readlines()


def tokenize_text(text):
    tokens = jieba.cut(text)
    tokens = [token.strip() for token in tokens]
    return tokens

# 去除特殊符号
```

```
def remove_special_characters(text):
    tokens = tokenize_text(text)
    pattern = re.compile('[{}]'.format(re.escape(string.punctuation)))
    filtered_tokens = filter(None, [pattern.sub('', token) for token in tokens])
    filtered_text = ' '.join(filtered_tokens)
    return filtered_text


# 去除停用词
def remove_stopwords(text):
    tokens = tokenize_text(text)
    filtered_tokens = [token for token in tokens if token not in stopword_list]
    filtered_text = ''.join(filtered_tokens)
    return filtered_text


def normalize_corpus(corpus, tokenize=False):
    normalized_corpus = []
    for text in corpus:
        text = remove_special_characters(text)
        text = remove_stopwords(text)
        normalized_corpus.append(text)
        if tokenize:
            text = tokenize_text(text)
            normalized_corpus.append(text)

    return normalized_corpus
```

当tokenize=True，会对文本进行分词，除此之外还对文本进行了去特殊符号、停用词等预处理。

提取特征：

```
    from feature_extractors import bow_extractor, tfidf_extractor
import gensim
import jieba

    # 词袋模型特征
bow_vectorizer, bow_train_features = bow_extractor(norm_train_corpus)
bow_test_features = bow_vectorizer.transform(norm_test_corpus)
```

```
# tfidf 特征
tfidf_vectorizer, tfidf_train_features = tfidf_extractor(norm_train_corpus)
tfidf_test_features = tfidf_vectorizer.transform(norm_test_corpus)

# tokenize documents
tokenized_train = [jieba.lcut(text)
                   for text in norm_train_corpus]
print(tokenized_train[2:10])
tokenized_test = [jieba.lcut(text)
                  for text in norm_test_corpus]
```

两种流行的方式提取特征，一种是词袋模型，还有一种是 tfidf 特征，方便后续比较与分类。

其中 bow_extractor 和 tfidf_extractor 两个函数在 feature_extractors.py 文件中：

```
"""
@author: liushuchun
"""

from sklearn.feature_extraction.text import CountVectorizer

def bow_extractor(corpus, ngram_range=(1, 1)):
    vectorizer = CountVectorizer(min_df=1, ngram_range=ngram_range)
    features = vectorizer.fit_transform(corpus)
    return vectorizer, features

from sklearn.feature_extraction.text import TfidfTransformer

def tfidf_transformer(bow_matrix):
    transformer = TfidfTransformer(norm='l2',
                                   smooth_idf=True,
                                   use_idf=True)
    tfidf_matrix = transformer.fit_transform(bow_matrix)
    return transformer, tfidf_matrix

from sklearn.feature_extraction.text import TfidfVectorizer

def tfidf_extractor(corpus, ngram_range=(1, 1)):
    vectorizer = TfidfVectorizer(min_df=1,
                                 norm='l2',
                                 smooth_idf=True,
```

```
                                  use_idf=True,
                                  ngram_range=ngram_range)
    features = vectorizer.fit_transform(corpus)
    return vectorizer, features
```

训练分类器：

```
    from sklearn.naive_bayes import MultinomialNB
from sklearn.linear_model import SGDClassifier
from sklearn.linear_model import LogisticRegression
mnb = MultinomialNB()
svm = SGDClassifier(loss='hinge', n_iter=100)
lr = LogisticRegression()

# 基于词袋模型的多项朴素贝叶斯
print("基于词袋模型特征的贝叶斯分类器")
mnb_bow_predictions = train_predict_evaluate_model(classifier=mnb,
                                        train_features=bow_train_features,
                                        train_labels=train_labels,
                                        test_features=bow_test_features,
                                        test_labels=test_labels)

# 基于词袋模型特征的逻辑回归
print("基于词袋模型特征的逻辑回归")
lr_bow_predictions = train_predict_evaluate_model(classifier=lr,
                                                  train_features=bow_train_
features,
                                             train_labels=train_labels,
                                                    test_features=bow_test_
features,
                                             test_labels=test_labels)

# 基于词袋模型的支持向量机方法
print("基于词袋模型的支持向量机")
svm_bow_predictions = train_predict_evaluate_model(classifier=svm,
                                                  train_features=bow_train_
features,
                                             train_labels=train_labels,
                                                    test_features=bow_test_
features,
                                             test_labels=test_labels)


# 基于tfidf的多项式朴素贝叶斯模型
```

```
    print("基于tfidf的贝叶斯模型")
    mnb_tfidf_predictions = train_predict_evaluate_model(classifier=mnb,
                                                          train_features=tfidf_
train_features,
                                                      train_labels=train_labels,
                                                       test_features=tfidf_test_
features,
                                                      test_labels=test_labels)
    # 基于tfidf的逻辑回归模型
        print("基于tfidf的逻辑回归模型")
    lr_tfidf_predictions=train_predict_evaluate_model(classifier=lr,
                                                          train_features=tfidf_
train_features,
                                                      train_labels=train_labels,
                                                       test_features=tfidf_test_
features,
                                                      test_labels=test_labels)

    # 基于tfidf的支持向量机模型
    print("基于tfidf的支持向量机模型")
    svm_tfidf_predictions = train_predict_evaluate_model(classifier=svm,
                                                          train_features=tfidf_
train_features,
                                                      train_labels=train_labels,
                                                       test_features=tfidf_test_
features,
                                                      test_labels=test_labels)
```

首先声明了mnb、svm、lr三个不同种类的分类器，然后传入train_predict_evaluate_model函数中，这个函数的实现如下：

```
def train_predict_evaluate_model(classifier,
                                 train_features, train_labels,
                                 test_features, test_labels):
    # build model
    classifier.fit(train_features, train_labels)
    # 用模型预测
    predictions = classifier.predict(test_features)
    # 评估
    get_metrics(true_labels=test_labels,
            predicted_labels=predictions)
    return predictions
```

训练结果如下：

基于词袋模型特征的贝叶斯分类器

```
准确率：0.79
精度：0.85
召回率：0.79
F1 得分：0.78
基于词袋模型特征的逻辑回归
准确率：0.96
精度：0.96
召回率：0.96
F1 得分：0.96
基于词袋模型的支持向量机
准确率：0.97
精度：0.97
召回率：0.97
F1 得分：0.97
基于 tfidf 的贝叶斯模型
准确率：0.79
精度：0.85
召回率：0.79
F1 得分：0.78
基于 tfidf 的逻辑回归
准确率：0.94
精度：0.94
召回率：0.94
F1 得分：0.94
基于 tfidf 的支持向量机模型
准确率：0.97
精度：0.97
召回率：0.97
F1 得分：0.97
```

## 9.5.2 评价指标

准确率和召回率是检索（IR）系统中的概念，也可用来评价分类器性能，如图 9-11 所示。

| | True | False |
|---|---|---|
| Positive | A | B |
| Negative | C | D |

图 9-11　准确率和召回率

- ▼ 准确率（P，Precision）：$A/(A+B)$，在所有被判断为正确的文档中，有多大比例是正确的。
- ▼ 召回率（R，Recall）：$A/(A+C)$，在所有正确的文档中，有多大比例被我们判为正确。
- ▼ F1 测度（F-measure）：$2PR/(P+R)$，既衡量准确率，又衡量召回率。

准确率和召回率是互相影响的，理想情况下肯定是做到两者都高，但是一般情况下准确率高、召回率就低；召回率低、准确率高。当然如果两者都低，那肯定是出问题了。

其他一些指标：

- ▼ 漏报率（miss rate）=1−recall。
- ▼ 准确度（accurarcy）= $(A+D)/(A+B+C+D)$。
- ▼ 错误率（error）= $(B+C)/(A+B+C+D)$ =1−accurarcy。
- ▼ 虚报率（fallout）=$B/(B+D)$ = false alarm rate。
- ▼ F= $(\beta^2+1)$ PR/ $(\beta^2+R)$。
- ▼ BEP，Break Event Point，where P=R。
- ▼ AUC。

观察训练结果，可以看出，朴素贝叶斯、逻辑回归、支持向量机算法的准确率是依次上升的，其中支持向量机的精度最好。而词袋模型和 tf-idf 的差别不大。

最后让我们显示部分正确归类和部分错分的邮件：

```
import re

num = 0
for document, label, predicted_label in zip(test_corpus, test_labels, svm_
tfidf_predictions):
    if label == 0 and predicted_label == 0:
        print('邮件类型 :', label_name_map[int(label)])
        print('预测的邮件类型 :', label_name_map[int(predicted_label)])
        print('文本 :-')
        print(re.sub('\n', ' ', document))
```

```
        num += 1
        if num == 4:
            break

num = 0
for document, label, predicted_label in zip(test_corpus, test_labels, svm_
tfidf_predictions):
    if label == 1 and predicted_label == 0:
        print('邮件类型:', label_name_map[int(label)])
        print('预测的邮件类型:', label_name_map[int(predicted_label)])
        print('文本:-')
        print(re.sub('\n', ' ', document))

        num += 1
        if num == 4:
            break
```

结果显示：

```
邮件类型：垃圾邮件
预测的邮件类型：垃圾邮件
文本：-
****科技有限公司推出新产品：升职步步高、做生意发大财，详情进入网址：http://www.****.com/
ccc 电话：020-3377**** 服务热线：01365085****
邮件类型：垃圾邮件
预测的邮件类型：垃圾邮件
文本：-
您好！我公司有多余的发票可以向外代开！（国税、地税、运输、广告、海关缴款书）。如果贵公司（厂）
有需要请来电洽谈、咨询！联系电话：xxx-xxxxxxxx 陈先生 谢谢 顺祝商祺！
邮件类型：垃圾邮件
预测的邮件类型：垃圾邮件
文本：-
如果您在信箱中不能正常阅读此邮件，请点击这里
邮件类型：垃圾邮件
预测的邮件类型：垃圾邮件
文本：-
以下不能正确显示请点此 IFRAME：http：//****.com/viewthread.php？ tid=3790…
文本：-
公司：集制作，创作以及宣传为一体的音乐制作文化发展公司拥有录音棚，主要制作唱片，也涉及电影、电
视剧、广告等音乐制作及创作职位：经理助理（说文秘也行）要求：女 22 ～ 25 聪明本分有一定的协调和办事能
力长相过得去工作业务范围：平时管理公司文件接待、电话、上网负责安排歌手及制作人的工作下达待遇：试用
期月薪 1000 转正 1500 ～ 2000，另有提成公司地址：北京市朝阳区 **** 电话留了会被封么？先信箱联系吧
邮件类型：正常邮件
```

预测的邮件类型：垃圾邮件

文本：-

现已确定2006年度不会进行研究生培养机制改革试点，我校研究生招生类别、培养费用等相关政策仍按现行规定执行，即我校绝大多数研究生属于国家计划内非定向培养生和定向培养生，培养费由国家财政拨款。少数研究生（主要是除临床医学以外的专业学位硕士生）属于委托培养生（培养费由选送单位支付）或自筹经费培养生（培养费由考生本人自筹），其交纳培养费的标准详见我校财务处（网址：http://10.****.99）的公示(2005.9.8)。

……

## 9.6 文本聚类实战：用K-means对豆瓣读书数据聚类

首先执行

```
python3 douban_spider.py
```

爬取豆瓣读书数据，主要收集了书的名字、类别、简介。

```
import pandas as pd
import numpy as np

book_data = pd.read_csv('data/data.csv') #读取文件
print(book_data.head())
book_titles = book_data['title'].tolist()
book_content = book_data['content'].tolist()
print('书名:', book_titles[0])
print('内容:', book_content[0][:10])
from normalization import normalize_corpus
# normalize corpus
norm_book_content = normalize_corpus(book_content)
```

其中normalize_corpus函数和上节课类似，这几个步骤主要是数据的载入和分词。

```
title        tag                                    info  \
0    解忧杂货店    豆瓣图书标签：小说        [日] 东野圭吾 / 李盈春 / 南海出版公司 /
2014-5 / 39.50元
1    巨人的陨落    豆瓣图书标签：小说    [英] 肯·福莱特 / 于大卫 / 江苏凤凰文艺出版社
/ 2016-5-1 / 129.80元
2    我的前半生    豆瓣图书标签：小说                亦舒 / 新世界出版社 / 2007-8 / 22.00
元
3    百年孤独    豆瓣图书标签：小说    [哥伦比亚] 加西亚·马尔克斯 / 范晔 / 南海出版公
司 / 2011-6 / 39.50元
4    追风筝的人  豆瓣图书标签：小说    [美] 卡勒德·胡赛尼 / 李继宏 / 上海人民出版社 /
2006-5 / 29.00元
```

```
    comments                                                content
    0      (225675 人评价)    现代人内心流失的东西，这家杂货店能帮你找回——\r\n 僻静的街道旁有
一家杂货店，只要写下烦恼 ...
    1      (22536 人评价)     在第一次世界大战的硝烟中，每一个迈向死亡的生命都在热烈地生长——威
尔士的矿工少年、刚失恋的美 ...
    2      (20641 人评价)     一个三十几岁的美丽女人子君，在家做全职家庭主妇。却被一个平凡女人夺
走丈夫，一段婚姻的失败，让 ...
    3      (111883 人评价)    《百年孤独》是魔幻现实主义文学的代表作，描写了布恩迪亚家族七代人的
传奇故事，以及加勒比海沿岸 ...
    4      (278905 人评价)    12 岁的阿富汗富家少爷阿米尔与仆人哈桑情同手足。然而，在一场风筝比
赛后，发生了一件悲惨不堪的 ...
    书名：解忧杂货店
    内容：现代人内心流失的东西
```

接着我们提取特征：

```
# 提取 tf-idf 特征
vectorizer, feature_matrix = build_feature_matrix(norm_book_content,
                                                  feature_type='tfidf',
                                                  min_df=0.2, max_df=0.90,
                                                  ngram_range=(1, 2))
# 查看特征数量
print(feature_matrix.shape)
# 获取特征名字
feature_names = vectorizer.get_feature_names()
# 打印某些特征
print(feature_names[:10])
```

提取完特征之后，继续进行聚类：

```
from sklearn.cluster import KMeans
def k_means(feature_matrix, num_clusters=10):
    km = KMeans(n_clusters=num_clusters,
                max_iter=10000)
    km.fit(feature_matrix)
    clusters = km.labels_
    return km, clusters
num_clusters = 10
km_obj, clusters = k_means(feature_matrix=feature_matrix,
                           num_clusters=num_clusters)
book_data['Cluster'] = clusters
```

这里我们设置了 $k$=10，聚出 10 个类别。

然后我们打印每个 cluster 的书籍：

```
cluster_data = get_cluster_data(clustering_obj=km_obj,
                                book_data=book_data,
                                feature_names=feature_names,
                                num_clusters=num_clusters,
                                topn_features=5)
print_cluster_data(cluster_data)
```

其中的 get_cluster_data 为：

```
def get_cluster_data(clustering_obj, book_data,
                     feature_names, num_clusters,
                     topn_features=10):
    cluster_details = {}
    # 获取 cluster 的 center
    ordered_centroids = clustering_obj.cluster_centers_.argsort()[:, ::-1]
    # 获取每个 cluster 的关键特征
    # 获取每个 cluster 的书
    for cluster_num in range(num_clusters):
        cluster_details[cluster_num] = {}
        cluster_details[cluster_num]['cluster_num'] = cluster_num
        key_features = [feature_names[index] for index
                        in ordered_centroids[cluster_num, :topn_features]]
        cluster_details[cluster_num]['key_features'] = key_features
        books = book_data[book_data['Cluster'] = cluster_num]['title'].values.
tolist()
        cluster_details[cluster_num]['books'] = books
    return cluster_details
```

打印结果为：

```
Cluster 0 details:
--------------------
Key features: ['一个', '自己', '故事', '生活', '世界']
book in this cluster:
```

解忧杂货店，新名字的故事，鱼王，霍乱时期的爱情，月亮和六便士，双峰：神秘史，斯通纳，戴上手套擦泪，新名字的故事，鱼王，霍乱时期的爱情，月亮和六便士，斯通纳，戴上手套擦泪，鱼王，霍乱时期的爱情，月亮和六便士，我们仨，双峰：神秘史，我们仨，这些人，那些事，江城，下雨天一个人在家，亲爱的安德烈，当我谈跑步时我谈些什么，爱你就像爱生命，小王子，恋情的终结，山海经全译，

```
解忧杂货店 , 东京本屋 , 金色梦乡 , 下雨天一个人在家 , 我的职业是小说家 , 不思议图书馆 , 挪威的森林 ,
不可思议的朋友 , 强风吹拂 , 怒 , 火花 , 我们仨 , 这些人,那些事 , 悲伤与理智 , 孩子你慢慢来 , ….
    ========================================
    Cluster 1 details:
    --------------------
    Key features: ['设计', '用户', '体验', '交互', '产品']
    book in this cluster:
    亲密关系(第5版), 进化心理学 , 纽约无人是客 , 素描的诀窍 , 简约至上 , 版式设计原理 , 设计
的觉醒 , 深泽直人 , 平面设计中的网格系统 , 西文字体 , 认知与设计 , 街道的美学 , 进化心理学 , 素描的
诀窍 , 素描的诀窍 , 亲密关系(第5版), 纽约无人是客 , 纽约无人是客 , 亲密关系(第5版), 亲密关
系(第5版), 进化心理学 , 摄影构图与色彩设计 , 纽约无人是客 , 亲密关系(第5版), 亲密关系(第5
版), 住宅设计解剖书 , 装修设计解剖书 , 合适 , 合适 , 简约至上 , 点石成金 , About Face 3 交互设计
精髓 , 认知与设计 , 破茧成蝶:用户体验设计师的成长之路 , 人人都是产品经理 , 设计师要懂心理学 , 交互
设计沉思录 , 触动人心 , 简约至上 , 点石成金 , About Face 3 交互设计精髓 , 认知与设计 , 破茧成蝶:
用户体验设计师的成长之路 , 人人都是产品经理 , 设计师要懂心理学 , 交互设计沉思录 , 触动人心 , HTML
& CSS 设计与构建网站 , 形式感+:网页视觉设计创意拓展与快速表现 , 点石成金 , About Face 3 交互设
计精髓 , 破茧成蝶:用户体验设计师的成长之路 , 简约至上 , 交互设计沉思录 , Designing Interfaces
中文版 , 移动应用 UI 设计模式 , 用户体验度量 , 形式感+:网页视觉设计创意拓展与快速表现 , 用户体验面
面观 , 写给大家看的设计书 , About Face 3 交互设计精髓 , 认知与设计 , 破茧成蝶:用户体验设计师的
成长之路 , 交互设计沉思录 , 触动人心 , 用户体验草图设计 , 在你身边,为你设计 , 用户体验面面观 , 决
胜 UX, 设计调研 , 移动设计 , 亲爱的界面 , 用户体验草图设计 , 用户体验面面观 , 设计沟通十器 , 一目了
然 , 人机交互:以用户为中心的设计和评估 , 就这么简单 , 重塑用户体验 , 体验设计白书 , CSS 禅意花园
    ========================================

    Cluster 9 details:
    --------------------
    Key features: ['中国','历史','政治','本书','文化']
    book in this cluster:
    百年孤独 , 围城 , 百年孤独 , 百年孤独 , 红楼梦 , 看见 , 围城 , 平凡的世界(全三部), 北鸢 ,
白鹿原 , 明朝那些事儿(1-9), 倾城之恋 , 百年孤独 , 艺术的故事 , 红楼梦 , 围城 , 平凡的世界(全三
部), 中国历代政治得失 , 國史大綱(上下), 月光落在左手上 , 红拂夜奔 , 青铜时代 , 东宫·西宫 , 常
识 , 退步集 , 佛祖在一号线 , 我执 , 写在人生边上 人生边上的边上 石语 , 给孩子的故事 , 红楼梦 , 人
间词话 , 三国演义(全二册), 诗词会意:周汝昌评点中华好诗词 , 山海经 , 大好河山可骑驴 , 叶嘉莹说汉
魏六朝诗 , 红楼梦 , 百年孤独 , 三国演义(全二册), 四世同堂 , 倾城之恋 , 第一炉香 , 怨女 , 夹边沟记
事 , 北鸢 , 阿城精选集 , 红拂夜奔 , 望春风 , 围城 , 写在人生边上 人生边上的边上 石语 , 谈艺录 , 钱
锺书手稿集•中文笔记 , 旧文四篇 , 阿Q正传 , 故事新编 , 鲁迅与当代中国 , 鲁迅全集(1), ….
    ========================================
```

由上面的聚类我们大致可以看出，cluster 0 侧重生活，cluster 1 侧重设计，cluster 9 侧重政治、中国等，达到了将相似内容聚集到一起的目标。同时也需要看到，有些地方还有待优化，比如一些量词需要做些处理等。$k$ 的数值到底是选择多少为好，这些都留给读者后续拓展了。

## 9.7　本章小结

对于NLP的算法理论，本书主要分为两个章节进行了介绍，本章是基于概率论的传统机器学习部分。在NLP领域，经常要用到机器学习的一些算法，这里详细介绍了机器学习的一般概念、方法，从机器学习的基本原理和方法，到机器学习的一般过程和应用都有所涉及。作为机器学习领域的两个重要的分支——分类和聚类，我们都进行了详细讲解。由于回归在NLP中很少应用，故这里一笔带过，主要介绍了分类的常用算法，特别是早期的朴素贝叶斯、工业界常用的逻辑回归和支持向量机。后续介绍了经典的聚类算法K-means。最后用两个实战案例收尾：垃圾邮件分类以及豆瓣图书数据聚类，帮助读者从基础原理过渡到实战运用。

作为全书的基础与核心章节之一，笔者希望读者朋友们在读完本章之后，能够对经典的机器学习模型的种类和各自的特性有所了解。并且在后续的章节需要用到这些知识点的时候，能够举一反三、灵活运用。同时这一章也是为下一章深度学习做好了相应的铺垫。

CHAPTER 10

# 第10章

# 基于深度学习的NLP算法

**最近几年，由于数据爆炸式增长以及计算力的提升，深度学习有了极大的突破，而大部分NLP相关的书籍还没有做到这部分内容的更新，所以本章将重点介绍这方面的知识，在抛砖引玉的同时，让读者加深对深度学习的理解以及运用。**

本章的要点包括：

- ▼ 深度学习一般性原理以及方法
- ▼ 深度学习在NLP领域的著名应用
- ▼ 深度学习的词向量方法word2vec模型
- ▼ 常用模型，如RNN、LSTM、Seq2seq、图说模型等

## 10.1 深度学习概述

前一章我们介绍了NLP算法的基于统计学的机器学习方法体系，这里将继续介绍NLP算法的第二个方法体系：基于人工神经网络（Artificial Neural Network）的深度学习方法。人工神经网络思想来源于仿生学对大脑机制的探索，即希望通过对大脑的模拟达到智能的目的。神经网络理论与技术就是在这样的目标下摸索发展出来的。神经网络是由具有自适应的简单单元组成的，广泛的、并行的、互联的网络，它的结构模拟了生物神经网络系统对真实世界所做出的交互反应。特别是从2006年以来，Geoffrey Hinton在

神经网络领域有了重大突破，深度学习给人工智能发展带入了一个新的时代：认知计算。认知计算不再寻求在凸包问题中寻找最优解，而是拓展算法到一个新的领域：探索大脑的认知机制。他的目标是赋予机器以人类大脑类似的学习、思考、反馈、调节，以及做正确决策的能力。所以，算法研究与认知神经科学、心理学、脑科学等自然科学紧密地联系到了一起。

由于人工神经网络可以对非线性过程进行建模，因此可以解决例如分类、聚类、回归、降维、结构化预测等一系列复杂的问题，加之计算机产业革命，计算机运算能力的指数式提升，以及近年来数据的爆炸式增长，使得需要大量运算力的深层人工神经网络得到大规模应用。深度学习技术先是横扫了图像识别、机器视觉、语音识别等应用场景，近年来在迁移学习、强化学习等领域都有很大的进展，例如Google的Alpha Zero围棋AI，走过了人类3000年的围棋探索之路，突破了人类在围棋领域智能的边界，达到了不可战胜的境地。近年来，深度学习也在被大量应用到NLP相关领域，取得了重大的突破。

深度学习作为机器学习的一个重要分支，可以自动地学习合适的特征与多层次的表达与输出，在NLP领域，主要是在信息抽取，命名实体识别，词性标注，文本分析，拼写检查，语音识别，机器翻译，市场营销、金融领域的情感分析，问答系统，搜索引擎，推荐系统等方向都有成功的应用。和传统方式相比，深度学习的重要特性是，用词向量来表示各种级别的元素。传统的算法一般会用统计等方法去标注，而深度学习会直接通过词向量表示，然后通过深度网络进行自动学习。

深度学习在自然语言处理各个应用领域取得了巨大的成功。本章将从人工神经网络开始，逐层介绍目前在自然语言处理中比较流行的深度学习算法以及应用，从最经典的多层感知机到CNN，再到RNN和变种LSTM，最后到Seq2Seq等，并且提供可以执行的代码供读者进一步学习。接下来我们将从神经网络组成的基本单元——神经元开始介绍。

### 10.1.1 神经元模型

之前我们介绍过多层感知机，神经网络中最基本的是神经元模型。在生物神经元中，每个神经元与其他神经元相连，当它处于激活状态时，就会向相连的神经元发送化学信号，从而改变其他神经元的状态，如果某个神经元的电量超过某个阈值，那么将被激活，再接着发送给其他神经元。1943 年 McCulloch 和 Pitts，将生物神经元抽象为如图 10-1 所示的模型，并且一直沿用至今。

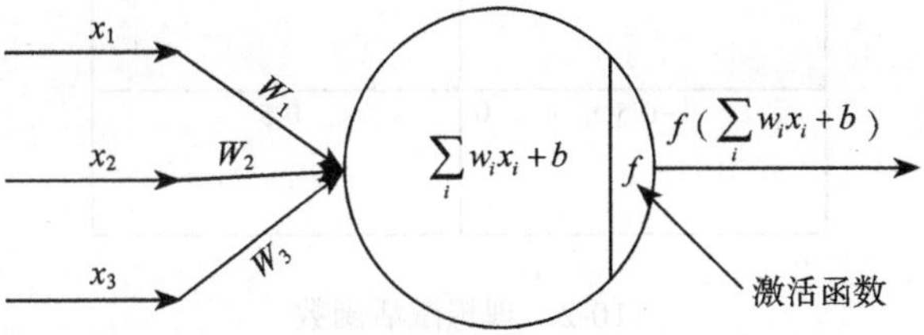


10-1　神经元结构图

后面所说的各种神经网络都是由这一基本结构构成，神经网络的任何神经元都可以表述为上述的形式。该单元主要由输入变量、带权参数和激活函数组成。首先是 $x_1$，$x_2$，$x_3$ 带权重的输入变量，该变量的取值来自前面一层所有变量与权重的乘积，然后再求和，在数学上表示为下式：

$$x^l = \sum_{i=1}^{n} x_i^{l-1} w_i^{l-1} \tag{10.1}$$

其中，$x$ 为自由变量，$x^l$ 为当前 $l$ 层，这里的 $x_i^{l-1} w_i^{l-1}$ 为前面一层所有变量与权重的乘积，$n$ 为神经元个数。在实践当中，神经网络的输入层由训练样本给定，隐含层和输出层的 $x$ 取值由前一层计算得到。其中 $b$ 为偏置参数。

### 10.1.2　激活函数

理想中的激活函数是如图 10-2 所示的跃迁函数，它将输入值映射到 0 或 1，显然 1 对应着神经元激活状态，0 则表示神经元处于抑制状态。然而由于跃迁函数不连续且非光滑（无法完美表达大脑神经网络的连续传递过程），因此实际常用 Sigmoid 函数作为激活函数。典型的 Sigmoid 函数如图 10-3 所示，它把可能的数压缩进（0，1）输出值之间，因此又名挤压函数（squashing function）。

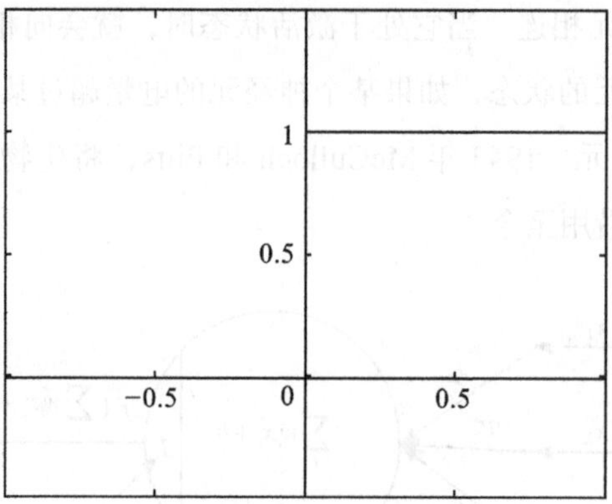


10-2　理想激活函数

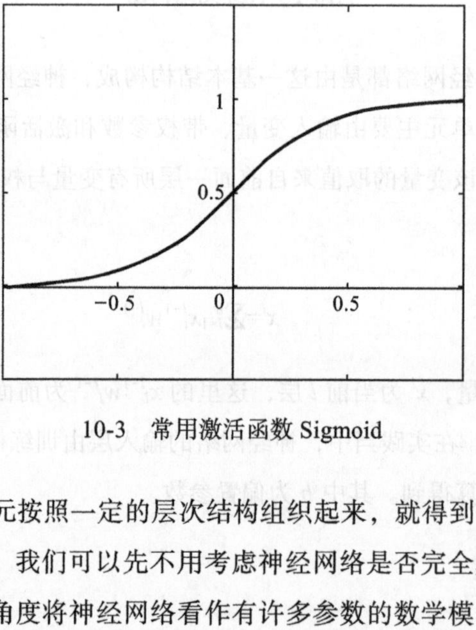


10-3　常用激活函数 Sigmoid

将许多这样的神经元按照一定的层次结构组织起来，就得到了人工神经网络。事实上，从科学的角度来看，我们可以先不用考虑神经网络是否完全真实地模拟了人脑运作的机制，只需要从数学角度将神经网络看作有许多参数的数学模型来看待，我们会发现这个模型是由许多个函数不断嵌套而成，也有论文证明，只要有足够多层数的神经网络就可以表示任意函数。这也从理论上有效支撑了神经网络的可解释性。

### 10.1.3　感知机与多层网络

上面我们介绍了基本结构，现在先从两层结构的感知机讨论，如图 10-4 所示，输入层接收外界的输入信号然后传递给输出层，输出层为逻辑单元，感知机的输入是几个二进制，$x_i$ 输出是一位单独的二进制。

图 10-4 中的感知机有三个输入：$x_1$、$x_2$、$x_3$。通常，它可以根据数据的维度设置数量。Rosenblatt 提出了一种计算输出的简单规则，他引入了权重（weight），$w_1$，$w_2$，…，$w_j$ 等实数来表示各个输入对于输出的重要程度。神经元的输出是 0 或者 1，分别代表未激活与激活状态，由加权和 $\sum_j w_j x_j$ 是否小于或者大于某一个阈值（threshold value）决定。和权重一样，阈值也是一个实数，同时它是神经元的一个参数。使用更严密的代数形式来表示：

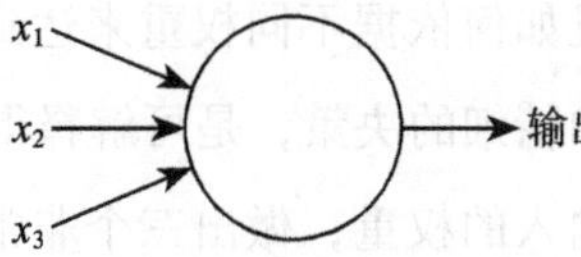

10-4　多层感知器结构图

$$
输出=\begin{cases}0, \text{if} \sum_j w_j x_j \leqslant \text{threshold} \\ 1, \text{if} \sum_j w_j x_j \geqslant \text{threshold}\end{cases} \tag{10.2}
$$

如上公式是感知机的基础数学模型，你可以这样理解，它是一个通过给每维数据赋予不同权重从而做出决策的机器。这里我们来举一个例子，假设今晚你考虑是否出去吃饭。你是非常想出去吃的，但是首先你可能需要权衡以下几个因素来决定：

- ▼ 饭店是不是订满了？
- ▼ 你的朋友有空陪你去吗？
- ▼ 坐公共交通方便去吗（假设你自己没有车）？

我们可以使用 $x_1$、$x_2$ 和 $x_3$ 这几个二进制变量来表示这三个因素。比如，如果尚未订满，那么我们令 $x_1$=1×1=1，否则如果人满了，那么 $x_1$=0×1=0。同样，如果你的男朋友或者女朋友也想去，那么 $x_2$=1×1=1，否则 $x_2$=0×1=1。代表公共交通的 $x_3$ 也用类似的方法来表示。

通过调整权重和阈值的大小，我们可以得到不同的决策模型。例如，假设我们选择的阈值为 3，那么此时，如果要让感知机做出你应该出去吃饭的决策，就需要满足有座位或者交通方便的同时，你的男朋友或者女朋友也会陪你去。也就是说，这个决策模型与之前不同了。阈值越低意味着你出去吃饭的意愿越强。

很显然，感知机不能完全模拟人类的决策系统。但是，这个例子清晰地阐明了感知机如何依据不同权重来达到做出决策的目的。一个由感知机构成的复杂网络能够做出更加精细的决策，是可解释得通的。在图 10-5 所示这个网络中，第一层感知机，通过赋予输入的权重，做出三个非常简单的决策。第二层感知机呢？每一个第二层感知机通过赋予权重给来自第一层感知机的决策结果做出决策。通过这种方式，第二层感知机可以比第一层感知机做出更加复杂以及更高层次抽象的决策。第三层感知机能够做出更加复杂的决策。通过这种方式，一个多层网络感知机可以做出更加精细的决策。

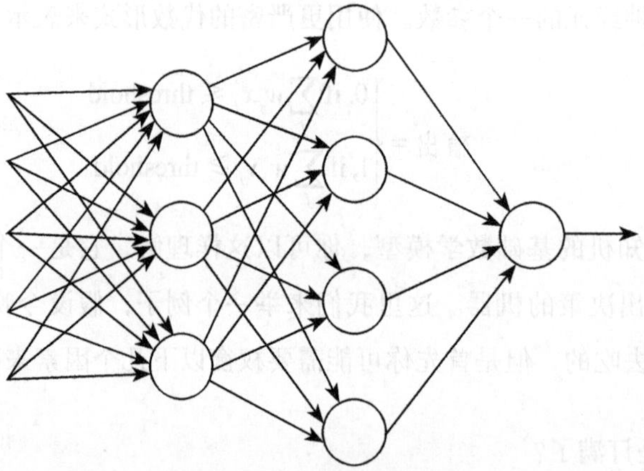

图 10-5　多层感知机网络

图 10-5 网络最左边的是输入层神经元，用于接收外界输入，中间为隐藏层，对信号进行一定加工与转换，最右边为输出层神经元，最终结果由输出层神经元输出表示。换言之，输入层神经元接收输入，不进行函数处理，隐藏与输出层包含功能神经元。因此，通常被称之为两层网络。一般情况下，只需要包含隐藏层，即可称为多层网络。神经网络的学习过程，就是根据训练数据来调整神经元之间的“权重”以及每个功能神经元的阈值。换言之，神经网络学到的东西，蕴含在权重和阈值当中。由于历史原因，这种多层网络有时也被称为多层感知器（Multi-Layer Perceptron，MLP）。

设计网络的输入层通常是非常直接的。例如，我们要尝试识别一张输入图像是否有

"1"。很自然的，我们可以将图片像素的强度进行编码作为输入层。如果图像是 $64\times64$ 的灰度图，那么我们需 $4096=64\times64$ 个输入神经元，每个强度都取 0 和 1 之间适合的值。输出层只需要一个神经元，当输出值小于 0.5 表示该图像不是"1"，反之则输出图像是"1"。

相较于完全固定的输入层和输出层，隐藏层的设计则是个难题。特别是通过一些简单的经验来总结隐藏层的设计流程不一定总是可行的。所以神经网络调参师已经为隐藏层开发了许多设计最优方法，这有助于达到期望的效果。例如有些方法可以帮助网络快速收敛，达到节约时间的目的。

目前为止我们讨论的神经网络，都是前面一层作为后面一层的输入，这种经典的网络被称为前馈神经网络。这也就意味着网络中没有回路，信息总是向前传播，从不反向回馈。接下来我们会介绍反向传播（Backward Propagation，BP）算法。

如此，整个神经网络就构成了一个算法框架。这个框架的执行大致可以分为如下两个阶段：

1）训练阶段（training）：是指网络输入样本数据作为初始数据，通过激活函数与网络连接，迭代求得最小化损失。这时网络最终收敛，学习到权重向量，作为分类器的参数。数学上称这个过程为参数估计的过程。在 NLP 中如果用于序列标注，则可以称为一个标注器。

2）推导阶段（infer）。拿这个训练好的网络对实际的数据进行分类或回归，称为分类阶段。

## 10.2 神经网络模型

所谓神经网络就是将很多个单一的神经单元组合到一起，这样，一个神经单元的输出就可以是另一个神经单元的输入。例如，图 10-6 就是一个简单的人工神经网络。

我们使用小圆圈来表示神经网络的输入，标上的圆圈被称为偏置节点（bias）。神经网络最左层被称为输入层，最右层被称为输出层（本例中，输出层只有一个节点）。中间所有节点组成的一层被称为隐藏层，因为我们无法在训练样本集中观测到它们的值。同时也可以看到，以上神经网络的例子中有 3 个输入单元（维度为 3，偏置单元不计在内）、3 个隐藏单元及一个输出单元。

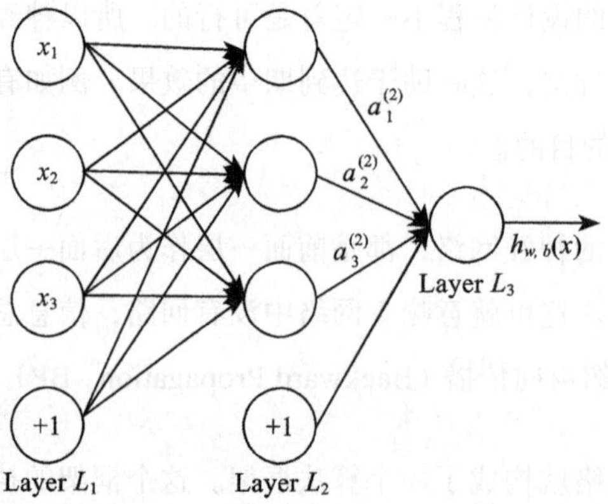


图 10-6 简单神经网络设计图

在这里，我们用 $n_1$ 来表示网络总共有几层，本例中很显然 $n_1$=3，同时，我们将第 1 层记为 $L_1$，则 $L_1$ 为输入层，$L_{n_1}$ 为输出层。本例的神经网络有训练参数 $(W, b)$，其中 ($W^{(1)}$，$b^{(1)}$，$W^{(2)}$，$b^{(2)}$) 其中 $W_{ij}^{(l)}$（下面会用到）是第 $l$ 层第 $j$ 单元与第 $l$+1 层的第 $i$ 单元之间的连接参数，$b_i^{(l)}$ 则为第 $l$+1 层的第 $i$ 单元的偏置单元。因此在本例中，$W^{(1)} \in \Re^{3\times 3}$，$W^{(2)} \in \Re^{1\times 3}$。偏置单元是没有输入的，因为它们总是输出 +1。同时，我们记第 $l$ 层的节点数为 $s_l$。

我们用 $a_i^{(l)}$ 表示第 $l$ 层第 $i$ 单元的激活值（出值）。当 $l$=1 时，$a_i^{(1)}=x_i$，也就是第 $i$ 个输入值（输入值的第 $i$ 个特征）。对于给定参数集合 $(W, b)$，我们的神经网络就可以按照函数 $h_{w,b}(x)$ 来计算输出结果，则计算过程：

$$a_1^{(2)}=f(W_{11}^{(1)}x_1+W_{12}^{(1)}x_2+W_{13}^{(1)}x_3+b_1^{(1)}) \tag{10.3}$$

$$a_2^{(2)}=f(W_{21}^{(1)}x_1+W_{22}^{(1)}x_2+W_{23}^{(1)}x_3+b_2^{(1)}) \tag{10.4}$$

$$a_3^{(2)}=f(W_{31}^{(1)}x_1+W_{32}^{(1)}x_2+W_{33}^{(1)}x_3+b_3^{(1)}) \tag{10.5}$$

$$h_{W,b}(x)=a_1^{(3)}=f(W_{11}^{(2)}a_1^{(2)}+W_{12}^{(1)}x_2+W_{13}^{(1)}x_3+b_1^{(1)}) \quad (10.6)$$

这里用 $z_i^{(l)}$ 来表示第 $l$ 层第 $i$ 单元的激活值（包含偏置单元），例如，$z_i^{(2)}=\Sigma_{j=1}^{n}W_{ij}^{(1)}x_j+b_i^{(1)}$ 则 $a_i^{(l)}=f(z_i^{(l)})$。

这样我们就可以将激活函数 $f(\cdot)$ 扩展写为向量的形式来表示，则上面的等式可以更简洁地写为：

$$z^{(2)}=W^{(1)}x+b^{(1)} \quad (10.7)$$

$$a^{(2)}=f(z^{(2)}) \quad (10.8)$$

$$z^{(3)}=W^{(2)}x+b^{(2)} \quad (10.9)$$

$$h_{W,b}(x)=a^{(3)}=f(z^{(3)}) \quad (10.10)$$

上式的计算过程被称为 ANN 的前向传播。先前我们使用 $a^{(1)}=x$ 来表示输入层的激活值，依此类推给定第 $l$ 层的激活值 $a^{(1)}$ 之后，则第 $l$+1 层的激活值 $a^{(l+1)}$ 就可以按照如下式子来计算：

$$z^{(l+1)}=W^{(1)}a^{(1)}+b^{(1)} \quad (10.11)$$

$$a^{(l+1)}=f(z^{(l+1)}) \quad (10.12)$$

将参数都向量化，使用矩阵—向量运算方式，我们就可以利用线性代数的优势对神经网络进行快速求解。

## 10.3　多输出层模型

前面一节，我们讨论了一种通用的人工神经网络结构，同时，我们也可以构建另一种结构的神经网络（这里的结构指的是两个神经元的连接方式），即含有多个隐藏层的神经网络。例如有一个有 $n_l$ 层的神经网络，那么第 1 层为输入层，第 $n_l$ 层是输出层，中间的每个层 $l$ 与 $l$+1 层紧密相联。在这种构造下，很容易计算神经网络的输出值，我们可以按照之前推出的式子，一步一步地进行前向传播，逐个单元地计算第 $L_2$ 层的每个激活值，依此类推，接着是第 $L_3$ 层的激活值，直到最后的第 $L_{n_l}$ 层。这种联接图没有回路或者闭环，所以称这种神经网络为前馈网络。

除此之外，神经网络的输出单元还可以是多个。举个例子，图 10-7 的神经网络结构就有两层隐藏层：（$L_2$ 和 $L_3$ 层），而输出层 $L_4$ 层包含两个输出单元。

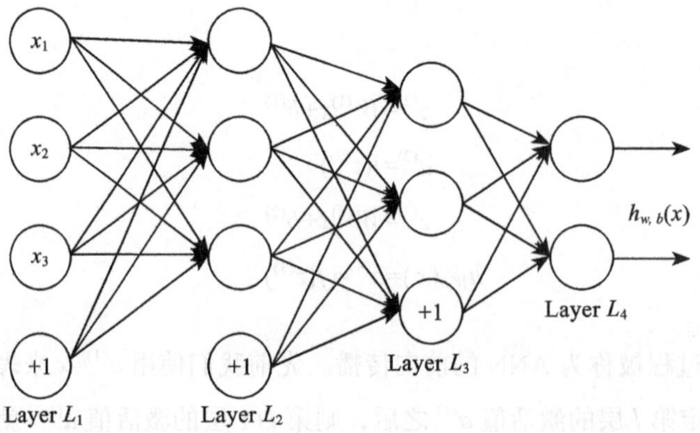


图 10-7　两层隐藏层网络

要求解这样的神经网络，需要样本集 $(x^{(i)}, y^{(i)})$，其中 $y^{(i)} \in \Re^2$。如果想要预测的输出是有多个分类的，那么这种神经网络就比较适合，例如检测一张人脸的人种和性别，就有两个输出。

## 10.4　反向传播算法

多层网络的学习能力比单层网络强大得多。想要训练多层网络，前面的简单感知机学习方法显然还不足，需要更加强大的算法。反向传播算法（Back Propagation，BP）是其中的经典方法，它是现今最成功的神经网络算法，现实当中使用到神经网络时，大多是使用 BP 算法训练的。BP 算法不仅可以用于多层前馈神经网络，还可以用于其他类型神经网络，例如 LSTM，当然，通常所说的 BP 网络，一般是用 BP 算法训练的多层前馈网络。

下面我们来看看 BP 算法的过程。假设我们有一个固定训练集合 $\{(x^{(1)}, y^{(1)}),\cdots,(x^{(m)}, y^{(m)})\}$，它的样本总数为 $m$。这样我们就可以利用批量梯度下降法来求解参数。具体到每个样本 $(x, y)$，其代价函数为下式：

$$J(W, b; x, y)=\frac{1}{2}\|h_{W,b}(x)-y\|^2 \tag{10.13}$$

给定有 $m$ 个样本的数据集，我们可以定义整体的代价函数为：

$$\begin{aligned}J(w,b)&=\left[\frac{1}{m}\sum_{i=1}^{m}J(W,b;x^{(i)},y^{(i)})\right]+\frac{\lambda}{2}\sum_{l=1}^{n_l-1}\sum_{i=1}^{s_l}\sum_{j=1}^{s_{l+1}}(W_{ji}^{(l)})^2\\&=\left[\frac{1}{m}\sum_{i=1}^{m}(\frac{1}{2}\left\|h_{w,b}(x)-y\right\|^2)\right]+\frac{\lambda}{2}\sum_{l=1}^{n_l-1}\sum_{i=1}^{s_l}\sum_{j=1}^{s_{l+1}}(W_{ji}^{(l)})^2\end{aligned} \tag{10.14}$$

上式中的第一项 $J(w, b)$ 是均方差项。而第二项则是规则化项，是用来约束解以达到结构风险最小化（Structural Risk Minimization，SRM），目的是防止模型过拟合（over fitting）。

我们利用梯度下降法，每一次迭代都按照下面的公式对参数 $W$ 和 $b$ 进行更新：

$$W_{ij}^{(l)}=W_{ij}^{(l)}-\alpha\frac{\partial}{\partial W_{ij}^{(l)}}J(W,b) \tag{10.15}$$

$$b_i^{(l)}=b_i^{(l)}-\alpha\frac{\partial}{\partial b_i^{(l)}}J(W,b) \tag{10.16}$$

其中 $\alpha$ 是学习速率。关键步骤是计算偏导数。我们现在来讲一下反向传播算法，它是计算偏导数的一种有效方法。

首先来讲一下如何使用反向传播算法来计算 $\frac{\partial}{\partial W_{ij}^{(l)}}J(W,b;x,y)$ 和 $\frac{\partial}{\partial b_i^{(l)}}J(W,b;x,y)$，这两项是单个样例 $(x, y)$ 的代价函数 $J(W, b; x, y)$ 的偏导数。一旦我们求出该偏导数，就可以推导出整体代价函数 $J(W, b)$ 的偏导数：

$$\frac{\partial}{\partial W_{ij}^{(l)}}J(W,b)=\left[\frac{1}{m}\sum_{i=1}^{m}\frac{\partial}{\partial W_{ij}^{(l)}}J(W,b;x^{(i)},y^{(i)})\right]+\lambda W_{ij}^{(1)} \tag{10.17}$$

$$\frac{\partial}{\partial b_i^{(l)}}J(W,b)=\frac{1}{m}\sum_{i=1}^{m}\frac{\partial}{\partial b_i^{(l)}}J(W,b;x^{(i)},y^{(i)}) \tag{10.18}$$

以上两行公式稍有不同，第一行比第二行多出一项，因为权重衰减是作用于 $W$ 而不是 $b$。

BP 算法的总体流程：首先对每个样本数据，进行前向传播计算，依次计算出每层每个单元的激活值。接着计算出第 $l$ 层的每个节点 $i$ 的“残差”值 $\delta_i^{(l)}$，该值直接体现了这个单元对最终的输出有多大的影响力。最后一层输出层则可以直接获得最终结果和输出结果的差值，我们定义为 $\delta_i^{(n_l)}$，而对于中间的隐藏层的残差，我们则通过加权平均下一层（$l$+1 层）残差来计算。

BP 算法的具体推导过程如下：

1）前馈网络传导的计算，逐层算出 $L_2$ 到最后一层的每层节点的激活值。

2）计算各节点的残差值，对于输出层，使用如下公式：

$$\delta_i^{(n_l)} = \frac{\partial}{\partial z_i^{(n_l)}} \frac{1}{2}\left\|y - h_{w,b}(x)\right\|^2 = -(y_i - a_i^{(n_l)} \cdot f'(z_i^{(n_l)}) \tag{10.19}$$

上式的推导过程如下：

$$\begin{aligned}\delta_i^{(n_l)} &= \frac{\partial}{\partial z_i^{(n_l)}} J(W,b;x,y) = \frac{\partial}{\partial z_i^{(n_l)}} \frac{1}{2}\left\|y - h_{W,b}(x)\right\|^2 \\ &= \frac{\partial}{\partial z_i^{(n_l)}} \frac{1}{2}\sum_{j=1}^{s_{nl}} (y_j - a_j^{(nl)})^2 = \frac{\partial}{\partial z_i^{(n_l)}} \frac{1}{2}\sum_{j=1}^{s_{nl}} (y_j - f(z_j^{(n_l)}))2 \\ &= -(y_i - f(z_j^{(n_l)})) \cdot f'(z_i^{(n_l)}) = -(y_i - a_i^{(n_l)}) \cdot f'(z_i^{(n_l)})\end{aligned} \tag{10.20}$$

3）从最后一层依次向前推到第 2 层，第 $l$ 层的残差为：

$$\delta_i^{(l)} = \left(\sum_{j=0}^{s_{l+1}} W_{ji}^{(1)} \delta_j^{(l+1)}\right) f'(z_i^{(1)}) \tag{10.21}$$

可推：

$$\begin{aligned}\delta_i^{(n_l)} &= \frac{\partial}{\partial z_i^{(n_l-1)}} J(W,b;x,y) = \frac{\partial}{\partial z_i^{(n_l-1)}} \frac{1}{2}\left\|y - h_{W,b}(x)\right\|^2 = \frac{\partial}{\partial z_i^{(n_l-1)}} \frac{1}{2}\sum_{j=1}^{s_{nl}} (y_j - a_j^{(n_l)})^2 \\ &= \frac{1}{2}\sum_{j=1}^{s_{nl}} \frac{\partial}{\partial z_i^{(n_l-1)}} (y_j - a_j^{(n_l)})^2 = \frac{1}{2}\sum_{j=1}^{s_{nl}} \frac{\partial}{\partial z_i^{(n_l-1)}} (y_j - f(z_j^{(n_l)}))^2\end{aligned}$$

$$
\begin{aligned}
&=\sum_{j=1}^{s_{n_l}}-\left(y_j-f(z_j^{(n_l)})\right)\cdot\frac{\partial}{\partial z_i^{(n_l-1)}}f(z_j^{(n_l)})=\sum_{j=1}^{s_{n_l}}-\left(y_j-f(z_j^{(n_l)})\right)\cdot f'\left(z_j^{(n_l)}\right)\frac{\partial z_j^{(n_l)}}{\partial z_i^{(n_l-1)}}\\
&=\sum_{j=1}^{s_{n_l}}\delta_j^{(n_l)}\cdot\frac{\partial z_j^{(n_l)}}{\partial z_i^{(n_l-1)}}=\sum_{j=1}^{s_{n_l}}(\delta_j^{(n_l)}\cdot\frac{\partial}{\partial z_i^{(n_l-1)}}\sum_{k=1}^{s_{n_l}-1}f(z_k^{(n_l-1)}\cdot W_{jk}^{(n_l-1)})\\
&=\sum_{j=1}^{s_{n_l}}\delta_j^{(n_l)}\cdot W_{ji}^{n_l-1}\cdot f'\left(z_i^{(l)}\right)=\left(\sum_{j=0}^{s_l+1}W_{ji}^{(l)}\delta_j^{(l+1)}\right)f'\left(z_i^{(l)}\right)
\end{aligned}
\tag{10.22}
$$

依上面只需将 $n_l$ 替换为 $l$ 就可以推到中间层 $l$ 与 $l$=1 的残差关系。

可以更新所需的偏导数：

$$\frac{\partial}{\partial W_i^{(l)}}J(W,b;x,y)=a_j^{(l)}\delta_i^{(l+1)}\tag{10.23}$$

$$\frac{\partial}{\partial b_i^{(l)}}J(W,b;x,y)=\delta_i^{(l+1)}\tag{10.24}$$

最后得到 BP 算法的描述：

在下面的伪代码中，$\Delta W^{(l)}$ 是一个与矩阵 $W^{(l)}$ 维度相同的矩阵，$\Delta b^{(l)}$ 是一个与 $b^{(l)}$ 维度相同的向量。注意这里“$\Delta W^{(l)}$”是一个矩阵。下面，我们实现批量梯度下降法中的一次迭代：

1）对于所有 $l$，令 $\Delta W^{(l)}:=0$，$\Delta b^{(l)}:=0$（设置为全零矩阵或全零向量）。

2）对于 $i$=1 到 $m$，

a）使用反向传播算法计算 $\nabla_{W(l)}J(W,b;x,y)$ 和 $\nabla_{b(l)}J(W,b;x,y)$。

b）计算 $\Delta W^{(l)}:=\Delta W^{(l)}+\nabla_{W(l)}J(W,b;x,y)$。

c）计算 $\Delta b^{(l)}:=\Delta b^{(l)}+\nabla_{b(l)}J(W,b;x,y)$

3）更新权重参数：

$$W^{(l)}=W^{(l)}-\alpha[\left(\frac{1}{m}\Delta W^{(l)}\right)+\lambda W^{(l)}]\tag{10.25}$$

$$b^{(l)}=b^{(l)}-\alpha[\frac{1}{m}\Delta b^{(l)}]\tag{10.26}$$

现在，我们可以重复梯度下降法的迭代步骤来减小代价函数 $J(W, b)$ 的值，进而求解我们的神经网络。

## 10.5　最优化算法

机器学习完成一个训练任务有三个要素：算法模型、目标函数、优化算法。优化机器学习问题的求解，本质上都是优化问题。最常见的求解方式就是迭代优化，也就是一次次不停地优化，俗称“打铁”。而这个过程持续的时间长短（迭代的次数），每次捶下去的力道（参数搜索的步长），火的冷热程度（参数更新的权重）等因素，都是靠优化算法来调节。下面让我们先来看看常见的优化算法：梯度下降。

### 10.5.1　梯度下降

刚才说了优化的目标是损失函数最小化，从优化的角度看，函数的梯度方向代表了函数值增长最快的方向，那么和它相反的方向就是函数减少速度最快的方向了。所以我们要求解损失函数的最小化，朝着梯度下降的方向走，就能找到最优的一组模型参数了（理论上就是这么美好）。

梯度下降方法，就是其中最直接的一种方法，直接计算整个训练集所有样本的 Loss，每次在全集上求梯度下降方向。每个迭代的 Loss 函数如下：

$$L(W)=\frac{1}{|D|}\sum_{i}^{|D|}f_W(X^{(i)})+\lambda r(W) \tag{10.27}$$

上面的式子，除了主体项 $f_W(X^{(i)})$，这里出现了，$r(W)$。$W$ 是模型参数，此处的 $r(W)$ 是正则项，通常可以是 $L1$ 范数（Lasso 回归，权值向量中各个元素的绝对值之和通常为 $\|w\|_1$）或 $L2$ 范数（平方和再开根号，通常表示为 $[\![w]\!]_2$，主要区别是 $L1$ 得到的值更加稀疏，有兴趣的读者可以更加深入搜索相关博客和论文）。加在这里的目的是使得模型参数的总和尽量小，达到的是参数稀疏化或者平滑的效果。最终的真实目标是抑制模型的过拟合。打个不恰当的比方，如果模型参数太大了，就像人有偏科，那针对某类问题可以

解决好，对其他问题效果会很差。参数较均衡，普适性会更好一些。

参数更新的方程如下，每次用全部训练集样本计算损失函数的梯度，然后用学习率朝着梯度相反方向去更新全部模型参数：

$$\theta=\theta-\eta\cdot\nabla_\theta J(\theta) \tag{10.28}$$

这个方法的好处是能保证每次都朝着正确的方向前进（如图 10-8 所示），最后能收敛于极值点（凸函数收敛于全局极值点，非凸函数可能会收敛于局部极值点）。但它的问题也显而易见，数据集很大的时候（通常都很大），每次迭代的时间内都很长，而且需要超大的内存空间。因此在实际使用中并没有人真正用它。

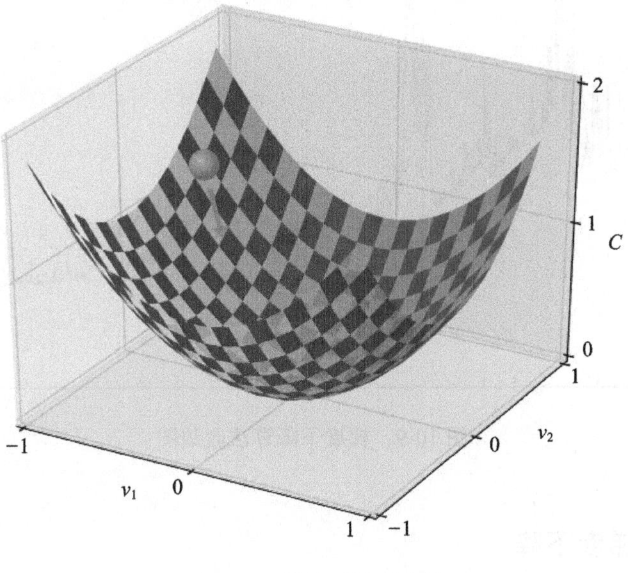


图 10-8　梯度下降示意图

## 10.5.2　随机梯度下降

有人在梯度下降方法的基础上做了创新，称为随机梯度下降（Stochastic Gradient Descent）算法，每次我们从训练集中选择一个样本来学习。参数方程变为：

$$\theta=\theta-\eta\cdot\nabla_\theta J(\theta;x_i;y_i) \tag{10.29}$$

这样做的好处是收敛速度更快。但也带来了副作用：由于每次都只是取一个样本，没有全局性，所以不能保证每次更新都是朝着正确的方向前进。图 10-9 所示的梯度下降收敛图可以看出损失函数下降的抖动很大，当然也有一个好处，由于随机性比较大，机动性能高，因此在落入鞍点或者局部最小值时也容易跳出来。

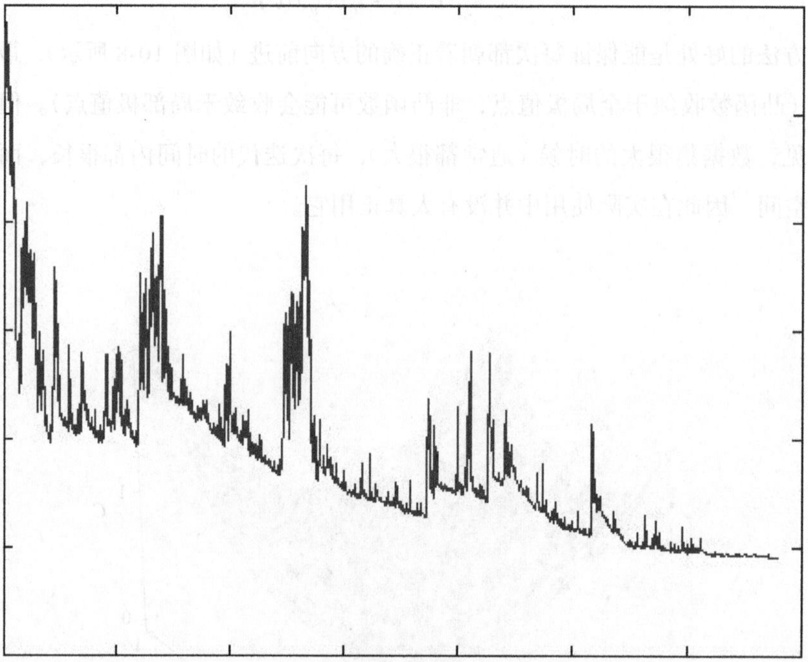

图 10-9　梯度下降算法收敛图

### 10.5.3　批量梯度下降

由于上述两种方法的弊端，后来有人在这两个方案中取折中，即批量梯度下降（Mini-Batch Gradient Descent）算法：每次从训练集中取一个 mini-batch，通常这个 mini-batch 的样本数目 $m<<n$（$N$ 是训练集的样本总数）。所以它的参数更新方程是：

$$\theta=\theta-\eta\cdot\nabla_{\theta}J(\theta;x_i;i+m;y_i;i+m) \tag{10.30}$$

跟原始的梯度下降算法比，批量梯度下降算法提高了学习速度，降低了内存开销；跟随机梯度比，它抑制了样本的随机性，降低了收敛的波动性，参数更新更加稳定。所以它是现在接受度最广的方案。

## 10.6 丢弃法

前面我们介绍了优化方法，也提到了正则法来应对过拟合问题。在深度学习当中，还有个非常常用的方法：丢弃法（Dropout），如图10-10所示。丢弃法比较容易理解，在现代神经网络中，我们所说的丢弃法，通常是对输入层或者隐藏层做如下操作：

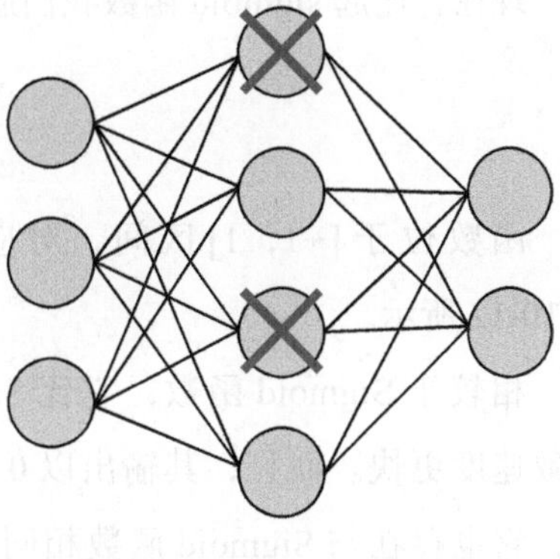

图 10-10 Dropout 示意图

- ▼ 随机选择部分该层的输出作为丢弃元素；
- ▼ 把想要丢弃的元素乘以0；
- ▼ 把非丢弃元素拉伸。

一般情况下，隐含节点Dropout率等于0.5的时候效果最好，原因是0.5的时候Dropout随机生成的网络结构最多。

那么为什么丢弃法会起作用呢？如果你了解集成学习，那么可能知道它在提升弱分类器准确率上的威力，一般来说，集成学习中，可以对训练数据集有放回的多次采样且用于训练很多不同的分类器；测试时，把这些分类器的结果集成并作为最终的分类结果。某种程度上说，丢弃法就是在模拟集成学习。

## 10.7 激活函数

前面章节我们有介绍到Sigmoid激活函数（见图10-11），该函数曾经被广泛应用，但是由于一些缺陷，现在已经很少使用了。这里我们再介绍其他一些激活函数。

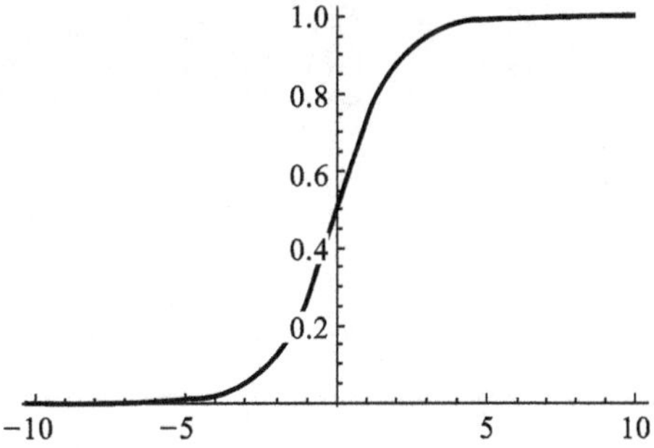


图 10-11 Sigmoid 示意图

### 10.7.1 tanh 函数

现在，比起 sigmoid 函数我们通常更倾向于 tanh 函数。tanh 函数被定义为：

$$\tanh(x)=\frac{1-e^{-2x}}{1+e^{-2x}} \tag{10.31}$$

函数位于 [−1，1] 区间，对应的图像如图 10-12 所示。

相较于 Sigmoid 函数，它比 Sigmoid 函数收敛速度更快。而且，其输出以 0 为中心。但是，它也存在与 Sigmoid 函数相同的问题——由于饱和性产生的梯度消失。

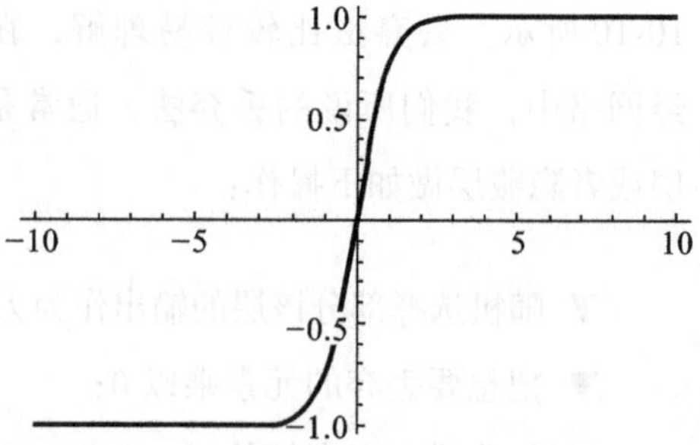


图 10-12　tanh 示意图

### 10.7.2 ReLU 函数

ReLU（Rectified Linear Unit，规划线性单元）是近年来被大量使用的激活函数。定义为：

$$y=\begin{cases}0(x<0)\\x(x>0)\end{cases} \tag{10.32}$$

对应的图像如图 10-13 所示。

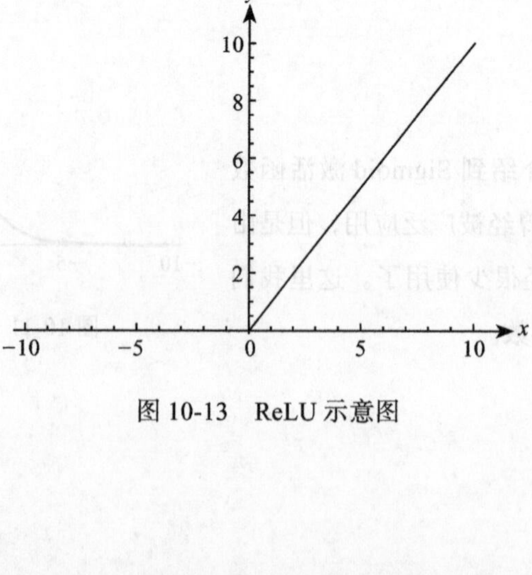


图 10-13　ReLU 示意图

相比起 Sigmoid 和 tanh，ReLU 在 SGD 中能够快速收敛。深度学习中最大的问题是梯度消失问题（Gradient Vanishing Problem），这在使用 Sigmoid、tanh 等饱和激活函数情况下特别严重（神经网络在进行方向误差传播时，各个层都要乘以激活函数的一阶倒数 $G=e\cdot\phi'(x)\cdot x$，梯度每传递一层都会衰减一层，网络层数较多时，梯度 $G$ 就会不停衰减直到消失），使得训练网络收敛越来越慢，而 ReLU 凭借其线性、非饱和的形式，训练速度则快很多。从图 10-13 可以看出，当 $x$ 非常小的时候，$y$ 为负数的时候，直接变为 0，也减少了梯度的计算量。当然还有其他 ReLU 的变体，这里不再赘述，感兴趣的读者可以继续研读相关的论文和博客。

## 10.8 实现 BP 算法

通过下列代码，即可实现 BP 算法。bp.py 内容为：

```
# encoding:utf-8
import numpy as np
import random

class Network(object):

    def __init__(self, sizes):
        self.num_layers = len(sizes)
        self.sizes = sizes
        self.biases = [np.random.randn(y, 1) for y in sizes[1:]]

        self.weights = [np.random.randn(y, x)
                        for x, y in zip(sizes[:-1], sizes[1:])]

    def backprop(self, x, y):
        """返回元组
        """

        nabla_b = [np.zeros(b.shape) for b in self.biases]
        nabla_w = [np.zeros(w.shape) for w in self.weights]
        # feedforward
        activation = x
        activations = [x]  # 存放激活值
```

```
        zs = [] # list用来存放z 向量
        # 前向传递
        for b, w in zip(self.biases, self.weights):
            z = np.dot(w, activation) + b
            zs.append(z)
            activation = self.sigmoid(z)
            activations.append(activation)
        # 后向传递
            delta = self.cost_derivative(activations[-1], y) * self.
sigmoid(zs[-1])

        nabla_b[-1] = delta
        nabla_w[-1] = np.dot(delta, activations[-2].transpose())

        for l in xrange(2, self.num_layers):
            z = zs[-l]
            sp = self.sigmoid_prime(z)
            delta = np.dot(self.weights[-l + 1].transpose(), delta) * sp
            nabla_b[-l] = delta
            nabla_w[-l] = np.dot(delta, activations[-l - 1].transpose())

        return (nabla_b, nabla_w)

    def evaluate(self, test_data):
        """
            返回正确的测试数量
        """
        test_results = [(np.argmax(self.feedforward(x)), y)
                        for (x, y) in test_data]
        return sum(int(x == y) for (x, y) in test_results)

    def sigmoid(self, z):
        """sigmoid函数"""
        return 1.0 / (1.0 + np.exp(-z))

    def sigmoid_prime(self, z):
        """求导"""
        return self.sigmoid(z) * (1 - self.sigmoid(z))

    def cost_derivative(self, output_activations, y):
        return (output_activations - y)
```

```
    def feedforward(self, a):
        """
            返回激活 a
        """
        for b, w in zip(self.biases, self.weights):
            a = self.sigmoid(np.dot(w, a) + b)

        return a

    def update_mini_batch(self, mini_batch, eta):
        """
            更新权重 w 和偏置 b
            主要使用 bp
        """
        nabla_b = [np.zeros(b.shape) for b in self.biases]
        nabla_w = [np.zeros(w.shape) for w in self.weights]
        for x, y in mini_batch:
            delta_nabla_b, delta_nabla_w = self.backprop(x, y)
            nabla_b = [nb + dnb for nb, dnb in zip(nabla_b, delta_nabla_b)]
            nabla_w = [nw + dnw for nw, dnw in zip(nabla_w, delta_nabla_w)]
        self.weights = [w - (eta / len(mini_batch)) *
                        nw for w, nw in zip(self.weights, nabla_w)]

        self.biases = [b - (eta / len(mini_batch)) *
                       nb for b, nb in zip(self.biases, nabla_b)]

    def SGD(self, training_data, epochs, mini_batch_size, eta, test_
data=None):
        """
        使用 SGD 训练网络
        (x,y) 输入的 x, 以及 label

        """
        if test_data:
             n_test = len(test_data)

        n = len(training_data)  # 50000
        for j in xrange(epochs):  # epochs 迭代
             random.shuffle(training_data)  # 打散
             mini_batches = [# 10 个数据一次迭代 :mini_batch_size, 以 mini_batch_
size 为步长
                 training_data[k:k + mini_batch_size] for k in xrange(0, n,
mini_batch_size)
            ]
```

```
            for mini_batch in mini_batches:  # 分成很多分mini_batch进行更新
                self.update_mini_batch(mini_batch, eta)

            if test_data:
                print "Epoch {0}:{1} / {2}".format(j, self.evaluate(test_
data), n_test)
            else:
                print "Epoch {0} complete".format(j)
```

main.py 中调用该网络：

```
import bp
import mnist_loader

net = bp.Network([784, 100, 10])

training_data, validation_data, test_data = mnist_loader.load_data_wrapper()

net.SGD(training_data, 30, 10, 3.0, test_data=test_data)
```

可以设置迭代次数以及参数，具体 data 可以在我们的官方 git repo 中找。

迭代的过程如下：

```
$ python main.py
Epoch 0:1203 / 10000
Epoch 1:1201 / 10000
Epoch 2:1205 / 10000
Epoch 3:1194 / 10000
Epoch 4:1187 / 10000
Epoch 5:1185 / 10000
Epoch 6:1184 / 10000
```

这里只截取了前面的一部分，感兴趣的读者可以自行训练。

## 10.9　词嵌入算法

基于神经网络的表示一般称为词向量、词嵌入（word embedding）或分布式表示（distributed representation）。神经网络词向量与其他分布方式类似，都基于分布式表达方式，核心依然是上下文的表示以及上下文与目标词之间的关系映射，主要通过神经网络对上下文，以及上下文和目标词汇之间的关系进行建模。那么为何这种方法会有效呢？主要是由于神经网络的空间非常大，所以这种方法可以表示复杂的上下文关系。基于矩阵的表示方法，是较为常见的方法，但是无法表示出上下文之间的关联关系，所以随着词汇数量的增大，空间复杂度会指数性增长。

### 10.9.1 词向量

NLP 相关任务中最常见的第一步是创建一个词表库并把每个词顺序编号。这实际就是前面章节提到的词表示方法中的 One-hot 表达，这种方法把每个词顺序编号，每个词就是一个很长的向量，向量的维度等于词表大小，只有对应位置上的数字为 1，其他都为 0。当然，在实际应用中，一般采用稀疏编码存储，主要采用词的编号。这种表示方法一个最大的问题是无法捕捉词与词之间的相似度，也被称为“词汇鸿沟”问题，One-Hot 的基本假设是词之间的语义和语法关系是相互独立的，仅仅从两个向量是无法看出两个词汇之间的关系的，这种独立性不适合词汇语义的运算；其次，是维度爆炸问题，随着词典规模的增大，句子构成的词袋模型的维度变得越来越大，矩阵也变得超稀疏，这种维度的爆增，会大大耗费计算资源。为了选择某个模型刻画目标词汇与上下文的关系，我们需要在词向量中抓取到一个词的上下文信息。所以，构建上下文与目标词汇的关系，最为自然的方式就是使用语言模型。

分布式表示最早由 Hinton 在 1986 年提出。其基本思想是通过训练将每个词映射成 $K$ 维实数向量（$K$ 一般为模型中的超参数），通过词之间的距离（比如 cosine 相似度、欧氏距离等）来判断它们之间的语义相似度。而 word2vec 使用的就是这种分布式表示的词向量表示方式。

### 10.9.2 word2vec 简介

word2vec 是 Google 在 2013 年发布的一个开源词向量建模工具。word2vec 使用的算法是 Bengio 等人在 2001 年提出的 Neural Network Language Model（NNLM）算法。由

于该算法使用了两次变换，模型参数过多，收敛速度慢，不适合大的语料，也就沉寂了一段时间。后来，随着深度学习再次成为热点，Milolvo 团队对这一方法进行了一定优化，将其实用化。优化后的方法简单、快速、高效，特别适合超大规模数据等优异特性，所以一经发布，就引起了业界的广泛关注，并且在多项应用当中，取得了非常好的成绩。

word2vec 以及其他词向量模型，都基于了同样的假设：衡量词语之间的相似性，在于其相邻词汇是否相识，这是基于语言学的“距离象似性”原理。词汇和它的上下文构成了一个象，当从语料库当中学习到相识或者相近的象时，他们在语义上总是相识的。

word2vec 是一款将词表征为实数值向量的高效工具，采用的模型有 CBOW（Continuous Bag-Of-Words，连续的词袋模型）和 Skip-Gram 两种。

word2vec 一般被外界认为是一个 Deep Learning（深度学习）的模型，究其原因，可能和 word2vec 的作者 Tomas Mikolov 的 Deep Learning 背景以及 word2vec 是一种神经网络模型相关，但我们谨慎认为该模型层次较浅，严格来说还不能算是深层模型。当然如果 word2vec 上层再套一层与具体应用相关的输出层，比如 Softmax，会更像是一个深层模型。

word2vec 通过训练，可以把对文本内容的处理简化为 $K$ 维向量空间中的向量运算，而向量空间上的相似度可以用来表示文本语义上的相似度。因此，word2vec 输出的词向量可以被用来做很多 NLP 相关的工作，比如聚类、找同义词、词性分析等。而 word2vec 被人广为传颂的地方是其向量的加法组合运算（Additive Compositionality），官网上的例子是：vector(‘Paris’)−vector(‘France’)+vector(‘Italy’) ≈ vector(‘Rome’)vector (‘Paris’) −vector (‘France’)+vector(‘Italy’) ≈ vector(‘Rome’)，vector(‘king’)−vector (‘man’) + vector (‘women’) ≈ vector(‘queen’)vector(‘king’)−vector(‘man’)+vector(‘women’) ≈ vector(‘queen’)。但我们认为这个多少有点被过度炒作了，很多其他降维或主题模型在一定程度也能达到类似效果，而且 word2vec 也只是少量的例子完美符合这种加减法操作，并不是所有的例子都满足。

word2vec 大受欢迎的另一个原因是其高效性，Mikolov 在论文中指出一个优化的单机版本一天可训练上千亿个词。

介绍算法原理时一般会举一个著名的例子：

考虑英语和西班牙语两种语言，通过训练分别得到它们对应的词向量空间 $E$ 和 $S$。从英语中取出五个词 one、two、three、four、five，设其在 $E$ 中对应的词向量分别为 $v1$、$v2$、$v3$、$v4$、$v5$，为方便作图，利用主成分分析（PCA）降维，得到相应的二维向量 $u1$、$u2$、$u3$、$u4$、$u5$，在二维平面上将这五个点描出来，如图 10-14a 所示。类似地，在西班牙语中取出（与 one、two、three、four、five 对应的）uno、dos、tres、cuatro、cinco，设其在 $S$ 中对应的词向量分别为 $s1$、$s2$、$s3$、$s4$、$s5$，用 PCA 降维后的二维向量分别为 $t1$、$t2$、$t3$、$t4$、$t5$，将它们在二维平面上描出来（可能还需作适当的旋转），如图 10-14b 所示。

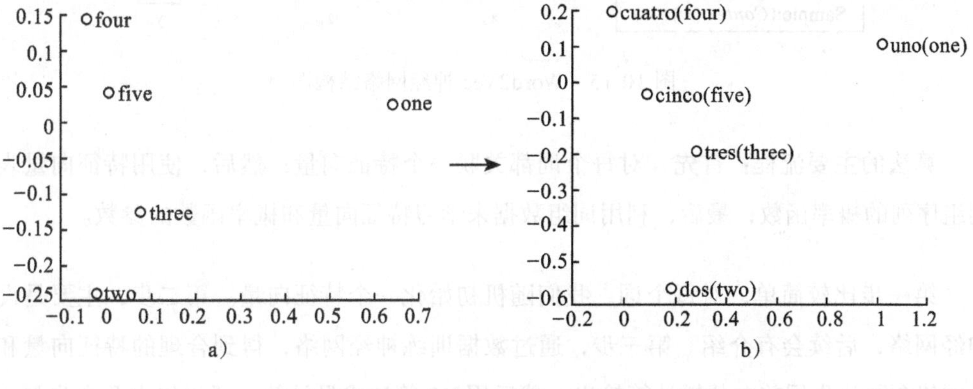


图 10-14　词向量空间映射图

观察图 10-14 的两幅图，容易发现：五个词在两个向量空间中的相对位置差不多，这说明两种语言对应向量空间结构之间具有相似性，从而进一步说明了在词向量空间利用刻画词之间相似性的合理性。

词向量的评价大致可以分为两种方式：一种是把词向量融入系统当中，提升整个系统的准确度，另外一种是从语言学的角度对词向量进行分析，例如句子相似度分析，语义偏移等。与此同时，好的词向量表达方式是成功的一半，对于整个 NLP 系统非常有价值，特别是对基于深度学习方面的基于 LSTM 算法的中文分词、词性标注、实体命名等，在实际应用中，有着优异的性能和表现。

### 10.9.3 词向量模型

图 10-15 所示为 word2vec 神经网络的结构图，包含了输入层（Input Layer），投影层（Projection Layer），隐藏层（Hidden Layer），输出层（Output Layer）。

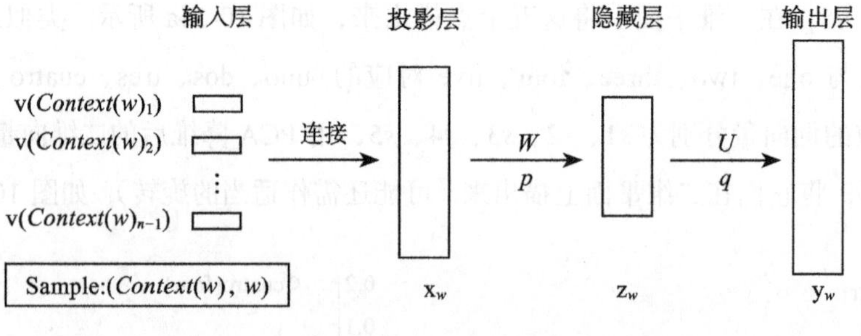


图 10-15 Word2Vec 神经网络结构图

算法的主要流程：首先，对每个词都关联一个特征向量；然后，使用特征向量表示词组序列的概率函数；最后，利用词组数据来学习特征向量和概率函数的参数。

第一步比较简单，对每个词，我们随机初始化一个特征向量。第二步，主要是设计神经网络，后续会有介绍。第三步，通过数据训练神经网络，得到合理的特征向量和神经网络参数。先用前向传播计算输出，然后用 BP 算法求导计算。通过以上几个步骤，得到压缩的特征向量以及训练好的神经网络参数。向量会表现出一些比较有意思的特性，例如向量（狗）与向量（猫）就会比较接近。向量（皇后）+ 向量（男人）和向量（皇帝）非常接近。通过这种把词转化为向量的方式，我们可以做很多分析，例如聚类、分类等。

我们的目标是学到一个好的模型：

$$f(w_t, w_{t-1}, \cdots, w_{t-n+2}, w_{t-n+1}) = p(w_t, w_l^{t-1}) \tag{10.33}$$

需要满足的约束条件：

$$f\left(w_t, w_{t-1}, \cdots, w_{t-n+2}, w_{t-n+1}\right) > 0 \tag{10.34}$$

$$\sum_{i=1}^{|V|} f\left(w_t, w_{t-1}, \cdots, w_{t-n+2}, w_{t-n+1}\right) = 1 \tag{10.35}$$

在图 10-16 中，每个输入词都被映射成一个向量，该映射用 $C$ 表示，所以 $C(w_{t-1})$ 为 $w_{t-1}$ 的词向量。网络最后输出是一个向量，向量中的第 $i$ 个元素表示概率 $p(w_t = i \mid w_l^{t-1})$。训练的目标依然是最大似然加正则项，即训练的目标函数是最大化 log-likelihood，定义如下：

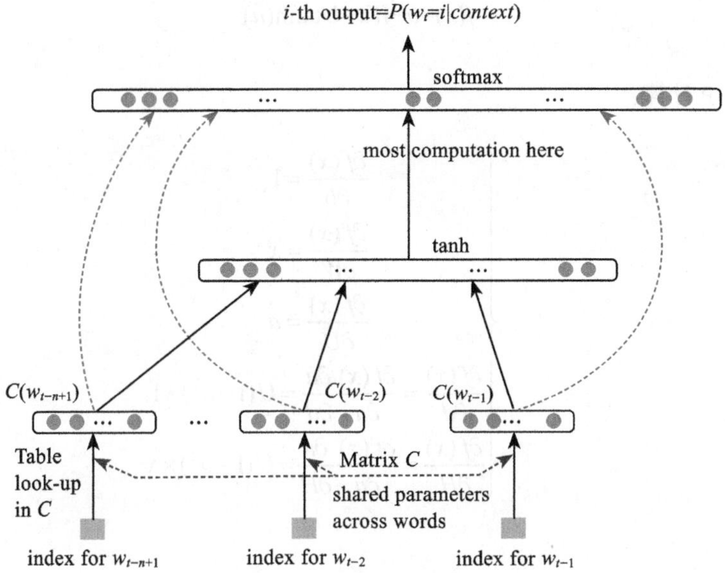


图 10-16　Word2Vec 结构图

$$L = \frac{1}{T}\sum_t \log f(w_t, w_{t-1}, \cdots, w_{t-n+1}; \theta) + R(\theta) \tag{10.36}$$

图 10-16 中给出了计算的过程，由图可得到：

$$f(x)=b+Wx+U\tanh(d+Hx) \tag{10.37}$$

其中，$\tanh(x)=\frac{e^x-e^{-x}}{e^x+e^{-x'}}$，神经网络的输入是 $w_t, w_{t-1}, \cdots, w_{t-n+1}$，通过映射矩阵 $\boldsymbol{C}$，我们得到每个词相应的向量化 $C(w_t)$。每次训练，把输入 $w_t, w_{t-1}, \cdots, w_{t-n+1}$ 合并成一个向量，

得到输入 $x=(C(w_t), C(w_{t-1}), \cdots, C(w_{t-n+1}))$。

由于输出结果可能会大于 1，所以最后加了一层 softmax 层：

$$P(w_t \mid w_{t-1}, \cdots, w_{t-n+1}) = \frac{e^{y_{w,t}}}{\sum_i e^{y_i}} \tag{10.38}$$

其中 $i$ 表示整个词 $w$ 在词典中的索引。整个运算过程，先是 forward 计算，分为两步：

$$a=d+Hx \tag{10.39}$$

$$f(x)=b+Wx+U\tanh(a) \tag{10.40}$$

然后是 BP 计算：

$$\begin{cases} \dfrac{\partial f(x)}{\partial b}=1 \\ \dfrac{\partial f(x)}{\partial W}=x \\ \dfrac{\partial f(x)}{\partial U}=a \\ \dfrac{\partial f(x)}{\partial d}=\dfrac{\partial f(x)}{\partial a}\dfrac{\partial a}{\partial d}=U(1-a^2)\times 1 \\ \dfrac{\partial f(x)}{\partial H}=\dfrac{\partial f(x)}{\partial a}\dfrac{\partial a}{\partial H}=U(1-a^2)\times x \end{cases} \tag{10.41}$$

### 10.9.4　CBOW 和 Skip-gram 模型

上面介绍的 NNLM 以训练语言模型为目标，同时得到了词表示。2013 年开源的工具包 Word2Vec 包含了 CBOW（Continuous Bag-Of-Words Model）和 Skip-gram 这两个得到词向量为目标的模型，如图 10-17 所示。

与 NNLM 不同的是，在 CBOW/Skip-gram 模型当中，目标词 $w_t$ 是一个词串联的词而不是最后一个词，其拥有的上下文（context）为前后各 $m$ 个词 $w_{t-m}, w_{t-1}, w_{t+1}, \cdots, w_{t+m}$。NPLM 基于 $n$-gram 相当于目标词汇只有上文。

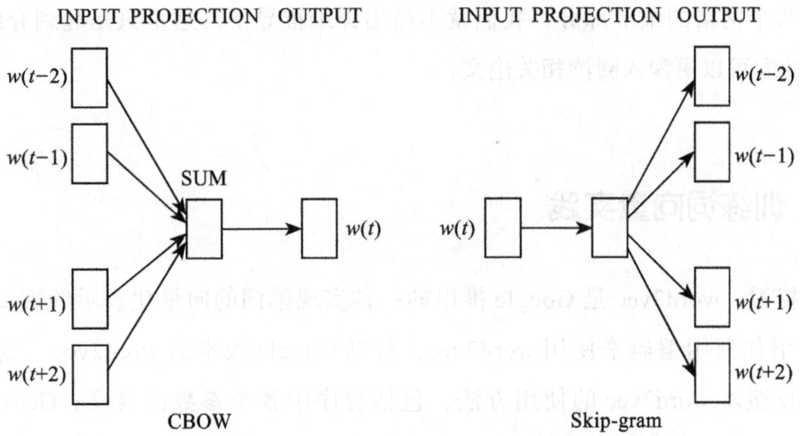


图 10-17　CBOW 和 Skip-gram

其中 CBOW 如图 10-17 左部，输入是周围词的词向量，而输出是当前词的词向量。也就是通过上下文来预测当前词。

CBOW 包含了输入层、投影层，以及输出层（没有隐藏层）。其基本运算流程如下：

- ▼ 随机生成一个所有单词的词向量矩阵，每一个行对应一个单词的向量；
- ▼ 对于某一个单词（中心词），从矩阵中提取其周边单词的词向量；
- ▼ 求周边单词的词向量的均值向量；
- ▼ 在该均值向量上使用 logistic regression 进行训练，softmax 作为激活函数；
- ▼ 期望回归得到的概率向量可以与真实的概率向量（即中心词 one-hot 编码向量）相匹配。

CBOW 是使用周边的单词去预测该单词，而 Skip-Gram 正好相反，是输入当前词的词向量，输出周围词的词向量。也就是说通过当前的词来预测周围的词。Skip-Gram 模型如图 10-17 右侧部分。理解了 CBOW 模型，Skip-Gram 模型也就非常简单。它主要也包含了三个部分：输入层、投影层和输出层。输出层是只有当前的词向量。投影层，因为没有上下文，所以只能将 $w$ 投影到 $w$，是一个恒等的映射。输出层是一颗 Huffman 树。

关于两个网络的细节部分，我们就不给出详细推导了，这里只是起到介绍的作用，有兴趣的朋友可以更深入阅读相关论文。

## 10.10 训练词向量实践

前面提过，word2vec 是 Google 推出的一种实现单词的向量化表示的重要方法。本节主要介绍如何用编码来使用 word2vec，包括 Google 版本的 word2vec。主要内容包括：Google 版本 word2vec 的使用方法，包括程序中各个参数的含义；Gensim 版本的 word2vec 的使用，包括代码、数据集、在线资源、可视化方法等。

不同版本 word2vec 的下载地址为：

- Google 版本（https://github.com/dav/word2vec）
- C++ 11（https://github.com/jdeng/word2vec）
- Java（https://github.com/NLPchina/Word2VEC_java）
- Python（https://pypi.python.org/pypi/gensim）

需要的基本系统配置如下：

- Windows Original: cygwin
- C++11: VS2013 Linux/Mac OS
- 你喜欢的任意版本——word2vec

有兴趣的读者可以尝试下载Google 的C 语言版本进行学习，跟着README 可以很容易进行训练，这里我们主要讲解 Gensim，Gensim 在前面已经略有提及。使用 word2vec 一般需要大规模的语料库（GB 级别），这些语料还需要进行一定的预处理，变为精准的分词，才能提升训练效果。当前国内有很多商业公司和学术机构提供了大规模的中文语料。其中比较著名的有维基百科中文语料（https://dumps.wikimedia.org/zhwiki/latest/zhwiki-latest-pages-articles.xml.bz2），解压后有 5.7G 左右的 xml 文件，包含了标题，分类，正文等。还有搜狗实验室出的搜狗SouGouT，这个语料库更大（压缩前的大小超过了5TB），压缩后估计要465GB，数据格式为网页原版。这种语料库需要大规模的机器运算，一般只有研究机构和大公司有这样的运算力去做相关训练。

## 实战用Gensim训练百科语料库

这里我们使用中文维基百科语料库作为训练库。下载数据后，首先对数据进行预处理。

### 1. 数据预处理

我们使用Gensim自带的数据提取方法：

```
from gensim.corpora import WikiCorpus

space = " "

with open('wiki-zh-article.txt', 'w',encoding="utf8") as f:
     wiki =WikiCorpus('zhwiki-latest-pages-articles.xml.bz2', lemmatize=False,
dictionary={})
    for text in wiki.get_texts():
        f.write(space.join(text)+"\n")
print("Finished Saved")
```

大概等待15分钟左右，得到280 819行文本，每行对应一个网页。

### 2. 繁体字处理

因为维基语料库里面包含了繁体字和简体字，为了不影响后续分词，所以统一转化为简体字。这时要用到工具opencc（https://github.com/BYVoid/OpenCC），给出如下的命令：

```
opencc -i corpus.txt -o wiki-corpus.txt -c t2s.json
```

### 3. 分词

接着就是做分词，还是用前面章节说过的Jieba分词，当然你也可以用中科院的ICTCLAS，复旦的FudanNLP等。代码如下：

```
import codecs
import jieba

infile = 'wiki-zh-article-zhs.txt'
outfile = 'wiki-zh-words.txt'

descsFile = codecs.open(infile, 'rb', encoding='utf-8')
i = 0
with open(outfile, 'w', encoding='utf-8') as f:
    for line in descsFile:
        i += 1
        if i % 10000 == 0:
            print(i)
        line = line.strip()
        words = jieba.cut(line)
        for word in words:
            f.write(word + ' ')
        f.write('\n')
```

大概需要运行几十分钟，就可以使用了。

#### 4. 运行 word2vec 训练

下面就可以运行模型了，这次时间会比较长，当然，如果电脑性能比较强的话，会比较快。

```
import multiprocessing

from gensim.models import Word2Vec
from gensim.models.word2vec import LineSentence

inp = 'wiki-zh-words.txt'
outp1 = 'wiki-zh-model'
outp2 = 'wiki-zh-vector'

model = Word2Vec(LineSentence(inp), size = 400, window = 5, min_count = 5,
workers = multiprocessing.cpu_count())

model.save(outp1)
model.save_word2vec_format(outp2, binary = False)
```

看看其中的词向量的值：

```
苹果 0.396402 1.611405 -0.291840 -0.951169 -0.109141 1.918246 0.215038 0.674539
2.335748 -0.757200 -0.290877 2.198100 -0.309420 0.438734 -1.731025 -0.233053
0.150694 2.214514 ......
```

每个词都是400维。

可以使用下面的代码，看看效果如何：

```
from gensim.models import Word2Vec

model = Word2Vec.load('./wiki-zh-model')
# model = Word2Vec.load_word2vec_format('./wiki-zh-vector', binary = False) #
```

如果之前用文本保存的话，用这个方法加载：

```
res = model.most_similar('时间')
print(res)
```

## 10.11　朴素 Vanilla-RNN

前面提到的关于NLP的几个应用，例如分类、聚类，都是未考虑到词的序列信息。而针对序列化学习，循环神经网络（Recurrent Neural Networks，RNN）则能够通过在原有神经网络基础上增加记忆单元，处理任意长度的序列（理论上），在架构上比一般神经网络更加能够处理序列相关的问题，因此，这也是为了解决这类问题而设计的一种网络结构。

RNN的出现以及之后的变体LSTM等模型都是基于神经网络而发展起来的，RNN背后的思想是利用顺序信息。在传统的神经网络中，我们假设所有的输入（包括输出）之间是相互独立的。对于很多任务来说，这是一个非常糟糕的假设。如果你想预测一个序列中的下一个词，你最好能知道哪些词在它前面。RNN之所以是循环的，是因为它针对系列中的每一个元素都执行相同的操作，每一个操作都依赖于之前的计算结果。换一种方式思考，可以认为RNN记忆了当前为止已经计算过的信息。理论上，RNN可以利用任意长的序列信息，但实际中只能回顾之前的几步。例如，想象你要把一部电影里面每个时间点正在发生的事情进行分类：传统神经网络并不知道怎样才能把关于之前事件的推理运用到之后的事件中去；而 RNN 网络可以解决这个问题，它带有循环的网络，具有保持信息的作用。

如图 10-18 所示，神经网络的模块 $A$ 输入为 $x_t$，输出为 $h_t$。模块 A 的循环结构使得信息从网络的上一步传到了下一步。

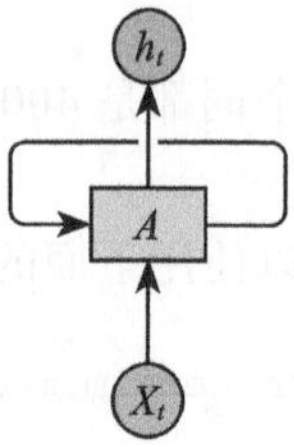


图 10-18　RNN 基本网络单元

这个循环使 RNN 看起来有点复杂。其实，拆开来看，它和普通的神经网络并没有多大区别。循环神经网络可以被认为是相同网络的多重叠加结构，每一个网络把消息传给其继承者。如果我们把循环体展开就是这样，如图 10-19 所示。

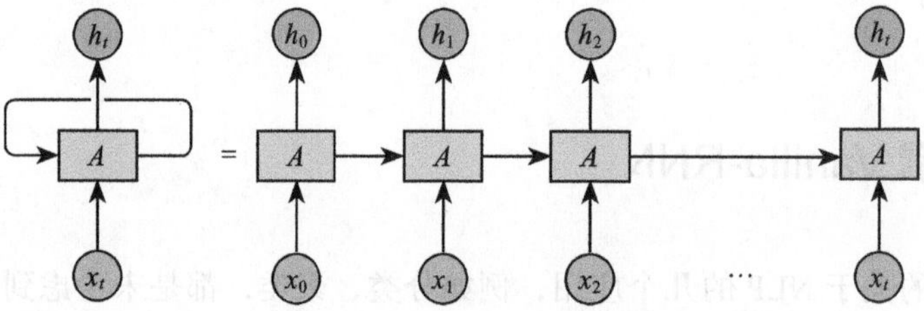


图 10-19　RNN 网络示意图

一下子，变得清晰很多，这种结构表明，循环神经网络与序列之间有着紧密的联系。这也是运用这类数据最自然的结构。当然这一属性已经被应用到各个领域。让我们再来看看具体实现细节的结构图，如图 10-20 所示。

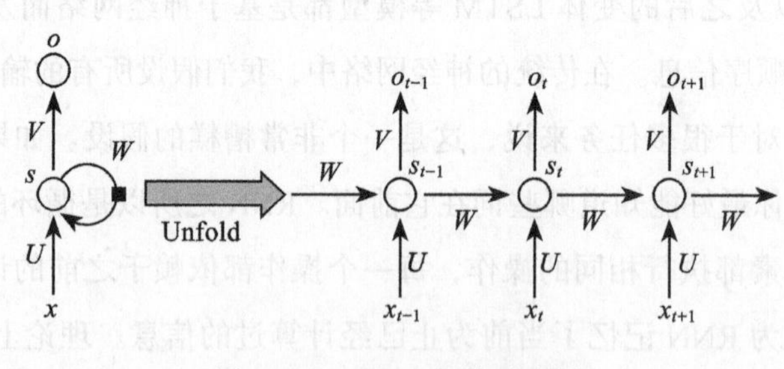


图 10-20　RNN 细节示意图

其中：

$$s_t=f(Ux_t+Ws_{t-1}) \tag{10.42}$$

$$y=g(Vs_t) \tag{10.43}$$

各参数说明如下：

- ▼ $x_t$：$t$ 时刻的输入。
- ▼ $s_t$：$t$ 时刻隐藏状态。
- ▼ $f$：激活函数（一般用 tanh 和 ReLU）。
- ▼ $U$，$V$，$W$：网络参数（和前馈网络不同的是，RNN 共享同一批网络参数）。
- ▼ $g$：激活函数。

对其进行展开，首先是前向传播（Forward Propagation）依次按照时间的顺序计算一次即可。然后用反向传播算法进行残差传递，和普通 BP 网络唯一的差别是，加入了时间顺序，计算的方式有些微的区别，称为 BPTT（Back Propagation Through Time）算法。

过去几年，RNN 已经被成功应用到各种应用中：语音识别、机器翻译、图像标注等。取得各项成功的一个关键模型是 RNN 的变体长短时记忆网络（Long Short Term Memory Networks，LSTM），这个模型在前面情感分析那一章已经有所涉及，这里更加详细介绍其原理。LSTM 是一种非常特殊的循环神经网络，对于许多任务，比标准的版本要有效得多，几乎所有基于循环神经网络的应用都使用了这一模型。本文将着重介绍 LSTM。

那么为何要用 LSTM 呢？有时候，我们处理当前任务仅需要查看当前信息。例如，设想有个语言模型基于当前单词尝试着去预测下一个单词。如果我们尝试着预测“ the cloud are in the sky”的最后一个单词，我们并不需要任何额外的信息——很显然下一个单词就是“ sky”。这样的话，如果目标预测的点与其相关信息的点之间的间隔较小，RNN 可以学习利用过去的信息。

但是人类的推理可以基于更加久远的信息（例如我们可以回想起几个月前读的一本书的主要内容），大部分情况下，更多的上下文信息会更有助于我们做推断。例如，预测这句话的最后一个单词：“ I grew up in France… I speak fluent French”。最近的信息表明下一个单词似乎是一种语言的名字，但是如果我们希望缩小确定语言类型的范围，我们需要更早之前作为 France 的上下文。而且需要预测的点与其相关点之间的间隔可能变得很大，如图 10-21 所示。

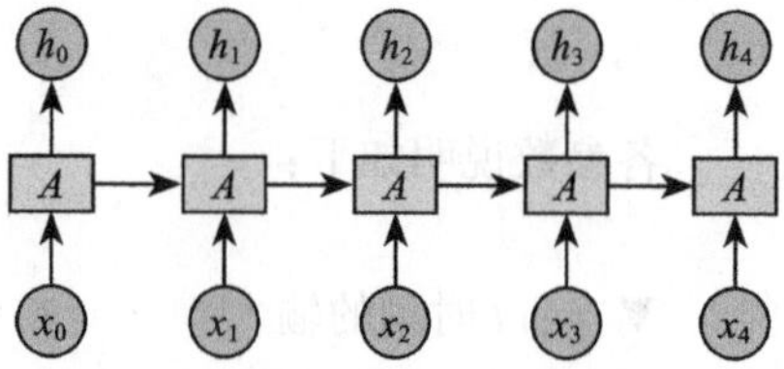


图 10-21　长短时示例

但是，随着间隔越来越大，RNN 很难学习到过往久远的信息，如图 10-22 所示。

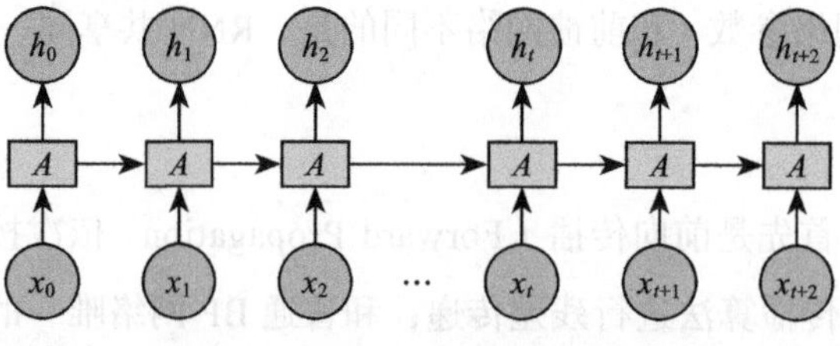


图 10-22　LSTM 优点例子示意图

理论上来说，RNN 可以处理这种长期依赖问题。但是，实践证明，RNN 似乎很难学习到一个有效的参数。这个问题，Hochreiter（http://people.idsia.ch/~juergen/SeppHochreiter1991ThesisAdvisorSchmidhuber.pdf）和 Bengio（http://www-dsi.ing.unifi.it/~paolo/ps/tnn-94-gradient.pdf）都有过深入的研究，有兴趣的读者可以继续深入探讨。所以，针对上述问题，LSTM 被提出来。

## 10.12　LSTM 网络

### 10.12.1　LSTM 基本结构

长短时记忆网络（Long Short Term Memory network，LSTM）是一种特殊的 RNN，它能够学习长时间依赖。它们由 Hochreiter & Schmidhuber（1997）提出，后来由很多人加以改进和推广。它们在大量的问题上都取得了巨大成功，现在已经被广泛应用。

LSTM 是专门设计用来避免长期依赖问题的。记忆长期信息是 LSTM 的默认行为，而不是它们努力学习的东西！

所有的循环神经网络都具有链式的重复模块神经网络。在标准的 RNN 中，这种重复模块具有非常简单的结构，比如一个层，如图 10-23 所示。

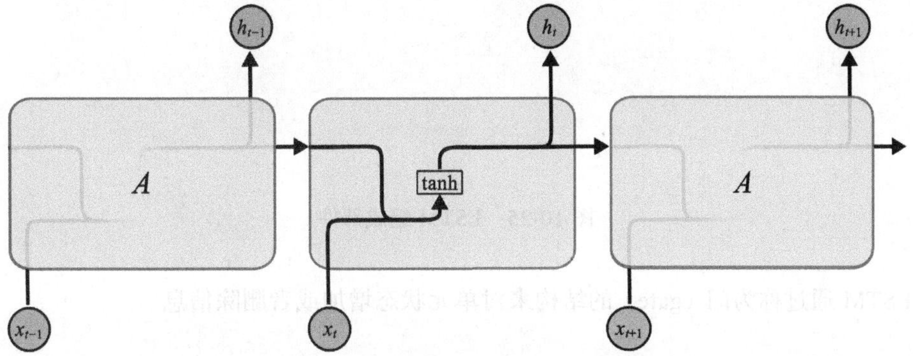


图 10-23　tanh 层

LSTM 同样具有链式结构，但是其重复模块却有着不同的结构。不同于单独的神经网络层，它具有 4 个以特殊方式相互影响的神经网络层，如图 10-24 所示。

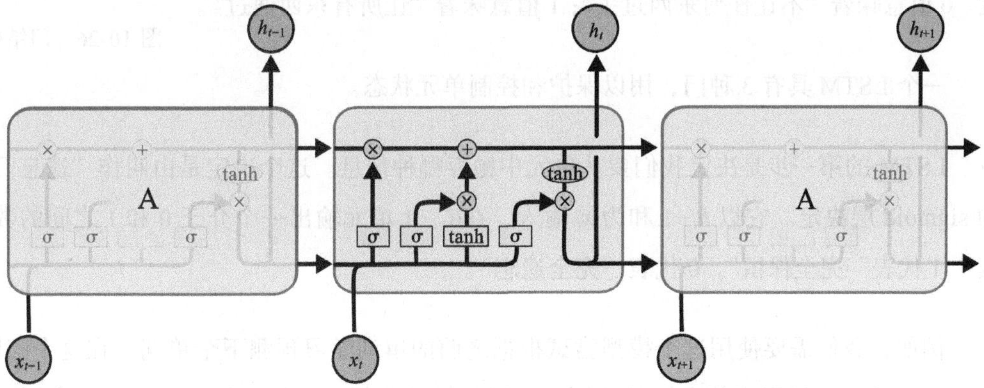


图 10-24　LSTMs 结构图

LSTM 的关键在于单元状态，在图 10-25 中以水平线表示。

单元状态就像一个传送带。它顺着整个链条从头到尾运行，中间只有少许线性的交互。信息很容易顺着它流动而保持不变。

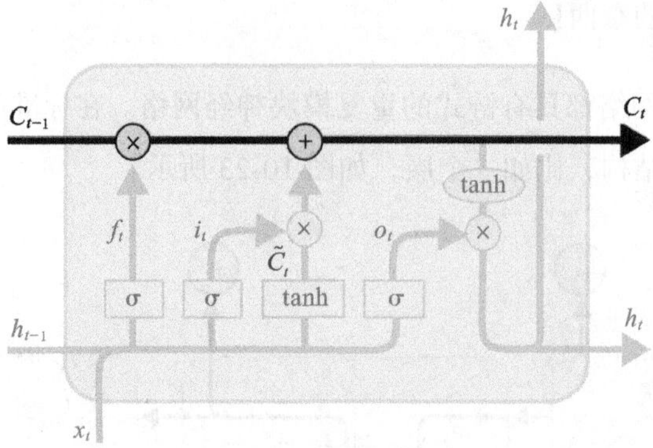


图 10-25 LSTM 组成部件

LSTM 通过称为门（gate）的结构来对单元状态增加或者删除信息。

门是选择性让信息通过的方式。它们的输出有一个 Sigmoid 层和逐点乘积操作，如图 10-26 所示。

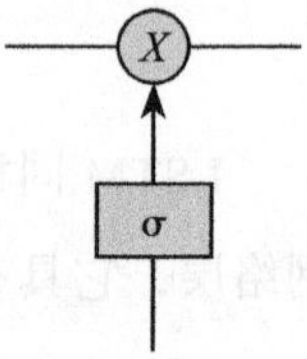


图 10-26 门结构

Sigmoid 层的输出在 0 到 1 之间，定义了各成分被放行通过的程度。0 值意味着“不让任何东西过去”；1 值意味着“让所有东西通过”。

一个 LSTM 具有 3 种门，用以保护和控制单元状态。

LSTM 的第一步是决定我们要从单元中抛弃哪种信息。这个决定是由叫作“遗忘门”的 sigmoid 层决定。它以 $h_i-1$ 和为 $x_i$ 输入，在 $C_t-1$ 单元输出一个介于 0 和 1 之间的数。其中 1 代表”完全保留”，0 代表“完全遗忘”。

例如，我们需要使用这个模型尝试根据之前的单词学习预测下个单词。在这个问题中，单元状态包括了当前主语的性别，应该能够正确使用。但我们见到一个新主语时，希望让它能够忘记之前主语的性别，如图 10-27 所示。

下一步是决定单元中要存储何种信息。它由两个组成部分。首先，由一个叫作“输入门层”的 Sigmoid 层决定我们将要更新哪些值。其次，一个 tanh 层创建一个新的候选向量$\widetilde{C}_t$，可以加入状态机中。在下一步我们将结合两者来生成状态的更新。

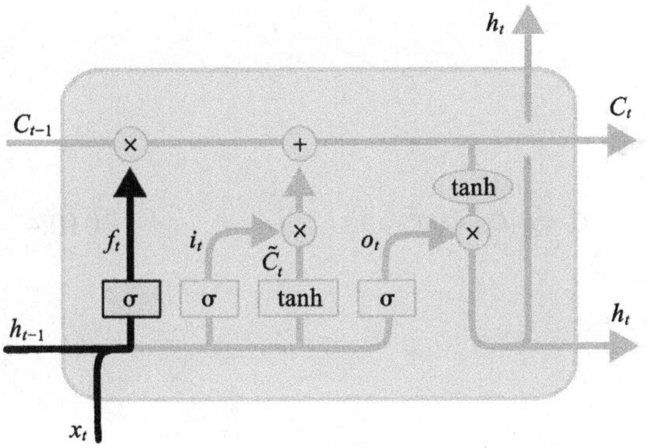


$$f_t=\sigma\left(W_f\cdot[h_{t-1},x_t]+b_f\right) \quad (10.44)$$

图 10-27　忘记门部分

在语言模型的例子中，我们希望把新主语的性别加入状态中，从而取代希望遗忘的旧主语的性别，如图 10-28 所示。

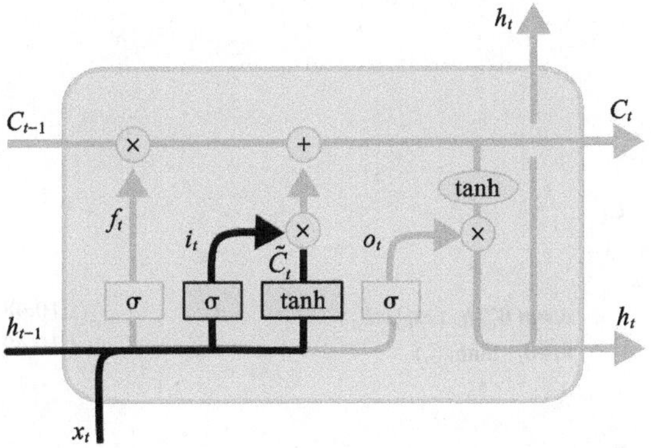


$$i_t=\sigma\left(W_i\cdot[h_{t-1},x_t]+b_i\right) \quad (10.45)$$

$$\tilde{C}_t=\tanh\left(W_C\cdot[h_{t-1},x_t]+b_C\right) \quad (10.46)$$

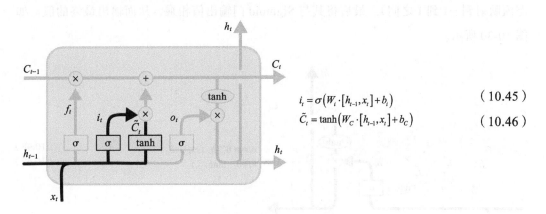

图 10-28　输入门和状态门

接着可以将旧单元状态 $C_t-1$ 更新 $C_t$。把旧的状态乘以 $f_t$，用以遗忘之前我们决定忘记的信息。接着再加上 $i_t*\widetilde{C}_t$。这是新的候选值，根据我们决定更新状态的程度来设置缩放系数。

在语言模型中，下面是我们用于丢弃关于旧的主语性别信息和增加新信息的地方，如图 10-29 所示。

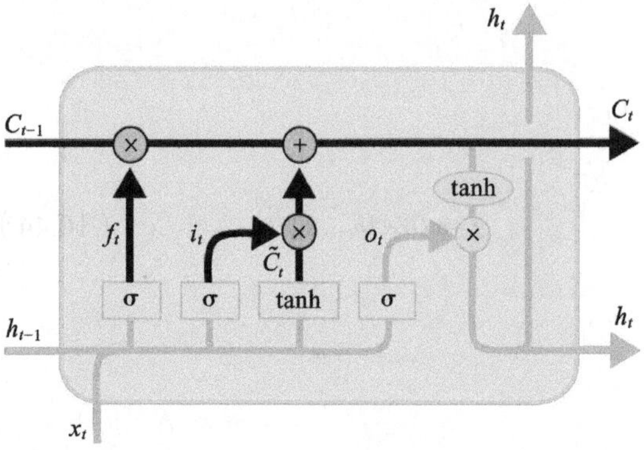


$$C_t = f_t \cdot C_{t-1} + i_t \cdot \tilde{C}_t \tag{10.47}$$

图 10-29 状态更新

最终可以决定输出哪些内容。单元状态决定了输出什么样的值。首先，我们使用Sigmoid层来决定我们要输出单元状态的哪个部分。接着，用tanh处理单元状态（将状态值映射到 −1 到 1 之间）。最后将其与Sigmoid门输出值相乘，从而输出最终的值，如图10-30所示。

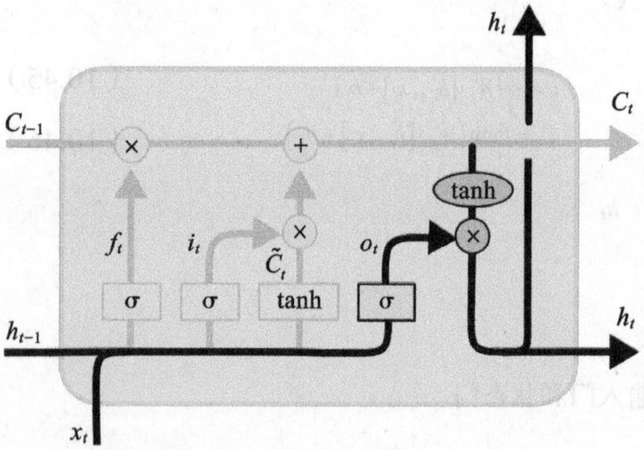

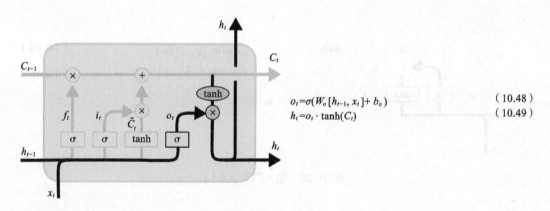

$$o_t=\sigma(W_o[h_{t-1}, x_t]+ b_o) \tag{10.48}$$

$$h_t=o_t \cdot \tanh(C_t) \tag{10.49}$$

图 10-30 最终输出

## 10.12.2 其他LSTM变种形式

之前描述的都是通用的LSTM。还有很多其他形式的LSTM形式，很多LSTM之间有细微的差别，其中流行的LSTM变化形式是由Gers和Schmidhuber于2000年提出的，增加了窥视孔连接（peephole connection），如图10-31所示。

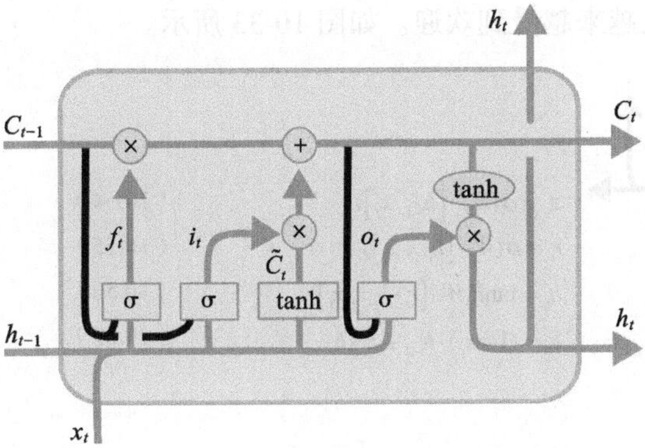

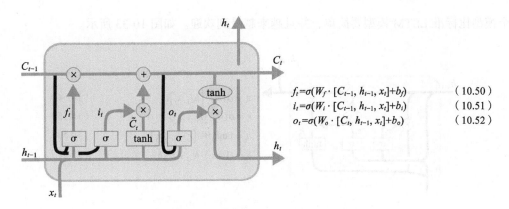

$$f_t=\sigma(W_f\cdot[C_{t-1},h_{t-1},x_t]+b_f) \tag{10.50}$$
$$i_t=\sigma(W_i\cdot[C_{t-1},h_{t-1},x_t]+b_i) \tag{10.51}$$
$$o_t=\sigma(W_o\cdot[C_t,h_{t-1},x_t]+b_o) \tag{10.52}$$

图 10-31　peephole connections 结构图

在图 10-31 中，所有的门都加上了窥视孔，但是许多论文中只在其中一些装了窥视孔。

另一个变种是使用了配对遗忘与输入门。与之前分别决定遗忘与添加信息不同，我们同时决定两者。只有当我们需要输入一些内容的时候我们才需要忘记。只有当早前信息被忘记之后我们才会输入。如图 10-32 所示。

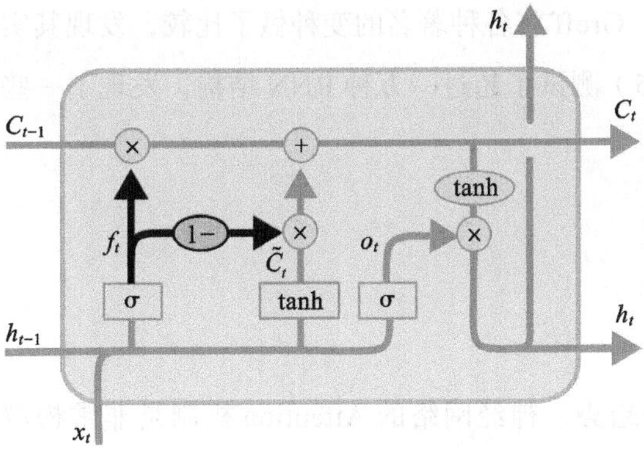


$$C_t=ft\cdot C_{t-1}+(1-f_t)\cdot\tilde{C}_t \tag{10.53}$$

图 10-32　配对遗忘门和输入门结构图

LSTM 一个更加不错的变种是 Gated Recurrent Unit（GRU），它是由 Cho 等人（2014）（ https://arxiv.org/pdf/1406.1078v3.pdf）提出的。这个模型将输入门和遗忘门结合成了一个单独的”更新门”。同时合并了细胞状态和隐含状态，也做了一下其他的修改。因此这个模型比标准 LSTM 模型要简单，并且越来越受到欢迎。如图 10-33 所示。

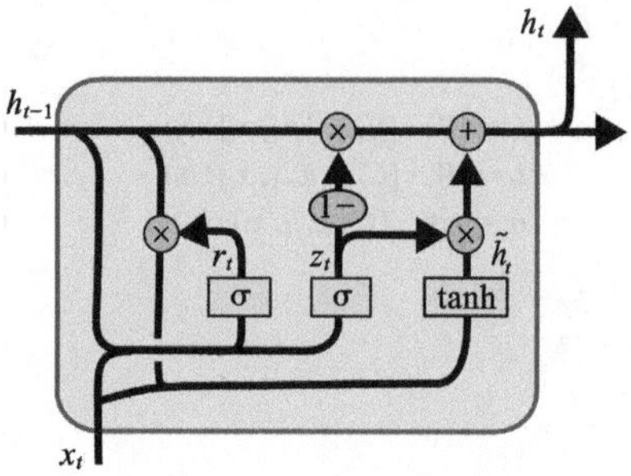

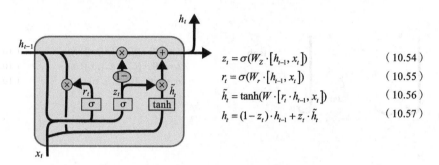

$$z_t = \sigma(W_Z \cdot [h_{t-1}, x_t]) \tag{10.54}$$

$$r_t = \sigma(W_r \cdot [h_{t-1}, x_t]) \tag{10.55}$$

$$\tilde{h}_t = \tanh(W \cdot [r_t \cdot h_{t-1}, x_t]) \tag{10.56}$$

$$h_t = (1 - z_t) \cdot h_{t-1} + z_t \cdot \tilde{h}_t \tag{10.57}$$

图 10-33　GRU 结构图

上文只是 LSTM 的少数几个著名变种。还有很多其他种类，例如由 Yao 等人（2015）提出的 Depth Gated RNN，以及处理长期依赖问题的完全不同的手段，如 Koutnik 等人（2014）提出的 Clockwork RNN。

相较于 LSTM，GRU 模型精简，参数少，拟合能力相对比较弱，适用于小规模不是很复杂的数据集，而 LSTM 参数多，拟合能力强，适合大规模复杂度高的数据集。

哪种变种是最好的？这些不同重要吗？Greff 将各种著名的变种做了比较，发现其实基本上是差不多的。Jozefowicz 等人（2015）测试了超过一万种 RNN 结构，发现了一些在某些任务上表现良好的模型。

## 10.13　Attention 机制

Attention 机制是最近深度学习的一个趋势，神经网络的 Attention 机制是非常松散的，基于人类大脑的注意机制。Attention 在神经网络领域有着很长的历史，尤其是在图像领域。但是直到最近，Attention 机制才被引入 NLP 的 LSTM 网络当中。其思想就是让 RNN 的每一步从更大范围的信息中选取。Attention 机制的基本思想是，打破了传统编码器—解码器结构在编解码时都依赖于内部一个固定长度向量的限制。

Attention机制的实现是通过保留LSTM编码器输入序列的中间输出结果，然后训练一个模型来对这些输入进行选择性的学习，并且在模型输出时将输出序列与之进行关联。换一个角度而言，输出序列中每一项的生成概率取决于在输入序列中选择了哪些项。虽然这样做会增加模型的计算负担，但是会形成目标性更强、性能更好的模型。此外，模型还能够展示在预测输出序列的时候，如何将注意力放在输入序列上。这会帮助我们理解和分析模型到底在关注什么，以及它在多大程度上关注特定的输入—输出对。Attention机制在文本翻译、图像描述（后续会讲到）、语义蕴含、语音识别、文本摘要等都有广泛应用。

## 10.13.1 文本翻译

文本翻译，当给定一个法语句子的输入序列，将它翻译并输出英文句子。注意力机制用于观察输入序列中与输出序列每一个词相对应的具体单词。生成每个目标词时，我们让模型搜索一些输入单词或由编码器计算得到的单词标注，进而扩展基本的编码器—解码器结构。这让模型不再必须将整个源句子编码成一个固定长度的向量，还能让模型仅聚焦于和下一个目标词相关的信息。

## 10.13.2 图说模型

基于序列的注意力机制可以应用在计算机视觉问题上，来帮助找出方法，使输出序列更好地利用卷积神经网络来关注输入的图片。例如在典型的图像描述任务中，给定一幅输入图像，输出对该图像的英文描述。注意力机制用于关注与输出序列中的每一个词相关的局部图像。

如图10-34所示，每个关键词以及位置都有所注意。

**语义蕴含**

给定一个前提场景，并且用英文给出关于该场景的假设，输出内容是前提和假设是否矛盾、二者是否相互关联，或者前提是否蕴涵假设。

例如：

前提：「婚礼上的照片」

假设：「某人在结婚」

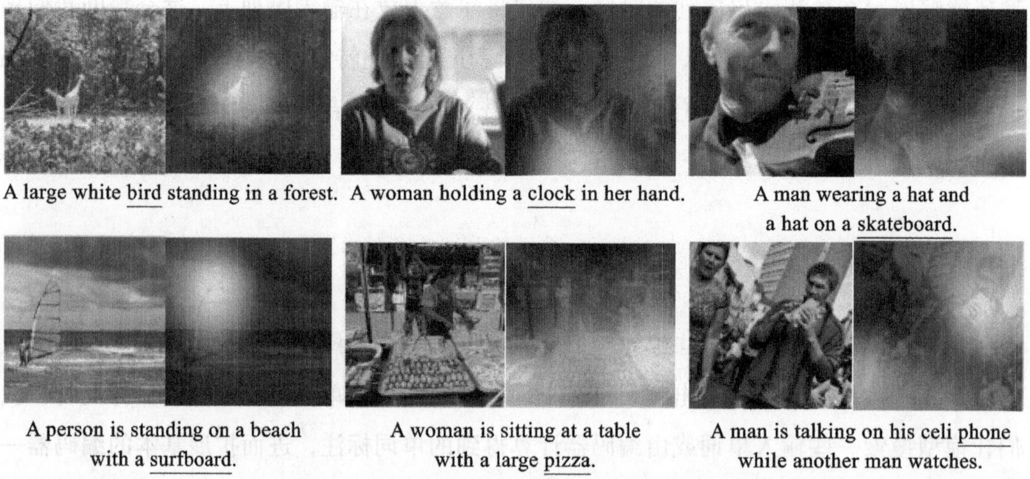
A large white bird standing in a forest.
A woman holding a clock in her hand.
A man wearing a hat and a hat on a skateboard.
A person is standing on a beach with a surfboard.
A woman is sitting at a table with a large pizza.
A man is talking on his celi phone while another man watches.

图 10-34　图说模型

注意力机制用于将假设中的每一个词与前提中的词关联起来，反之亦然。如图 10-35 所示。

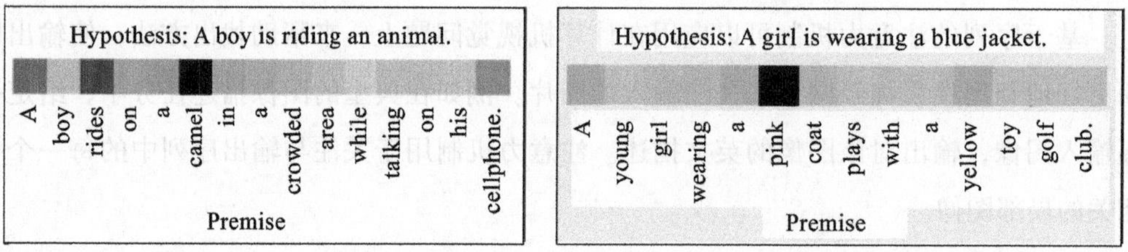


a）　　b）

图 10-35　注意力机制⊖

⊖ 图片来自论文 Reasoning about Entailment with Neural Attention,2016。

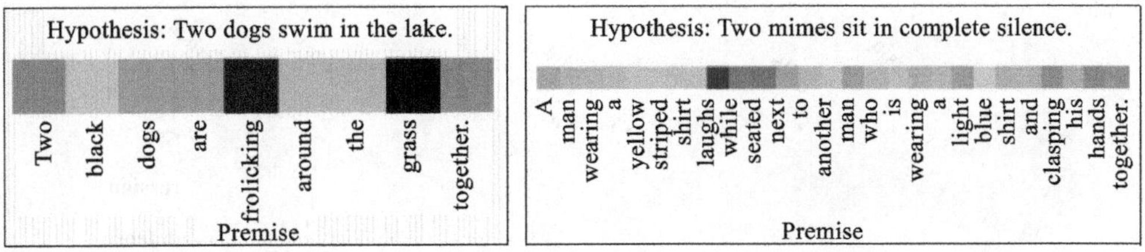


c)　　　　d)

图 10-35 （续）

## 10.13.3 语音识别

给定一个英文语音片段作为输入，输出一个音素序列。注意力机制被用来关联输出序列中的每一个音素和输入序列中特定的语音帧。如图 10-36[⊖]所示。

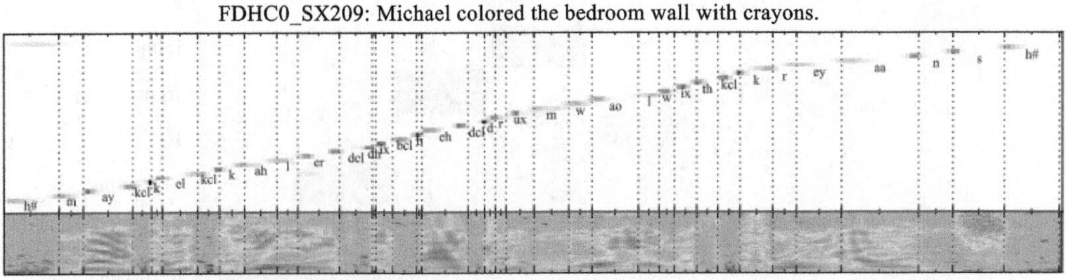


图 10-36　语音识别

## 10.13.4 文本摘要

给定一段文章作为输入序列，输出一段文本来总结输入序列。注意力机制被用来关联摘要文本中的每一个词语与源文本中的对应单词。如图 10-37 所示。

⊖ 图片来自：Attention-Based Models for Speech Recognition,2015。

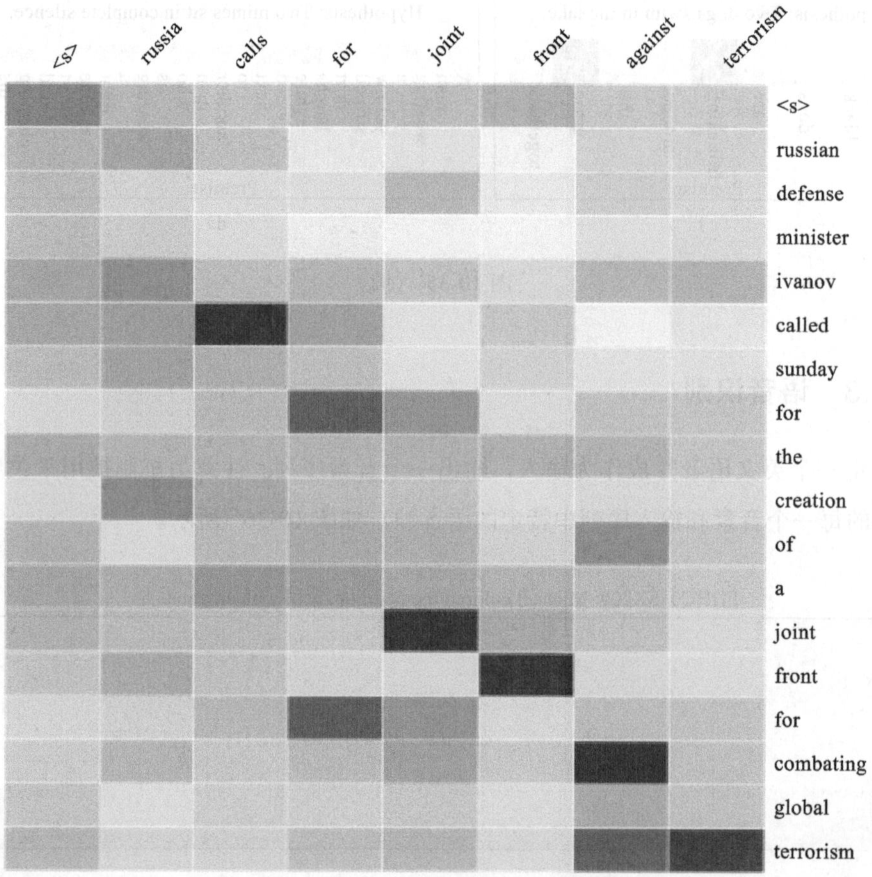


图 10-37　文本摘中使用注意力机制

## 10.14　Seq2Seq 模型

对于一些 NLP 任务，比如聊天机器人、机器翻译、自动文摘等，传统的方法都是从候选集中选出答案，这对候选集的完善程度要求很高。随着近年来深度学习的发展，国内外学者将深度学习技术应用于 NLG（Nature Language Generation，自然语言生成）和 NLU（Nature Language Understanding，自然语言理解），并取得了一些成果。Encoder-Decoder 是近两年来在 NLG 和 NLU 方面应用较多的方法。然而，由于语言本身的复杂性，目前还没有一种模型能真正解决 NLG 和 NLU 问题。

这里只是起到抛砖引玉的作用，有兴趣的读者，可以阅读相关论文。

Encoder-Decoder 的基本结构如图 10-38 所示。

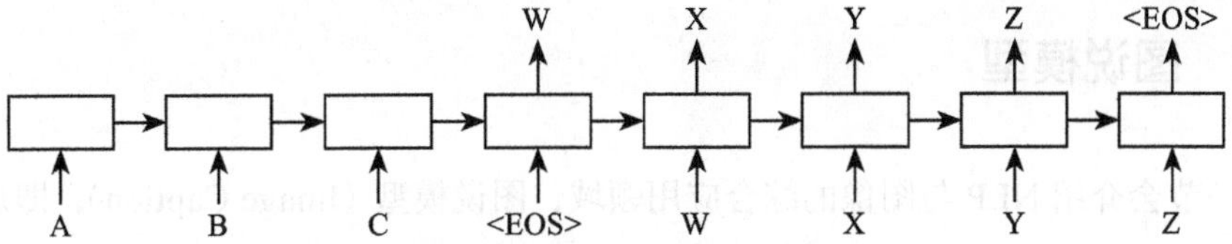


图 10-38　Seq2Seq 模型示意图

图 10-38 是已经在时间的维度上张开的 Encoder-Decoder 模型，其输入序列是“ABC”，输出的是“WXYZ”，其中“<EOS>”（End Of Sentence）是句子结束符号。该模型由两个 RNN 组成：第 1 个 RNN 接受输入序列“ABC”并在读取到 <EOS> 时终止输入，且输出一个向量作为“ABC”这个输入向量的语义表示向量，此过程称为“Encoder”；第二个 RNN 接受第一个 RNN 产生的输入序列的语义向量，并且每个时刻 $t$ 输出词的概率都与前 $t-1$ 时刻的输出有关。

（1）Encoder

Encoder 过程很简单，直接使用 RNN（一般用 LSTM）进行语义向量生成：

$$h_t = f(x_t, h_{t-1}) \tag{10.58}$$

$$c = \varphi(h_1,\ldots,h_T) \tag{10.59}$$

其中 $f$ 是非线性激活函数，$h_{t-1}$ 是上一隐节点输出，$x_t$ 是当前时刻的输入。向量 $c$ 通常为 RNN 中的最后一个隐节点（h，hidden state），或者是多个隐节点的加权和。

（2）Decoder

该模型的 Decoder 过程是使用另一个 RNN 通过当前隐状态 $h_t$ 来预测当前的输出符

号 $y_t$，这里的 $h_t$ 和 $y_t$ 都与其前一个隐状态和输出有关：

$$h_t = f(h_{t-1}, y_{t-1}, c) \tag{10.60}$$

$$P(y_t \mid y_{t-1}, c) = g(h_t, y_{t-1}, c) \tag{10.61}$$

## 10.15　图说模型

这一节会介绍 NLP 与图像的综合应用领域，图说模型（Image Caption），即从图片中自动生成一段描述性文字，有点类似我们小时候做过的看图说话，非常有趣。对于人类来说，做 Image Caption 是非常简单的一件事，但是对于机器来说，这一项任务充满了挑战性。原因在于机器不仅要检测出图像中的物体，还需要理解事物之间的关系，然后用合乎语法的语言表达出来。

图 10-39 是两个图说模型的例子。

随着深度学习技术的发展和 COCO 等图像标注数据集的出现，Image Caption 相关的技术得到了快速发展。

a）a man in a black shirt is playing a guitar

图 10-39　图说模型例子

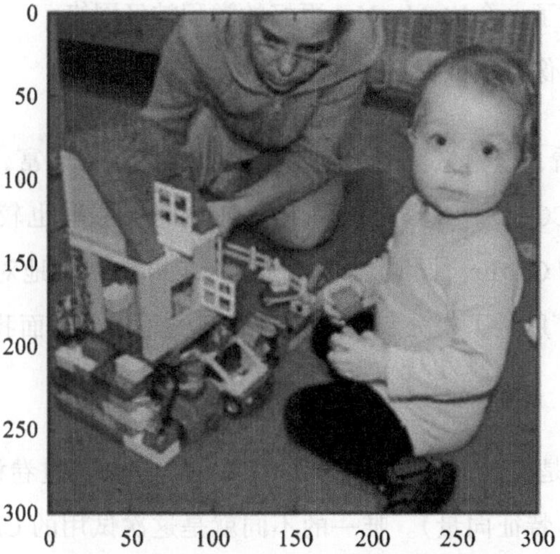


b）a little girl in a pink shirt is playing with a balloon

图 10-39 （续）

2014 年 11 月，谷歌的 Vinyals 等人发布了论文《Show and Tell: A Neural Image Caption Generator》，推出了 NIC（Neural Image Caption）模型。模型的结构图如图 10-40 所示。

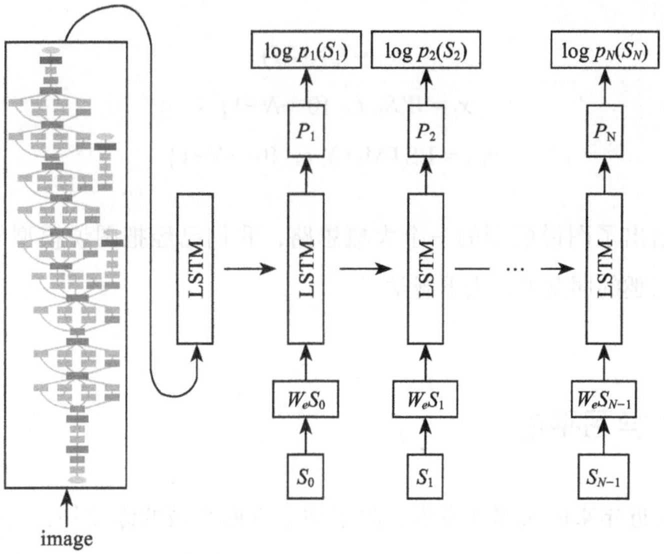


图 10-40　图说模型结构图

▼ CNN 部分使用了一个比 AlexNet 更好的卷积神经网络；

▼ CNN 提取的图像特征数据只在开始输入一次。

而从论文角度来看，该论文使用的图像标注数据集较为丰富，有 Pascal VOC 2008，Flickr8K 和 30K，MSCOCO，SBU。其采用的自动评价标准也较为齐全，有 BLEU-1，BLEU-4，METEOR 和 CIDEr。同时，论文还用人工方法客观地对 NIC 模型生成的标注语句进行了分级评价，展示了得分和实际效果之间的距离。下面我们主要对 NIC 模型本身进行一些讲解。

1）图像特征部分是换汤不换药：我们可以看见，图像经过卷积神经网络，最终还是变成了特征数据（就是特征向量）。唯一的不同就是这次试用的 CNN 不一样了，取得第几层的激活数据不一样了，归根结底，出来的还是特征向量。

2）单词输入部分还是老思路：每个单词采取了独热编码，每个维度是词汇表数量的向量。向量和矩阵 $\boldsymbol{W}_e$ 相乘后，作为输入进入 LSTM 中。

以上模型所示的流程，可以用下列公式来概括：

$$x_{-1} = \text{CNN}(I) \tag{10.62}$$

$$x_t = W_e S_t,\ t \in \{0 \cdots N-1\} \tag{10.63}$$

$$p_{t+1} = \text{LSTM}(x_t),\ t \in \{0 \cdots N-1\} \tag{10.64}$$

这里只是给出了图说模型的一个大概思路，我们已经把图说模型的源代码放在了 GitHub 上，有兴趣的朋友可以去下载学习。

## 10.16　深度学习平台

深度学习在近年来的大爆炸发展，除了理论方面突破的缘故外，还有基础架构的突破，奠定了深度学习繁荣的基础，这当中涌出几个著名的深度学习平台。

### 10.16.1 Tensorflow

Tensorflow是由Google公司在2015年底发布的开源深度学习框架。它之前一直是Google公司内部使用的机器学习平台，该系统的开源极大地方便了广大机器学习研究工作者的科研活动。Tensorflow架构灵活，很多平台都可以使用，支持多卡多机分布式运行。

Tensorflow是较低级别的符号库（比如Theano）和较高级别的网络规范库（比如Blocks和Lasagne）的混合。即使它是Python深度学习库集合的最新成员，在Google Brain团队支持下，它可能已经是最大的活跃社区了。Tensorflow支持在多GPU上运行深度学习模型，为高效的数据流水线提供使用程序，并具有用于模型的检查、可视化和序列化的内置模块。最近，Tensorflow团队决定支持Keras（我们列表中下一个深度学习库）。与此同时，Tensorflow还支持可视化运行。在Tensorflow发布包中有套叫作TensorBoard的可视化工具，它可以用来可视化计算任务中的数据流图（Gragh）、定量指标图和附加数据。Tensorflow有很多优点：

- ▼ 高度的灵活性：Tensorflow并不是一个严格的深度学习框架范围内的开发系统，任何可以转化为数据流图的计算都可以使用，Tensorflow也是一个很底层的框架，可以在上层开发相应的库。
- ▼ 可移植性好：Tensorflow不仅可以在一般的服务器上运行，还能在台式机，或者手机等移动设备运行。
- ▼ 高可靠性：在企业的应用当中，是最稳定的，特别是在数据量大增、集群庞大的情况下，随着机器的增加，可以保持一个稳定的性能增强。
- ▼ 性能卓越：Tensorflow是用C++写的，对队列、线程、异步等操作都是最佳的处理，可以将硬件的性能发挥出来。
- ▼ 支持的语言丰富：支持Python、C++、Java、R甚至Go。

缺点也是有的：

学习曲线陡峭，Tensorflow的文档以及结构非常散，所以学习的成本会高一些。还有前后的版本接口变动很大，导致经常由于版本问题，程序不可运行，感兴趣的读者可以去看看相关的教程学习。

项目地址是：https://github.com/tensorflow/tensorflow。

### 10.16.2　Mxnet

MXNet是亚马逊（Amazon）的李沐带队开发的深度学习库，并且是性能非常卓越的深度学习框架。它拥有类似于Theano和Tensorflow的数据流图，为多GPU配置提供了良好的配置，有着类似于Lasagne和Blocks更高级别的模型构建块，并且可以在你想象的任何硬件上运行（包括手机）。除提供Python的支持外，MXNet同样提供了对R、Julia、C++、Scala、MATLAB、Go和Java的接口。如果你正在寻找最佳的性能，选择MXNet，但是你必须愿意处理与之相对的一些MXNet的怪癖。Mxnet的速度要高于Tensorflow，并且最近出了gluon可视化工具方便使用。

项目主页：https://mxnet.incubator.apache.org/。

### 10.16.3　PyTorch

PyTorch是近年来Torch7团队开源的Python优先的深度学习框架，能够在强大的GPU加速基础上实现张量和动态神经网络。

PyTorch是一个Python软件包，其提供了两种高层面的功能：

- ▼ 使用强大的GPU加速Tensor计算（类似Numpy）；
- ▼ 构建基于tape的自动升级系统的深度神经网络。

如有需要，你也可以复用你最喜欢的Python软件包（如Numpy、Scipy和Cython）来扩展PyTorch。目前这个版本是早期的Beta版，我们很快就会加入更多的功能。

PyTorch相对于Tensorflow的一大优点是，它的图是动态的，而Tensorflow等一般是静态图，不利于扩展。同时 PyTorch 非常简洁，方便使用。

项目地址：http://pytorch.org/。

### 10.16.4 Caffe

Caffe 是深度学习框架之一，基于 C++ 语言编写，并且具有 licensed BSD，开放源码，提供了面向命令行、MATLAB 和 Python 的接口，是一个清晰、可读性强、快速上手的深度学习框架。作者是中国人贾杨清。

Caffe 通过 Layer 来完成所有的运算，它定义了一个网络模型，模型由多个 Layer 层组成，从数据层开始，loss 层结束。Caffe 通过四维的 Blob 数据块进行数据的存储和传递，存储格式有 HDF5、LMDB 和 LevelDB 三种格式。Caffe 之所以是比较受欢迎的深度学习框架，主要有以下优势：

▼ Caffe 代码完全开源，速度快，支持 GPU 加速。

▼ Caffe 自带一系列网络，如 AlexNet、VGG 等，可以直接应用到很多研究领域。

▼ Caffe 代码设计比较模块化，方便阅读学习。

▼ Caffe 支持 Python 以及 MATLAB 接口。

Caffe 一般用在学术领域比较多，由于不支持多机分布式训练，现今已经慢慢被其他平台替代，当然 Caffe2 支持了多机分布式训练。不过市场占有率已经大不如前了。

项目地址：http://caffe.berkeleyvision.org/。

### 10.16.5 Theano

Theano 是数值计算的主力，它支持了许多我们列表当中其他的深度学习框架。Theano 由 Frédéric Bastien 创建，这是蒙特利尔大学机器学习研究所（MILA）背后的一个非常优秀的研究团队。它的 API 水平较低，并且为了写出效率高的 Theano，你需要对隐藏在其他框架幕后的算法相当熟悉。如果你有丰富的机器学习知识，正在寻找你的模型的精细的控制方法，或者想要实现一个新奇的、不同寻常的模型，Theano是你的首选库。总而言之，为了灵活性，Theano牺牲了易用性。

项目的地址是 https://github.com/Theano/Theano。

## 10.17　实战 Seq2Seq 问答机器人

Google 在 github 上开源的 Seq2Seq 项目（https://github.com/google/seq2seq），这里我们使用 Tensorflow 推出的 dynamic_rnn 的 Seq2Seq 模型。

我们用了一个简单的语料库，因为语料库比较稀缺，这里用到了曾经帮助某个金融客户做的一个简单的 demo 语料，为了替客户保密，这里对数据进行了一定的脱敏，既想保持真实性，又要考虑风险，所以这里只挑出几十条数据。实际产品中，语料当然是越多越好。

代码主要如下：

```
# -*- coding:utf-8 -*-
import numpy as np
import time
import sys
import os
import re
import tensorflow as tf
from tensorflow.contrib.rnn import LSTMCell
from dynamic_seq2seq_model import dynamicSeq2seq
import jieba

class Seq2seq():
    '''
        params:
        encoder_vec_file    encoder 向量文件
        decoder_vec_file    decoder 向量文件
        encoder_vocabulary  encoder 词典
        decoder_vocabulary  decoder 词典
        model_path          模型目录
```

```
        batch_size          批处理数
        sample_num          总样本数
        max_batches         最大迭代次数
        show_epoch          保存模型步长
    '''
    def __init__(self):
        tf.reset_default_graph()

        self.encoder_vec_file = "./tfdata/enc.vec"
        self.decoder_vec_file = "./tfdata/dec.vec"
        self.encoder_vocabulary = "./tfdata/enc.vocab"
        self.decoder_vocabulary = "./tfdata/dec.vocab"
        self.batch_size = 1
        self.max_batches = 100000
        self.show_epoch = 100
        self.model_path = './model/'
        self.model = dynamicSeq2seq(encoder_cell=LSTMCell(40),
                                    decoder_cell=LSTMCell(40),
                                    encoder_vocab_size=600,
                                    decoder_vocab_size=1600,
                                    embedding_size=20,
                                    attention=False,
                                    bidirectional=False,
                                    debug=False,
                                    time_major=True)
        self.location = ["杭州", "重庆", "上海", "北京"]
        self.dec_vocab = {}
        self.enc_vocab = {}
        self.dec_vecToSeg = {}
        tag_location = ''
        with open(self.encoder_vocabulary, "r") as enc_vocab_file:
            for index, word in enumerate(enc_vocab_file.readlines()):
                self.enc_vocab[word.strip()] = index
        with open(self.decoder_vocabulary, "r") as dec_vocab_file:
            for index, word in enumerate(dec_vocab_file.readlines()):
                self.dec_vecToSeg[index] = word.strip()
                self.dec_vocab[word.strip()] = index

    def data_set(self, file):
        _ids = []
        with open(file, "r") as fw:
            line = fw.readline()
            while line:
                sequence = [int(i) for i in line.split()]
```

```
            _ids.append(sequence)
            line = fw.readline()
        return _ids

    def data_iter(self, train_src, train_targets, batches, sample_num):
        ''' 获取batch
            最大长度为每个batch中句子的最大长度
            并将数据作转换：
            [batch_size, time_steps] -> [time_steps, batch_size]

        '''
        batch_inputs = []
        batch_targets = []
        batch_inputs_length = []
        batch_targets_length = []
        # 随机样本
        shuffle = np.random.randint(0, sample_num, batches)
        en_max_seq_length = max([len(train_src[i]) for i in shuffle])
        de_max_seq_length = max([len(train_targets[i]) for i in shuffle])

        for index in shuffle:
            _en = train_src[index]
            inputs_batch_major = np.zeros(
                shape=[en_max_seq_length], dtype=np.int32)  # == PAD
            for seq in range(len(_en)):
                inputs_batch_major[seq] = _en[seq]
            batch_inputs.append(inputs_batch_major)
            batch_inputs_length.append(len(_en))

            _de = train_targets[index]
            inputs_batch_major = np.zeros(
                shape=[de_max_seq_length], dtype=np.int32)  # == PAD
            for seq in range(len(_de)):
                inputs_batch_major[seq] = _de[seq]
            batch_targets.append(inputs_batch_major)
            batch_targets_length.append(len(_de))

        batch_inputs = np.array(batch_inputs).swapaxes(0, 1)
        batch_targets = np.array(batch_targets).swapaxes(0, 1)

        return {self.model.encoder_inputs: batch_inputs,
                self.model.encoder_inputs_length: batch_inputs_length,
                self.model.decoder_targets: batch_targets,
                self.model.decoder_targets_length: batch_targets_length, }
```

```
def train(self):
    # 获取输入输出
    train_src = self.data_set(self.encoder_vec_file)
    train_targets = self.data_set(self.decoder_vec_file)

    f = open(self.encoder_vec_file)
    self.sample_num = len(f.readlines())
    f.close()
    print("样本数量%s" % self.sample_num)

    config = tf.ConfigProto()
    config.gpu_options.allow_growth = True

    with tf.Session(config=config) as sess:

        # 初始化变量
        ckpt = tf.train.get_checkpoint_state(self.model_path)
        if ckpt is not None:
           print(ckpt.model_checkpoint_path)
           self.model.saver.restore(sess, ckpt.model_checkpoint_path)
        else:
           sess.run(tf.global_variables_initializer())

        loss_track = []
        total_time = 0
        for batch in range(self.max_batches + 1):
            # 获取fd [time_steps, batch_size]
            start = time.time()
            fd = self.data_iter(train_src,
                                train_targets,
                                self.batch_size,
                                self.sample_num)
            _, loss, _, _ = sess.run([self.model.train_op,
                                      self.model.loss,
                                      self.model.gradient_norms,
                                      self.model.updates], fd)

            stop = time.time()
            total_time += (stop - start)

            loss_track.append(loss)
            if batch == 0 or batch % self.show_epoch == 0:

                print("-" * 50)
```

```
                    print("n_epoch {}".format(sess.run(self.model.global_
step)))
                    print('  minibatch loss: {}'.format(
                        sess.run(self.model.loss, fd)))
                    print('  per-time: %s' % (total_time / self.show_epoch))
                    checkpoint_path = self.model_path + "nlp_chat.ckpt"
                    # 保存模型
                    self.model.saver.save(
                        sess, checkpoint_path, global_step=self.model.global_
step)

                    # 清理模型
                    self.clearModel()
                    total_time = 0
                    for i, (e_in, dt_pred) in enumerate(zip(
                        fd[self.model.decoder_targets].T,
                        sess.run(self.model.decoder_prediction_train, fd).T
                    )):
                        print('  sample {}:'.format(i + 1))
                        print('    dec targets > {}'.format(e_in))
                        print('    dec predict > {}'.format(dt_pred))
                        if i >= 0:
                            break

    def add_to_file(self, strs, file):
        with open(file, "a") as f:
            f.write(strs + "\n")

    def add_voc(self, word, kind):
        if kind == 'enc':
            self.add_to_file(word, self.encoder_vocabulary)
            index = max(self.enc_vocab.values()) + 1
            self.enc_vocab[word] = index
        else:
            self.add_to_file(word, self.decoder_vocabulary)
            index = max(self.dec_vocab.values()) + 1
            self.dec_vocab[word] = index
            self.dec_vecToSeg[index] = word
        return index

    def segement(self, strs):
        return jieba.lcut(strs)

    def predict(self):
```

```
        with tf.Session() as sess:
            ckpt = tf.train.get_checkpoint_state(self.model_path)
            if ckpt is not None:
                print(ckpt.model_checkpoint_path)
                self.model.saver.restore(sess, ckpt.model_checkpoint_path)
            else:
                print("没有模型")

            action = False
            while True:
                if not action:
                    inputs_strs = input("me > ")
                if not inputs_strs:
                    continue

                inputs_strs = re.sub(
                    "[\s+\.\!\/_,$%^*(+\"\']+|[+——！，。？?、~@#￥%……
&*()]+", "", inputs_strs)

                action = False
                segements = self.segement(inputs_strs)
                #inputs_vec = [enc_vocab.get(i) for i in segements]
                inputs_vec = []
                for i in segements:
                    inputs_vec.append(self.enc_vocab.get(i, self.model.UNK))
                fd = self.make_inference_fd([inputs_vec])
                inf_out = sess.run(self.model.decoder_prediction_inference, fd)
                inf_out = [i[0] for i in inf_out]

                outstrs = ''
                for vec in inf_out:
                    if vec == self.model.EOS:
                        break
                    outstrs += self.dec_vecToSeg.get(vec, self.model.UNK)
                print(outstrs)
```

这里我们声明了一个 Seq2Seq 的类，主要摘取了其中的数据迭代器，以及 train 的代码，其他的代码读者可以在我们的 git rep 中获取运行。训练的过程如图 10-41 所示。

最终可以进行问答推理，如图 10-42 所示。

这里只是给出一个比较少的真实语料库的 Seq2Seq 的训练过程，读者可以搜集自己的问答语料库，打造自己的问答机器人。

```
n_epoch 108502
  minibatch loss: 0.0
  per-time: 0.08304938077926635
  sample 1:
    dec targets > [14  7 57]
    dec predict > [14  7 57  2]
--------------------------------------------------
n_epoch 108602
  minibatch loss: 3.0113133107079193e-06
  per-time: 0.07030716180801391
  sample 1:
    dec targets > [153 307 108 308 309  19 310 265   5 166 311 195 194 106 134   5 312  75
 194  19  94  50]
    dec predict > [153 307 108 308 309  19 310 265   5 166 311 195 194 106 134   5 312  75
 194  19  94  50   2]
--------------------------------------------------
n_epoch 108702
  minibatch loss: 1.7543945887155132e-06
  per-time: 0.07683610677719116
  sample 1:
    dec targets > [21  5  7 22 23 24 25 26 27 28 25 29  5 30 22 31 25 32 33 19 34 33 35  5 36
 37 27 38  5 31 39 40 41 42 25 43 44 45  5 46 47 48 27 49 50 51 52 53  6 54
 21 55]
    dec predict > [21  5  7 22 23 24 25 26 27 28 25 29  5 30 22 31 25 32 33 19 34 33 35  5 36
 37 27 38  5 31 39 40 41 42 25 43 44 45  5 46 47 48 27 49 50 51 52 53  6 54
 21 55  2]
```

图 10-41　训练过程

```
me > 一个投资者最多可以开立多少个账户
一个投资者在同一市场最多可以申请开立3个A股账户、3个封闭式基金账户；只能申请开立1个信用账户、1个B股账户
me > 信用账户有新股申购额度，可以直接申购？
申购新股，T+2日可查询中签结果，若中签，则在T+2日日终，中签客户应确保其资金账户有足额可用资金缴款（当天卖出股票所得资金可用于中签缴款），不足部分视为放弃认购。
me > 
```

图 10-42　问答推理示例

## 10.18　本章小结

最近几年，深度学习得到了广泛的应用，在实际工程项目中，也占据了越来越高的比重。本章从神经网络的基础理论开始，系统介绍了深度学习在 NLP 领域的应用。从基础的多层感知机的浅层网络，到调参、BP、word2vec 词向量方法，再到 RNN、LSTM、Attention 机制、Seq2Seq 方法，进行了系统介绍。

首先详细介绍了神经网络的算法架构，接着介绍了序列相关的处理算法，最后增加

了相关的源码供读者学习和使用，达到实践与理论相结合的目的。

本章是本书的核心章节之一，主要目标是帮助读者梳理深度学习，特别是词向量表达以及序列化数据处理相关的 RNN 系列相关的方法。如何将文本向量化以及如何进行序列数据处理一直是 NLP 的难题，所以掌握这两个方法非常有必要。其中，word2vec 要解决的是数据的表达问题（如何在不丢失数据的信息，例如前后位置信息、指代信息等的前提下表达出来），而 RNN 在 NLP 领域是一个非常重要的模型，因为 RNN 的特性非常适合应用于很多 NLP 的序列化数据的处理任务。

除此之外，我们希望能够授人以渔。所以本章不只是放出代码或者介绍很多模型，而是把这些方法串起来，梳理出它们的前后发展关系脉络，让读者一步一步、有条不紊地掌握这些基础知识，为今后工作中能够灵活解决实际的 NLP 问题打下坚实的基础。

最后，深度学习实在是太大的一个方向，发展也非常迅速，在 arxiv 上每天都有新论文出来，本章的篇幅有限，内容不能涵盖所有，只能选择几个比较重要的部分，希望爱学习的读者们能够继续钻研，在学习研究的道路上走得更稳更远。

CHAPTER 11

# 第11章 Solr搜索引擎

随着网络技术的飞速发展，互联网的信息资源越来越多，基于关键字查询的搜索引擎存在的主要缺点是难以构造出准确表达用户需求的查询请求，返回的结果冗余甚至无用的信息多。为了最大程度满足更为精准的用户需求，面向自然语言处理的搜索引擎技术应运而生，并得到了广泛关注。基于自然语言的搜索能更好地理解用户的查询意图，更准确地推荐相关查询请求，并且高效地返回更相关的查询结果。

说起搜索引擎技术，我们不得不提一下Lucene。Lucene是一个基于Java的全文信息检索工具包，它不是一个完整的搜索应用程序，而是为你的应用程序提供索引和搜索功能。Lucene是Apache Jakarta（雅加达）家族中的一个开源项目，也是目前最为流行的基于Java开源全文检索工具包。目前已经有很多应用程序的搜索功能是基于Lucene，比如Eclipse帮助系统的搜索功能。Lucene能够为文本类型的数据建立索引，所以只要把你要索引的数据格式转化为文本格式，Lucene就能对你的文档进行索引和搜索。本章中我们重点介绍的是Solr，Solr与Lucene并不是竞争对立关系，恰恰相反，Solr依存于Lucene，因为Solr底层的核心技术是使用Lucene来实现的。Solr和Lucene的本质区别有三点：搜索服务器、企业级和管理。Lucene本质上是搜索库，不是独立的应用程序，而Solr是。Lucene专注于搜索底层的建设，而Solr专注于企业应用。Lucene不负责支撑搜索服务所必需的管理，而Solr负责。所以说Solr是Lucene面向企业搜索应用的扩展。

在本章中，你将学到 Solr 搜索引擎相关的一些基本技术。那为什么我们需要了解 Solr？ Solr 和 NLP 的学习有什么关系呢？原来在 NLP 处理过程中，有一些场景，比如人机交互，是需要实时或者近似实时的。在人机对话中，用户所关心的一些常用问题会尽可能预存在 Solr 中做检索，当用户提问机器人的时候，NLP 算法会先理解问题的语义，之后将“翻译”后的语言推送给 Solr，由 Solr 负责检索预存的问题，将最匹配用户提问的那个答案返回给用户。那 Solr 是如何做到这样高效的检索呢？本章的内容会先围绕全文检索进行着重探讨之后再分别介绍 Solr 相关的基本功能。

本章的要点包括：

- ▼ 全文检索的原理
- ▼ 掌握 Solr 的底层原理
- ▼ 掌握 Solr 的主要功能应用
- ▼ 掌握通过 Solr 创建索引和查询索引

## 11.1 全文检索的原理

在介绍 Solr 之前，我们先来了解下什么叫全文检索。比如我们电脑里有一个文件夹，文件夹中存储了很多文件，例如 Word、Excel 以及 PPT，我们希望根据搜索关键字的方式搜索到相应的文档，比如我们输入 Solr，所有内容含有 Solr 这个关键字的文件就会被筛选出来，这个就是全文检索。

一般来说，对于这些非结构化数据（指不定长或无固定格式的数据，如邮件，Word 文档等）的搜索主要有两种方法。

一种是顺序扫描法（Serial Scanning）：所谓顺序扫描，比如要找内容包含某一个字符串的文件，就是一个文档一个文档地看，对于每一个文档，从头看到尾，如果该文档包含此字符串，则此文档为我们要找的文件，接着看下一个文件，直到扫描完所有的文件。Linux 下的 grep 命令就是利用了顺序扫描法来寻找包含某个字符串的文件。这种方式针对小数据量的文件来说最直接，但是对于大量文件，查询效率就很低了。

有人可能会说，对非结构化数据顺序扫描很慢，对结构化数据的搜索却相对较快（由于结构化数据有一定的结构，可以采取一定的搜索算法加快速度），那么把我们的非结构化数据想办法弄得有一定结构不就行了吗？这种想法很天然，却构成了全文检索的基本思路，也就是将非结构化数据中的一部分信息提取出来，重新组织，使其变得有一定结构，然后对这些有一定结构的数据进行搜索，从而达到搜索相对较快的目的。这部分从非结构化数据中提取出然后重新组织的信息，我们称为索引。

上述这种说法比较抽象，举一个例子就很容易明白，比如字典，字典的拼音表和部首检字表就相当于字典的索引，对每一个字的解释是非结构化的，如果字典没有拼音或者部首检字表，在茫茫辞海中找一个字只能顺序扫描。然而字的某些信息可以提取出来进行结构化处理，比如读音，就比较结构化，分声母和韵母，分别只有几种可以一一列举，于是将读音拿出来按一定的顺序排列，每一项读音都指向此字的详细解释的页数。我们搜索时按结构化的拼音搜到读音，然后按其指向的页数，便可找到我们的非结构化数据——即对字的解释。这种先建立索引，再对索引进行搜索的过程就叫全文检索（full-text search）。

创建索引之后进行检索与顺序扫描的区别在于——顺序扫描是每次都要扫描，而创建索引的过程仅仅需要一次，以后便是一劳永逸了，每次搜索，创建索引的过程不必经过，仅仅搜索创建好的索引就可以了。这也是全文搜索相对于顺序扫描的优势之一：一次索引，多次使用。

## 11.2 Solr简介与部署

Solr是一种开放源码的、基于Lucene Java的搜索服务器，易于加入Web应用程序中。Solr提供了层面搜索（就是统计）、命中醒目显示并且支持多种输出格式（包括XML/XSLT和JSON等格式）。它易于安装和配置，而且附带了一个基于HTTP的管理界面。可以使用Solr的基本搜索功能，也可以对它进行扩展从而满足企业的需要。Solr的特性包括：

▼ 高级的全文搜索功能。

▼ 专为高通量的网络流量进行的优化。

▼ 基于开放接口（XML 和 HTTP）的标准。

▼ 综合的 HTML 管理界面。

▼ 可伸缩性——能够有效地复制到另外一个 Solr 搜索服务器。

▼ 使用 XML 配置达到灵活性和适配性。

▼ 可扩展的插件体系。

了解了 Solr 基本概念之后，我们来简单介绍下 Solr 的部署步骤，方便读者在 Linux 环境下部署 Solr 环境。Solr 是 Apache 下的一个顶级开源项目，采用 Java 开发，所以在安装 Solr 之前我们首先需要安装 JDK 环境。另外，Solr 提供了一个基于 HTTP 的管理界面，所以需要 Tomcat 容器。

---

**附注：** Tomcat 支持最新的 ServletJSP 规范。Tomcat 技术先进、性能稳定，而且免费，因而深受 Java 爱好者的喜爱并得到了部分软件开发商的认可，成为目前比较流行的 Web 应用服务器。

---

Solr 的具体安装部署如下：

1）下载 Tomcat、Solr、JDK 安装包。

Tomcat 下载地址（官网）：http://tomcat.apache.org/download-80.cgi，这里我们使用 tomcat-8.5.24 版本。

Solr 下载地址（官网）：http://archive.apache.org/dist/lucene/solr/，这里我们使用 solr-6.5.1 版本。

---

**需要注意：** Solr6 版本最好是搭配 JDK1.8，虽然官网中没有明确要求 Solr 要使用 JDK1.8，但是 Solr6 中部分功能对 servlet-api 的版本有要求，所以建议使用 JDK1.8。这里使用 JDK 版本 jdk1.8.0_144。

---

2）规划安装目录。

在本书中我们将 Solr 安装在 Linux 根目录的 opt 目录下的 bigdata 目录中（读者也可以根据需要部署在其他路径），如果在 Linux 下我们还没有创建 /opt/bigdata 目录，则可以使用 mkdir–p/opt/bigdata 来进行创建。创建成功之后我们可以在 Linux 系统中查看到 /opt/bigdata 目录。

3）将下载好的 Tomcat、Solr、JDK 包移动到 /opt/bigdata 下，并且使用 Linux 命令 tar 分别对 Tomcat 以及 Solr 解压，JDK 的包因为我们下载的是 rpm，所以直接使用 Linux 命令 rpm 进行安装就可以了。具体语句如下：

```
tar  -zxvf  apache-tomcat-8.5.24.tar.gz
tar  -zxvf  solr-6.5.1.gz
rpm  -ivh   jdk-8u144-linux-x64.rpm
```

4）将解压完的包通过 Linux 的命令 mv 重新命名并且移动到 /opt/bigdata 下（如果下载包的地址位于其他目录下，则需要移动，否则只需要更改文件夹的名字），重新命名的意义在于使目录的名称更为简洁。在本例中，我们将安装包直接下载到 /opt/bigdata 下。这里需要注意一下 mv 命令可以用来移动文件，也可以用来重命名。

```
mv  /opt/bigdata/apache-tomcat-8.5.24  /opt/bigdata/tomcat
mv  /opt/bigdata/solr-6.5.1  /opt/bigdata/solr
```

完成上述这些步骤之后，我们就能在 Linux 系统下的 /opt/bigdata 下看到两个目录，分别为 tomcat 以及 solr。

5）验证 JDK 是否安装成功。

使用 java–version，如果看到 JDK 的版本信息，则表示安装成功了。

6）Solr 集成 Tomcat。

Solr 需要运行在一个 Servlet 容器中，Solr 6.5.1 要求 JDK 使用 1.8 以上版本，Solr 默认提供 Jetty（Java 写的 Servlet 容器），本书使用 Tocmat 作为 Servlet 容器。

a）将 /opt/bigdata/solr/server/solr-webapp 中的 webapp 复制到 /opt/bigdata/tomcat 的 webapps 下，并将 webapp 名字修改为 solr。

```
#拷贝
cp -r /opt/bigdata/solr/server/solr-webapp/webapp  /opt/bigdata/tomcat/
webapps/
#重命名
mv /opt/bigdata/tomcat/webapps/webapp  /opt/bigdata/tomcat/webapps/solr
```

b）把 /opt/bigdata/solr/server/lib/ext 目录下所有的 jar 包复制到 Solr 工程中：

```
cp /opt/bigdata/solr/server/lib/ext/*  /opt/bigdata/tomcat/webapps/solr/WEB-
INF/lib
```

c）将 /opt/bigdata/solr/server/lib 下所有以 metrics 开头的 jar 文件都复制到 /opt/bigdata/tomcat/webapps/solr/WEB-INF/lib。将 /opt/bigdata/solr/dist/ 下的 jar 文件全部复制到 /opt/bigdata/tomcat/webapps/solr/WEB-INF/lib。

d）创建 solrhome 文件夹，solrhome 是存放 Solr 服务器所有配置文件的目录。在本书中我们在 /opt/bigdata 下创建 solrhome 目录。具体命令为：

```
mkdir /opt/bigdata/solrhome
```

将 /opt/bigdata/solr/server/solr 中的文件夹拷贝至 solrhome：

```
cp -r /opt/bigdata/solr/server/solr/*   /opt/bigdata/solrhome
```

e）添加 log4j 的配置文件。从 /opt/bigdata/solr/server/resources/ 下将 log4j 配置文件复制到 /opt/bigdata/tomcat/webapps/solr/WEB-INF 的 classes 中，classes 目录需要自己建立：

```
#创建classes目录
mkdir/opt/bigdata/tomcat/webapps/solr/WEB-INF/classes
#拷贝log4j.properties文件
cp/opt/bigdata/solr/server/resources/log4j.properties  /opt/bigdata/tomcat/
webapps/solr/WEB-INF/classes
```

f）最后我们需要告诉 Solr 服务器 solrhome 的位置，在 Solr 工程中的 web.xml 文件中指定 solrhome 的位置。web.xml 文件在 /opt/bigdata/tomcat/webapps/solr/WEB-INF 目录

下。这里需要注意的是，这段代码在 xml 里是被注释掉的，需要打开注释。

vi web.xml 修改文件如下：

```
<env-entry>
    <env-entry-name>solr/home</env-entry-name>
    <env-entry-value>/opt/bigdata/solrhome</env-entry-value>
    <env-entry-type>java.lang.String</env-entry-type>
</env-entry>
```

7）启动 tomcat，启动命令：

```
/opt/bigdata/tomcat/bin/startup.sh
```

访问 Solr 地址：http://xxx.xxx.xxx.xxx:8080/solr/index.html（其中的 xxx.xxx.xxx.xxx 为 IP 地址，请读者按照实际情况修改）。

8）建立 solrcore

完成以上安装配置之后还需要建立 solrcore 文件，在 solrhome 路径下新建一个文件夹，my_core，这个就是我们的一个实例。如果读者熟悉 MySQL 数据库的话，一个 solrcore 相当于 MySQL 中一个数据库。solrcore 之间是相互隔离。然后把 /opt/bigdata/solr/server/solr/configsets/sample_techproducts_config 下的 conf 目录拷贝到 solrHome/my_core 中。

**说明：**

- ▼ 在 solrcore 中有一个文件夹叫作 conf，包含了索引 Solr 实例的配置信息。
- ▼ 在 conf 文件夹下有一个 solrconfig.xml，配置实例的相关信息，如果使用默认配置可以不做任何修改。

访问 Solr 控制台界面主页：http://xxx.xxx.xxx.xxx:8080/solr/admin.html，在 Solr 的管理控制台界面，添加一个 core，如图 11-1 所示。

如果创建成功，我们可以看到如图 11-2 所示的界面。

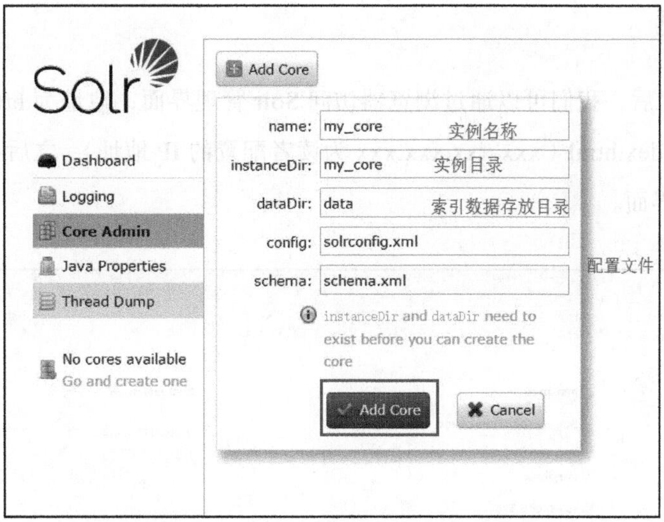


图 11-1　在 Solr 管理界面中增加 Solrcore

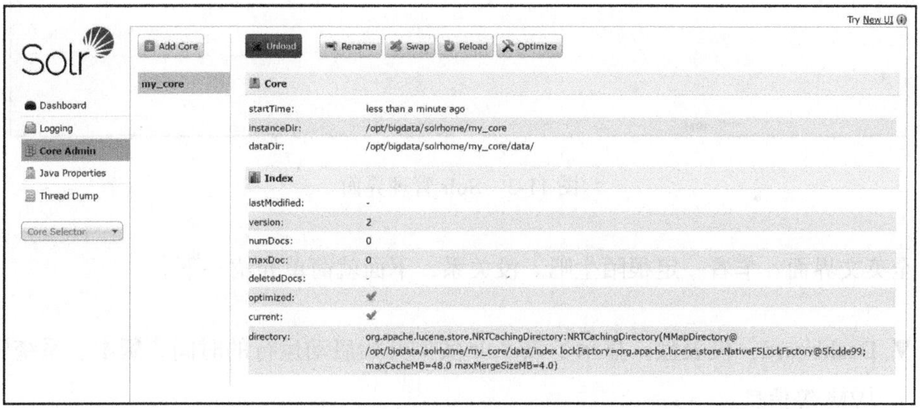


图 11-2　Solrcore 创建成功

至此，就成功地创建了一个 core 实例。

## 11.3　Solr 后台管理描述

在部署完 Solr 服务之后，我们来了解下 Solr 后台管理功能。

## 管理界面概述

安装成功之后，我们可以通过浏览器访问 Solr 管理界面，地址为 http://xxx.xxx.xxx.xxx:8080/solr/index.html（xxx.xxx.xxx.xxx 为读者配置的 IP 地址），之后我们可以看到如图 11-3 所示的界面。

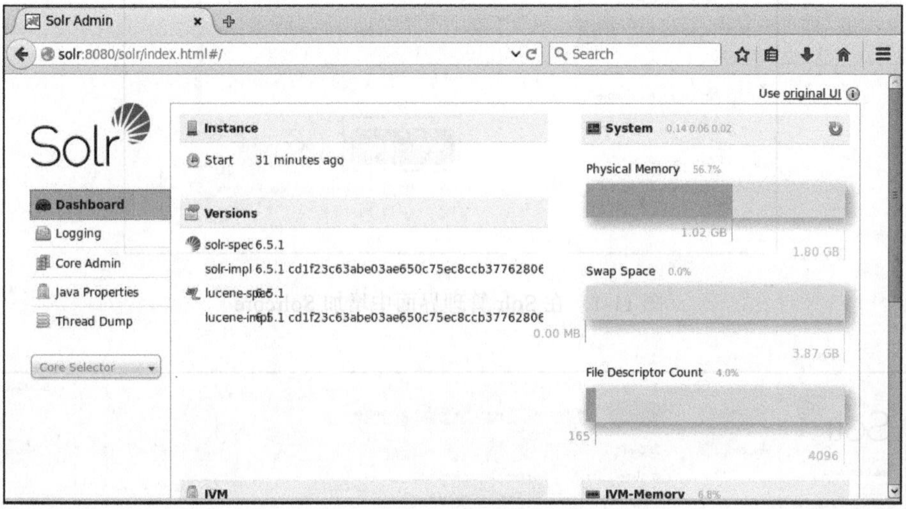


图 11-3 Solr 管理界面

全英文界面？乍看一定很陌生吧。没关系，下面就简单介绍一下。

- ▼ Dashboard：仪表盘，显示了该 Solr 实例开始启动运行的时间、版本、系统资源、JVM 等信息。
- ▼ Logging：显示 Solr 运行过程中的错误信息和异常信息。其中黄色代表警告，红色代表异常。
- ▼ Core Admin：Solr Core 的管理界面。Solr Core 是 Solr 的一个独立运行实例单位，它可以对外提供索引和搜索服务，一个 Solr 工程可以运行多个 SolrCore（Solr 实例），一个 Core 对应一个索引目录。
- ▼ Java Properties：Solr 在 JVM 运行环境中的属性信息，包括类路径、文件编码、JVM 内存设置等信息。

▼ Tread Dump：显示 Solr Server 中当前活跃线程信息，同时也可以跟踪线程运行栈信息。

接下来我们介绍一下 Core Selector。

Core selector 位于 Thread Dump 下方，是用来选择所有已经创建的 core，之前我们已经创建了一个 core 名为 my_core。选择一个 SolrCore 进行详细操作，如图 11-4 所示。

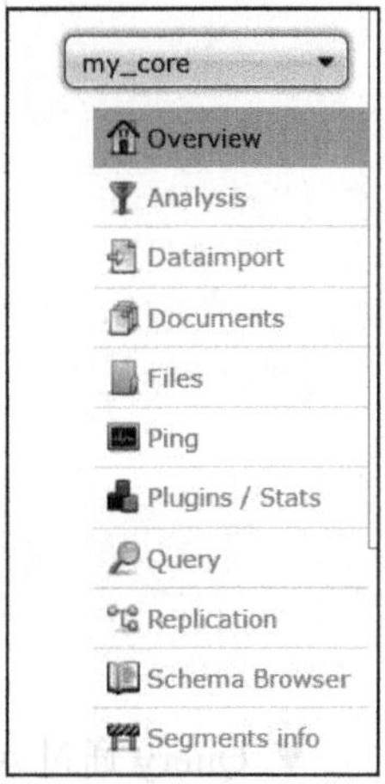


图 11-4　Core Selector

Core Selector（核心选择器），选择要操作的索引库，在这个核心选择器下有很多的功能界面，我们这里选择几个比较常用的功能做解释，如果读者对其他功能也有兴趣可以去查阅 Solr 的官网进行了解。

▼ Overview（概览）：查看索引的情况，例如，看看 Num docs 数量是否增加。包含基本统计如当前文档数，实例信息如当前核心的配置目录。

▼ Analysis：通过此界面可以测试索引分析器和搜索分析器的执行情况。关于 Analysis 的界面功能如图 11-5 所示。

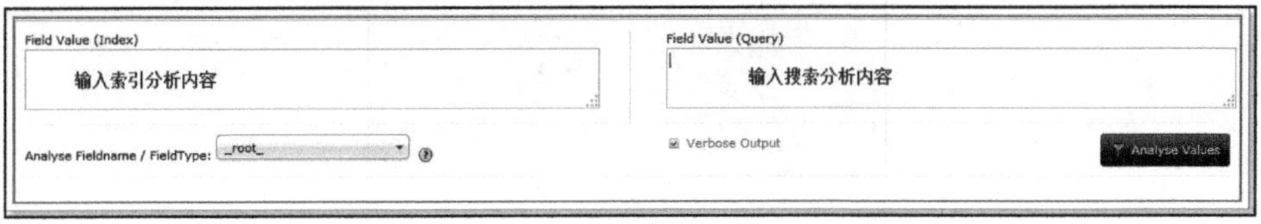


图 11-5　Analysis 界面

▼ Dataimport：可以定义数据导入处理器，从关系数据库将数据导入 Solr 索引库中。

▼ Document：通过此菜单可以进行创建、更新、删除索引等操作，如图 11-6 所示。

其中，/update 表示更新索引，solr 默认根据 id（唯一约束）域来更新 Document 的内容，如果根据 id 值搜索不到 id 域则会执行添加操作，如果找到则更新。

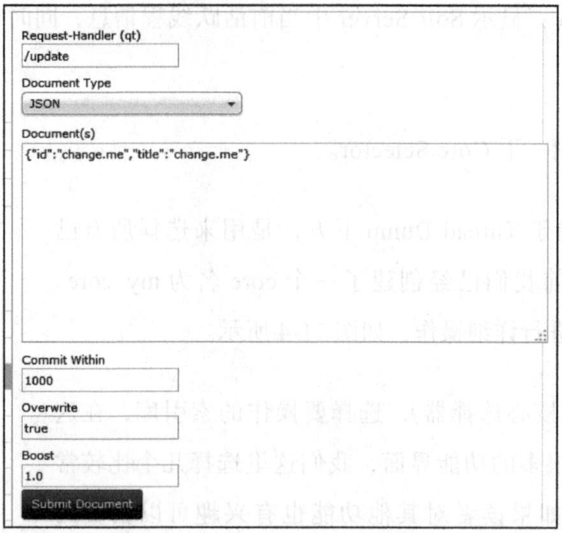


图 11-6　Document 操作

▼ Query 通过 /select 执行搜索索引，必须指定 “q” 查询条件方可搜索，如图 11-7 所示。

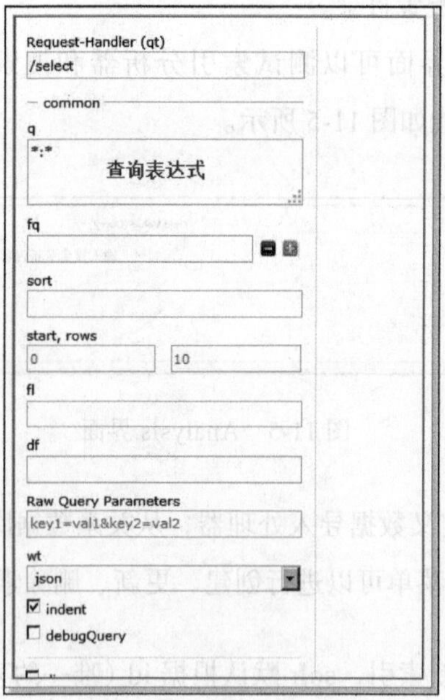


图 11-7　query 查询界面

## 11.4 配置 schema

### 如何配置 schema

配置 Schema 的步骤如下：

#### 1. managed-schema

在 SolrCore 的 conf 目录下，managed-schema 是 Solr 数据表配置文件，它定义了加入索引的数据的数据类型。主要包括 FieldTypes、Fields 和其他的一些默认设置，如图 11-8 所示。

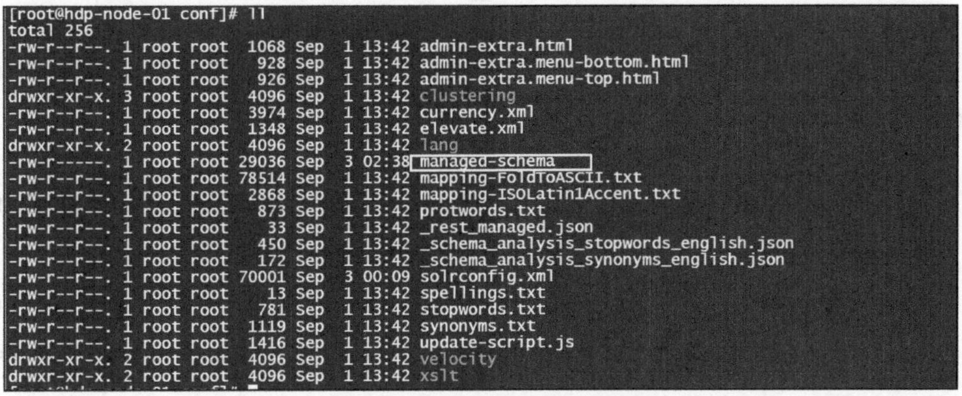
[root@hdp-node-01 conf]# ll
total 256
-rw-r--r--. 1 root root 1068 Sep 1 13:42 admin-extra.html
-rw-r--r--. 1 root root 928 Sep 1 13:42 admin-extra.menu-bottom.html
-rw-r--r--. 1 root root 926 Sep 1 13:42 admin-extra.menu-top.html
drwxr-xr-x. 3 root root 4096 Sep 1 13:42 clustering
-rw-r--r--. 1 root root 3974 Sep 1 13:42 currency.xml
-rw-r--r--. 1 root root 1348 Sep 1 13:42 elevate.xml
drwxr-xr-x. 2 root root 4096 Sep 1 13:42 lang
-rw-r-----. 1 root root 29036 Sep 3 02:38 managed-schema
-rw-r--r--. 1 root root 78514 Sep 1 13:42 mapping-FoldToASCII.txt
-rw-r--r--. 1 root root 2868 Sep 1 13:42 mapping-ISOLatin1Accent.txt
-rw-r--r--. 1 root root 873 Sep 1 13:42 protwords.txt
-rw-r--r--. 1 root root 33 Sep 1 13:42 _rest_managed.json
-rw-r--r--. 1 root root 450 Sep 1 13:42 _schema_analysis_stopwords_english.json
-rw-r--r--. 1 root root 172 Sep 1 13:42 _schema_analysis_synonyms_english.json
-rw-r--r--. 1 root root 70001 Sep 3 00:09 solrconfig.xml
-rw-r--r--. 1 root root 13 Sep 1 13:42 spellings.txt
-rw-r--r--. 1 root root 781 Sep 1 13:42 stopwords.txt
-rw-r--r--. 1 root root 1119 Sep 1 13:42 synonyms.txt
-rw-r--r--. 1 root root 1416 Sep 1 13:42 update-script.js
drwxr-xr-x. 2 root root 4096 Sep 1 13:42 velocity
drwxr-xr-x. 2 root root 4096 Sep 1 13:42 xslt

图 11-8 managed-schema 图示

#### 2. FieldType 域类型定义

图 11-9 中的“text_general”是 Solr 默认提供的 FieldType，通过它说明 FieldType 定义的内容。

FieldType 子结点包括 name、class、positionIncrementGap 等参数。

- name：FieldType 的名称。
- class：是 Solr 提供的包 solr.TextField，solr.TextField 允许用户通过分析器来定制索引和查询，分析器包括一个分词器（tokenizer）和多个过滤器（filter）。

▼ positionIncrementGap：可选属性，定义在同一个文档中此类型数据的空白间隔，避免短语匹配错误，此值相当于 Lucene 的短语查询设置 slop 值，根据经验设置为 100。

```
<fieldType name="text_general" class="solr.TextField" positionIncrementGap="100">
  <analyzer type="index">
    <tokenizer class="solr.StandardTokenizerFactory"/>
    <filter class="solr.StopFilterFactory" words="stopwords.txt" ignoreCase="true"/>
    <filter class="solr.LowerCaseFilterFactory"/>
  </analyzer>
  <analyzer type="query">
    <tokenizer class="solr.StandardTokenizerFactory"/>
    <filter class="solr.StopFilterFactory" words="stopwords.txt" ignoreCase="true"/>
    <filter class="solr.SynonymFilterFactory" expand="true" ignoreCase="true" synonyms="synonyms.txt"/>
    <filter class="solr.LowerCaseFilterFactory"/>
  </analyzer>
</fieldType>
```

图 11-9　text_general 示例图

在 FieldType 定义的时候最重要的就是定义这个类型的数据在建立索引和进行查询时要使用的分析器 analyzer，包括分词和过滤。

▼ 索引分析器中：使用 solr.StandardTokenizerFactory 标准分词器，solr.StopFilter-Factory 停用词过滤器，solr.LowerCaseFilterFactory 小写过滤器。
▼ 搜索分析器中：使用 solr.StandardTokenizerFactory 标准分词器，solr.StopFilter-Factory 停用词过滤器，这里还用到了 solr.SynonymFilterFactory 同义词过滤器。

### 3. Field 定义

在 fields 结点内定义具体的 Field，Filed 定义包括 name、type（为之前定义过的各种 FieldType）、indexed（是否被索引）、stored（是否被储存）、multiValued（是否存储多个值）等属性，举例如下：

```
<field name="name" type="text_general" indexed="true" stored="true"/>
<field name="features" type="text_general" indexed="true" stored="true" multiValued="true"/>
```

在上述属性中，其他属性都比较容易理解，只有 multiValued 相对比较复杂，所以下面对 multiValued 进行详细介绍。

multiValued：该 Field 如果要存储多个值时设置为 true，Solr 允许一个 Field 存储多个值，比如存储一个用户的好友 id，因为用户的好友往往不止一个，商品的介绍性图片也往往非常多，通过使用 Solr 查询看到返回给客户端的是数组（比如一组好友 id）。

我们再介绍另外三个比较重要的 Field。

一般情况下需要配置 <uniqueKey>id</uniqueKey>，虽然目录不是必需的，但是强烈建议设置此值。就好像数据库设计时，虽然不强制每个表有主键，但是一般情况下还是会设置一个主键。

1）uniqueKey：Solr 中默认定义唯一主键 key 为 id 域，如下：

```
<uniquekey>id</uniquekey>|
```

Solr 在删除、更新索引时使用 id 域进行判断，也可以自定义唯一主键。

---

**注意**：*在创建索引时必须指定唯一约束。*

---

2）copyField 复制域：用百度搜索时，我们可能想要搜索一个人名、书名，或者网站的名字，其后台索引文件里分别由不同的 field 去保存那些值，那它是如何用一个输入框去搜索不同 field 的内容呢？答案就是 <copyField>。

可以将多个 Field 复制到一个 Field 中，以便进行统一检索，比如，输入关键字搜索 title 标题以及内容 content，

定义 title、content、text 的域：

```
    <field name="title" type="text_general" indexed="true" stored="true"
multiValued="true"/>
    <field name="content" type="text_general" indexed="true" stored="true"
multiValued="true"/>
    <field name="text" type="text_general" indexed="true" stored="true"
multiValued="true"/>
```

根据关键字只搜索 text 域的内容就相当于搜索 title 和 content，将 title 和 content 复制到 text 中，如下：

```
<copyField source="title" dest="text"/>
<copyField source="content" dest="text"/>
```

3）dynamicField（动态字段）：动态字段就是不用指定具体的名称，只要定义字段名称的规则，例如定义一个 dynamicField，name 为 *_i，定义它的 type 为 text，那么在使用这个字段的时候，任何以 _i 结尾的字段都被认为是符合这个定义的，例如：name_i，gender_i，school_i 等。

自定义 Field 名为：product_title_t，“product_title_t”和 managed-schema 中的 dynamicField 规则匹配成功，如下：

```
<dynamicField name="*_t" type="text_general" indexed="true" stored="true"/>
```

## 11.5 Solr 管理索引库

当我们维护好之前的 Field 之后，就可以在 Solr 后台的 document 中创建与维护索引了。

### 11.5.1 创建索引

我们使用 managed-schema 中已经创建好的 Field：id 以及 product_title_t（如果没有创建则请按照 11.3.1 节的内容自行创建），如图 11-10 所示。

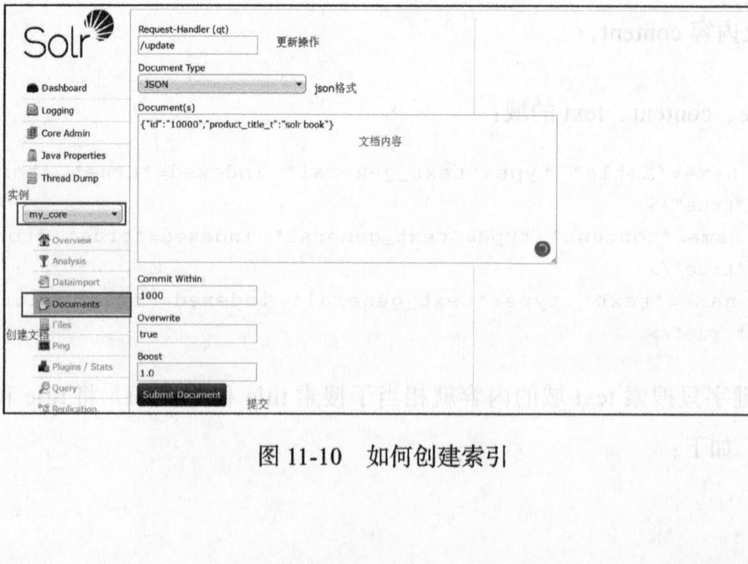


图 11-10　如何创建索引

如果成功创建，则如图 11-11 所示。

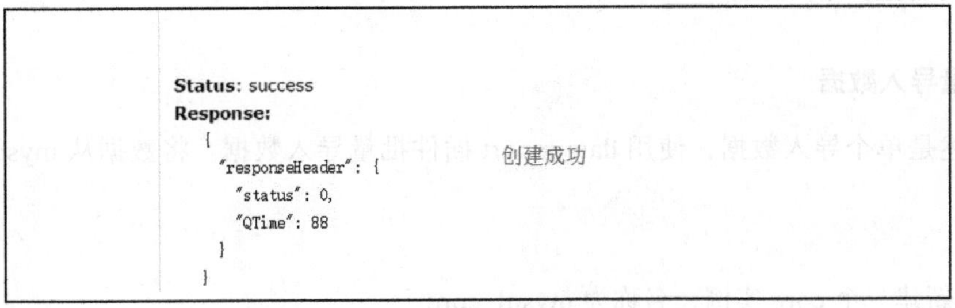


图 11-11　创建成功

创建成功之后我们尝试搜索一下之前创建的索引，我们使用 query 这个功能选项，在 id 处我们输入‘111100’，然后单击查询，如图 11-12 所示。

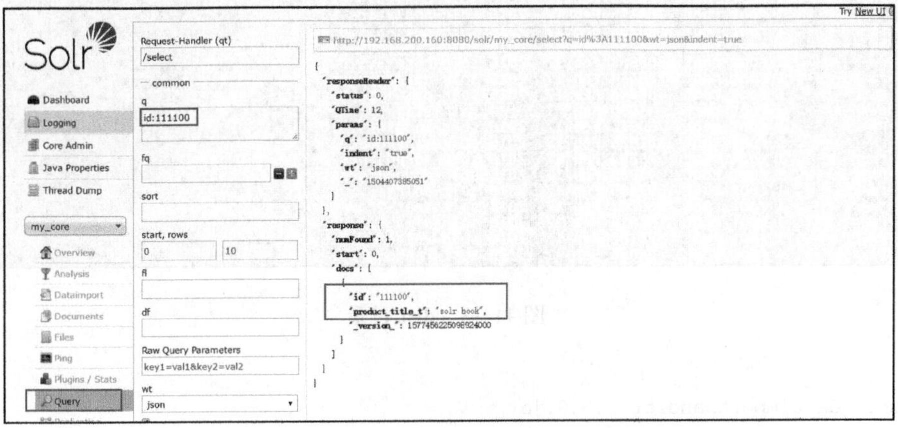


图 11-12　查询索引

我们发现通过 id 是可以查询到之前创建的索引的。这里顺便解释一下上述操作的几个基本概念：

▼ Request-Handler（qt）：要进行的操作（update\delete）。

▼ Document Type：类型，有 JSON、XML 等格式。

▼ Document（s）：内容，手动写的内容。

▼ Overwrite：为 true，说明如果 id 重复则覆盖以前的值；为 false 说明如果 id 重复不覆盖以前的值。

**批量导入数据**

上述是单个导入数据，使用 dataimport 插件批量导入数据。将数据从 mysql 导入到 Solr 中。

1）新建一个 core 实例，名称为 mysql_core。

2）把 dataimport 插件依赖的 jar 包添加将 jar 包放在 tomcat 下的 \webapps\solr\WEB-INF\lib 中。jar 包在 Solr 安装目录下的 dist 文件夹中，如图 11-13 所示。

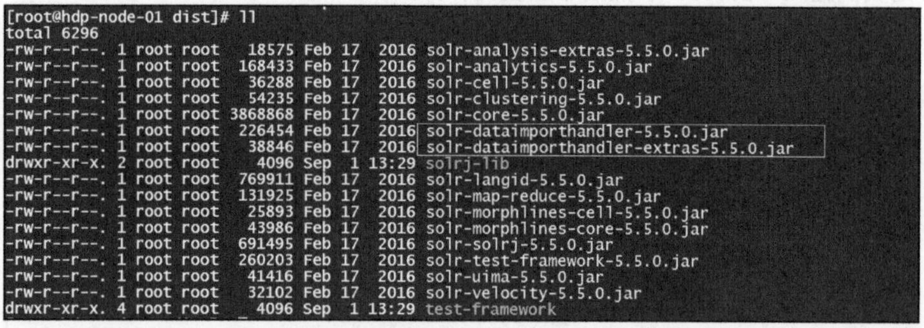
[root@hdp-node-01 dist]# ll
total 6296
-rw-r--r--. 1 root root 18575 Feb 17 2016 solr-analysis-extras-5.5.0.jar
-rw-r--r--. 1 root root 168433 Feb 17 2016 solr-analytics-5.5.0.jar
-rw-r--r--. 1 root root 36288 Feb 17 2016 solr-cell-5.5.0.jar
-rw-r--r--. 1 root root 54235 Feb 17 2016 solr-clustering-5.5.0.jar
-rw-r--r--. 1 root root 3868868 Feb 17 2016 solr-core-5.5.0.jar
-rw-r--r--. 1 root root 226454 Feb 17 2016 solr-dataimporthandler-5.5.0.jar
-rw-r--r--. 1 root root 38846 Feb 17 2016 solr-dataimporthandler-extras-5.5.0.jar
drwxr-xr-x. 2 root root 4096 Sep 1 13:29 solrj-lib
-rw-r--r--. 1 root root 769911 Feb 17 2016 solr-langid-5.5.0.jar
-rw-r--r--. 1 root root 131925 Feb 17 2016 solr-map-reduce-5.5.0.jar
-rw-r--r--. 1 root root 25893 Feb 17 2016 solr-morphlines-cell-5.5.0.jar
-rw-r--r--. 1 root root 43986 Feb 17 2016 solr-morphlines-core-5.5.0.jar
-rw-r--r--. 1 root root 691495 Feb 17 2016 solr-solrj-5.5.0.jar
-rw-r--r--. 1 root root 260203 Feb 17 2016 solr-test-framework-5.5.0.jar
-rw-r--r--. 1 root root 41416 Feb 17 2016 solr-uima-5.5.0.jar
-rw-r--r--. 1 root root 32102 Feb 17 2016 solr-velocity-5.5.0.jar
drwxr-xr-x. 4 root root 4096 Sep 1 13:29 test-framework

图 11-13　dist 目录

```
solr-dataimporthandler-5.5.0.jar
solr-dataimporthandler-extras-5.5.0.jar
```

还需要一个 mysql 数据库驱动包。这个读者可以在 MySQL 官网自行下载。

3）配置 solrconfig.mxl 文件，添加一个 requestHandler。

```
    <requestHandler name="/dataimport"
class="org.apache.solr.handler.dataimport.DataImportHandler">
          <lst name="defaults">
                <str name="config">data-config.xml</str>
            </lst>
        </requestHandler>
```

4）创建一个 data-config.xml，保存到 solrhome\conf\ 目录下，其中 url 代表的是 mysql 的地址，localhost 代表本机的地址，可以使用自己设定的 ip 地址，lucene 是 mysql 中的数据库 instance 名字，用户可以按照自己的数据库 instance 设置。User 是数据库访问的用户名，password 是数据访问的密码。

```
<?xml version="1.0" encoding="UTF-8" ?>
<dataConfig>
<dataSource type="JdbcDataSource"
        driver="com.mysql.jdbc.Driver"
        url="jdbc:mysql://localhost:3306/lucene"
        user="root"
        password="root"/>
<document>
    <entity name="product" query="SELECT pid,name,catalog_
name,price,description,picture FROM products ">
        <field column="pid" name="id"/>
        <field column="name" name="product_name"/>
        <field column="catalog_name" name="product_catalog_name"/>
        <field column="price" name="product_price"/>
        <field column="description" name="product_description"/>
        <field column="picture" name="product_picture"/>
    </entity>
</document>

</dataConfig>
```

5）在 managed-schema 文件中定义 field。

```
# 添加数据
<!--product-->
    <field name="product_name" type="string" indexed="true" stored="true"/>
    <field name="product_catalog_name" type="string" indexed="true"
stored="true" />
    <field name="product_price"  type="float" indexed="true" stored="true"/>
    <field name="product_description" type="string" indexed="true"
stored="false" />
    <field name="product_picture" type="string" indexed="false" stored="true" />
```

6）构建 mysql 数据库和表。

```
    # 创建数据库
CREATE DATABASE solr;
```

```
    #使用数据库
USE solr;
    #创建表
CREATE TABLE `products`(
    `pid` INT(11) NOT NULL AUTO_INCREMENT COMMENT '商品编号',
    `name` VARCHAR(255) DEFAULT NULL COMMENT '商品名称',
    `catalog` INT(11) DEFAULT NULL COMMENT '商品分类ID',
    `catalog_name` VARCHAR(50) DEFAULT NULL COMMENT '商品分类名称',
    `price` DOUBLE DEFAULT NULL COMMENT '价格',
    `number` INT(11) DEFAULT NULL COMMENT '数量',
    `description` LONGTEXT COMMENT '商品描述',
    `picture` VARCHAR(255) DEFAULT NULL COMMENT '图片名称',
    `release_time` DATETIME DEFAULT NULL COMMENT '上架时间',
    PRIMARY KEY (`pid`)

) ENGINE=INNODB AUTO_INCREMENT=6126 DEFAULT CHARSET=utf8;
    #插入数据
INSERT INTO `products` VALUES ('1', '花儿朵朵彩色金属门后挂 8钩免钉门背挂钩
2066', '17', '幽默杂货', '18.9', '10000', '这是以金属为主材的一款切割型产品，因为创意，因
为实用，所以让金属不于冰冷，而如此这般成为焦点.这是一组关于大小花朵的粉红色挂钩，专用于门后悬挂
收纳衣裤、围巾、钥匙等零碎杂乱的随手物品，更易查找，更好收纳.不占空间，无须钻孔，不伤家具.',
'2014032613103438.png', '2015-01-14 18:59:33');
INSERT INTO `products` VALUES ('2', '幸福一家人彩色金属门后挂 8钩免钉门背挂钩
2088', '17', '幽默杂货', '18.9', '10000', '这是以金属为主材的一款切割型产品，因为创意，因
为实用，所以让金属不于冰冷，而如此这般成为焦点.看这一家其乐融融的场面可真是让人感动.专用于门后悬
挂收纳衣裤、围巾、钥匙等零碎杂乱的随手物品，更易查找，更好收纳.不占空间，无须钻孔，不伤家具.',
'2014032612461139.png', '2015-01-14 18:59:33');
```

数据可以准备得多一些，这里省去了一些，比如实际数据库中存在 100 条记录。

7）启动 tomcat，选择 mysql_core，选择 dataimport 命令界面。我们可以选择是全量导入还是增量导入，并且选择配置好的实体。其中，full_import，全导入；delta_import，增量导入，如图 11-14 所示。

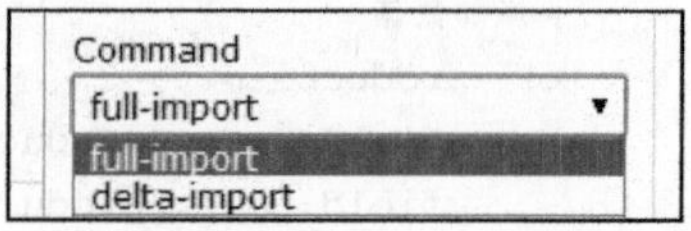


图 11-14　导入方式

实体是我们在 data-config.xml 中配置的实体，已根据 SQL 过滤。具体如图 11-15 所示。

8）单击 execute 后导入数据，等待一会，刷新一下，可以看到已经执行完毕了，如图 11-16 所示。

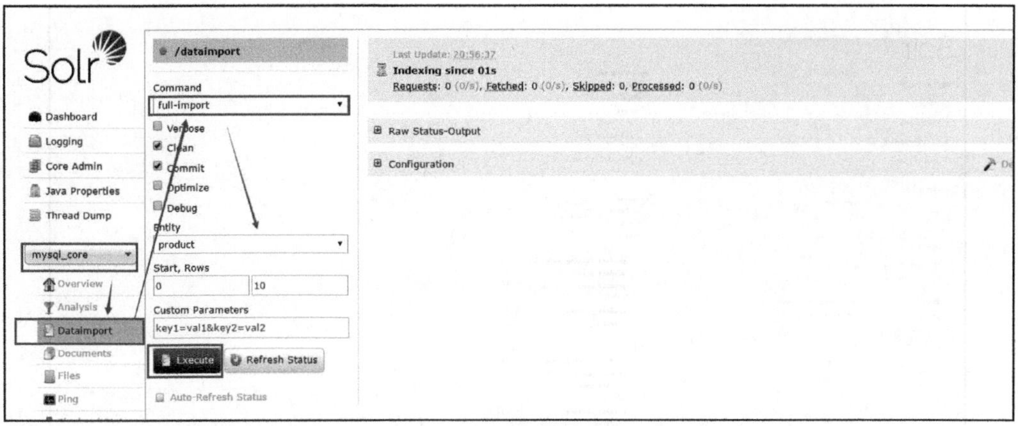


图 11-15　Dataimport

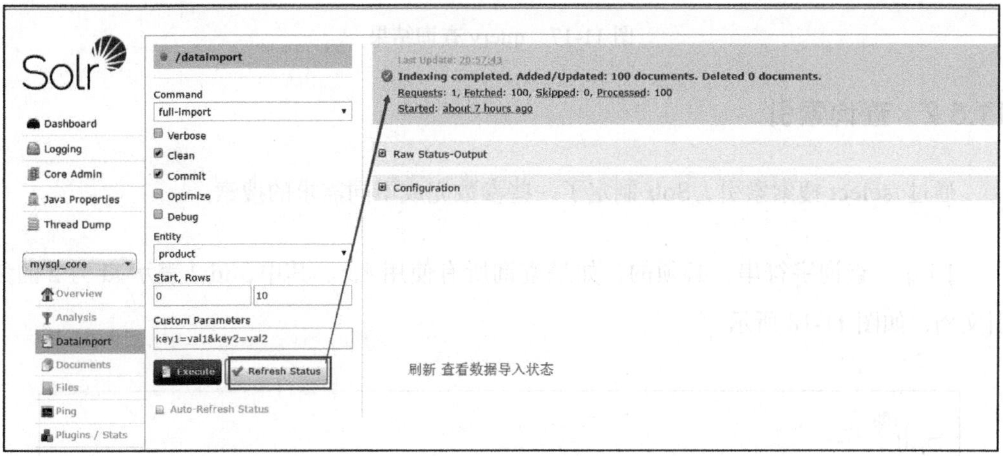


图 11-16　execute 执行

**注意**　导入数据前会先清空索引库，然后再导入。

9）检验数据导入是否成功。

查看实例 my_solr 索引记录，如图所示 11-17。

图 11-17　query 查询结果

## 11.5.2　查询索引

通过 /select 搜索索引，Solr 制定了一些参数完成不同需求的搜索。

1）q：查询字符串，必须的，如果查询所有使用 *:*。其中，id:2 表示 id 为 2 的索引文档，如图 11-18 所示。

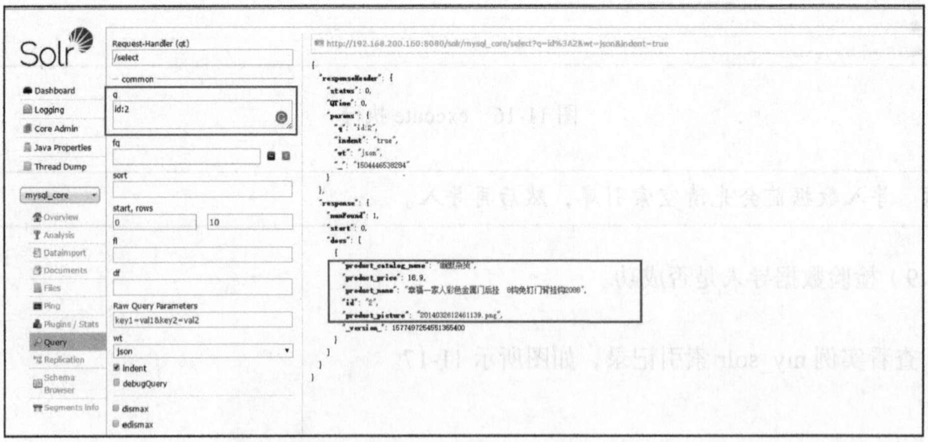


图 11-18　查询 id 为 2 的索引文档

2）fq：（filter query）过滤查询，作用是在符合 q 查询的结果中选出同时符合 fq 查询的结果，如图 11-19 所示，过滤查询价格从 1 到 10 的记录。

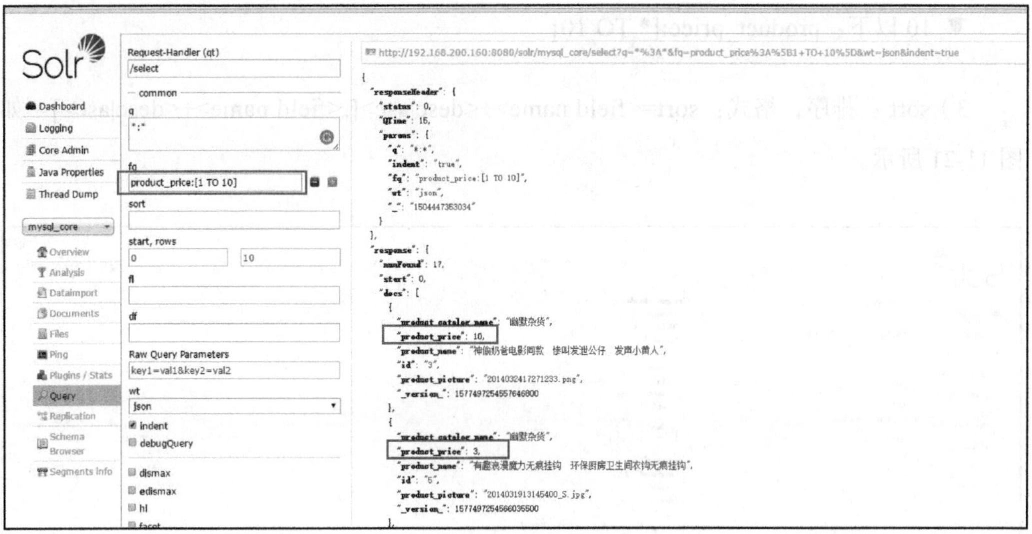


图 11-19　fq 过滤查询

也可以在“q”查询条件中使用 product_price:[1 TO 10]，如图 11-20 所示。

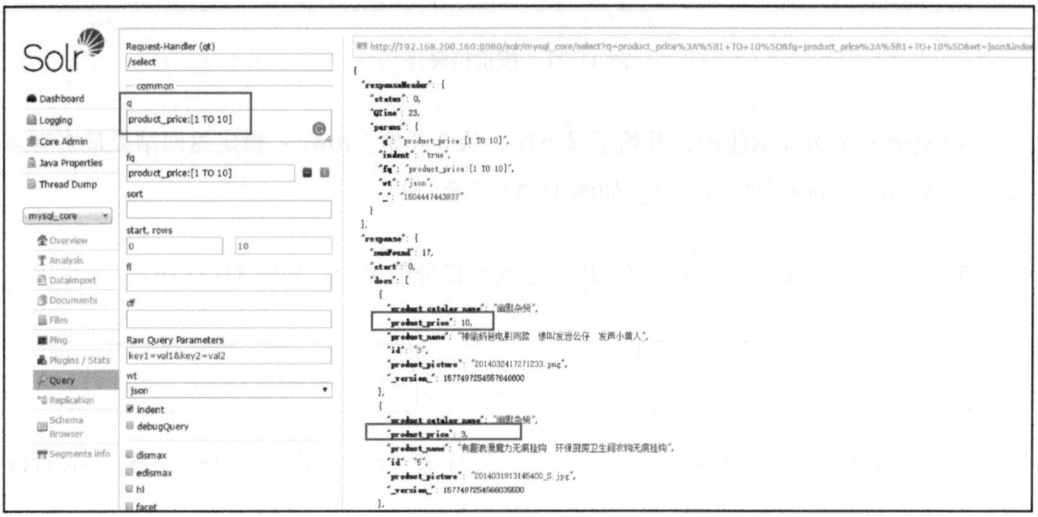


图 11-20　q 区域使用

也可以使用“*”表示无限，例如：

▼ 10 以上：product_price:[10 TO *]

▼ 10 以下：product_price:[* TO 10]

3）sort：排序，格式：sort=<field name>+<desc|asc>[,<field name>+<desc|asc>]…如图 11-21 所示。

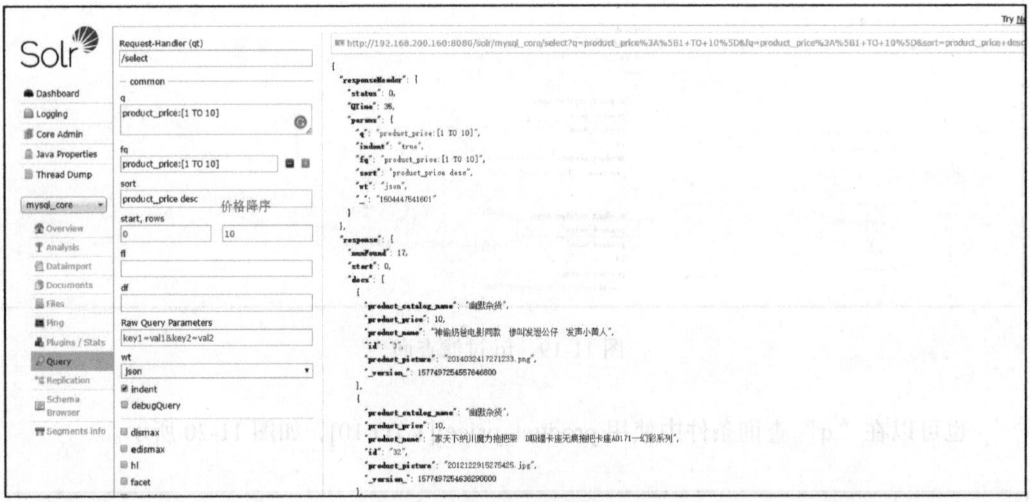


图 11-21　按价格降序

4）start：分页显示使用，开始记录下标，从 0 开始。rows：指定返回结果最多有多少条记录，配合 start 来实现分页。如图 11-22 所示。

5）fl：指定返回那些字段内容，用逗号或空格分隔多个。如图 11-23 所示。

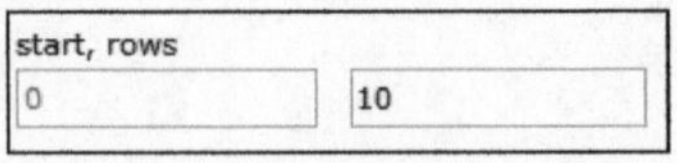


图 11-22　显示前 10 条

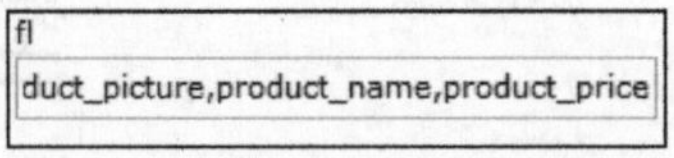


图 11-23　显示商品图片、商品名称、商品价格

6）df：指定一个搜索 Field，如图 11-24 所示。

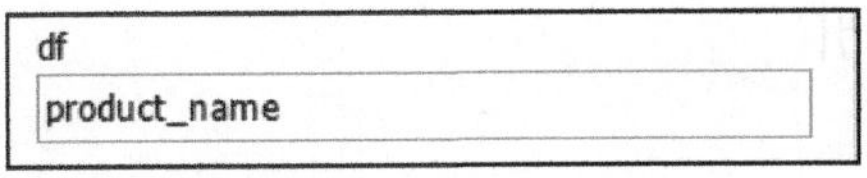


图 11-24　df 指定 Field

7）wt：（writer type）指定输出格式，如 xml、json、python、ruby、php、csv。

例如 xml 格式：如图 11-25 所示。

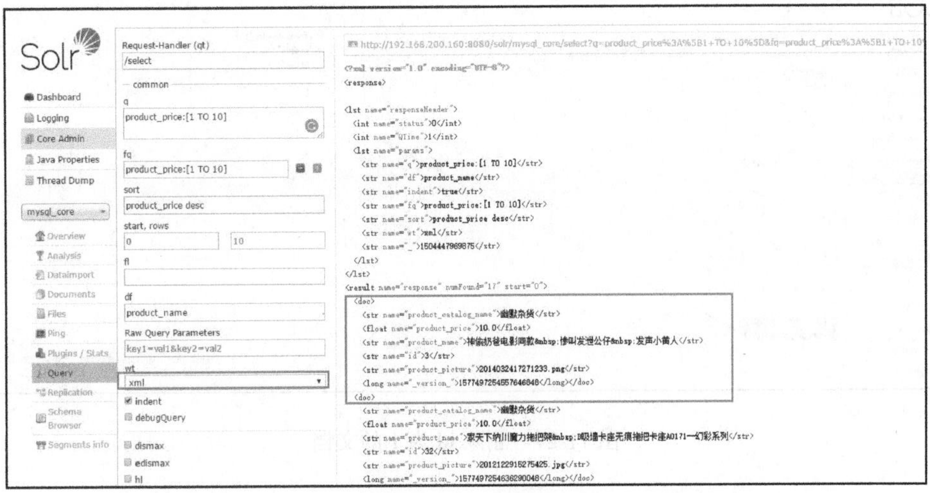


图 11-25　wt 使用

8）indent：返回的结果是否缩进，默认关闭，用 indent=true | on 开启，一般调试 json、php、phps、ruby 输出才有必要用这个参数。

9）hl（high light 高亮）：hl=true 表示启用高亮，设置高亮 Field，设置格式前缀和后缀。如图 11-26 所示。

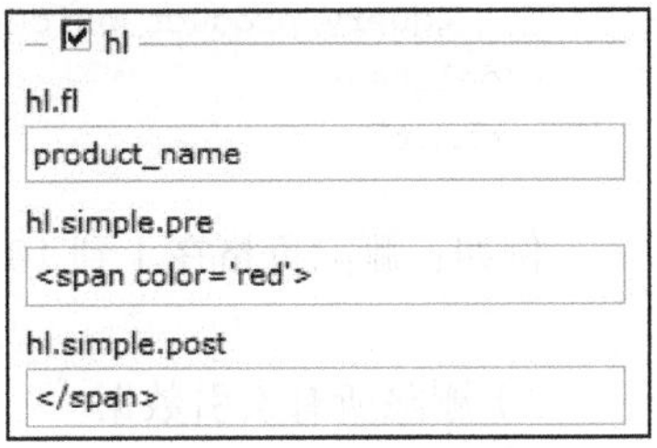


图 11-26　hl 高亮设置

### 11.5.3　删除文档

删除索引格式如下：

1）删除指定 ID 的索引

```
<delete>
    <id>1</id>
</delete>
<commit/>
```

例如：删除 id 为 1 的索引文档，如图 11-27 所示。

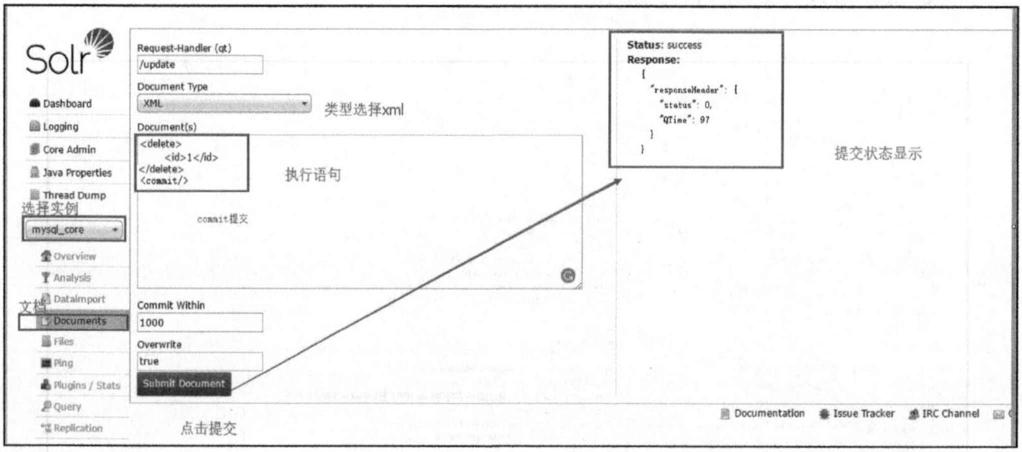


图 11-27　删除 id 为 1 的文档

2）删除查询到的索引数据

```
<delete>
    <query>product_price:[1 TO 10]</query>
</delete>
<commit/>
```

例如：删除价格在 1 到 10 之间的索引文档，如图 11-28 所示。

3）删除所有索引数据

```
<delete>
    <query>*:*</query>
</delete>
    <commit/>
```

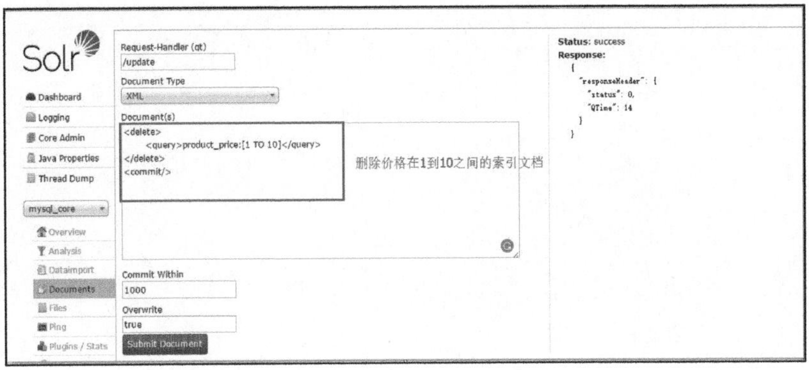


图 11-28　删除 price 为 1 ～ 10 的区间文档

## 11.6　本章小结

本章详细介绍了 Solr 的部署方式，以及管理界面的使用，如何检索数据。一般在 NLP 开发过程中，NLP 负责自然语言的处理，将转换后的信息传递给 Solr 进行高效的检索。我们来举一个例子，当一个用户需要咨询洗面奶的问题时，他在屏幕上输入“脸上有青春痘用什么洗面奶比较好”。计算机收到这条信息之后，先在 NLP 服务器中理解用户输入的问题，然后抽取重要特征，将这些特征送到 Solr 进行检索，然后筛选出对应的产品“抗痘洗面奶”这款产品，最后反馈给用户。具体流程如图 11-29 所示。

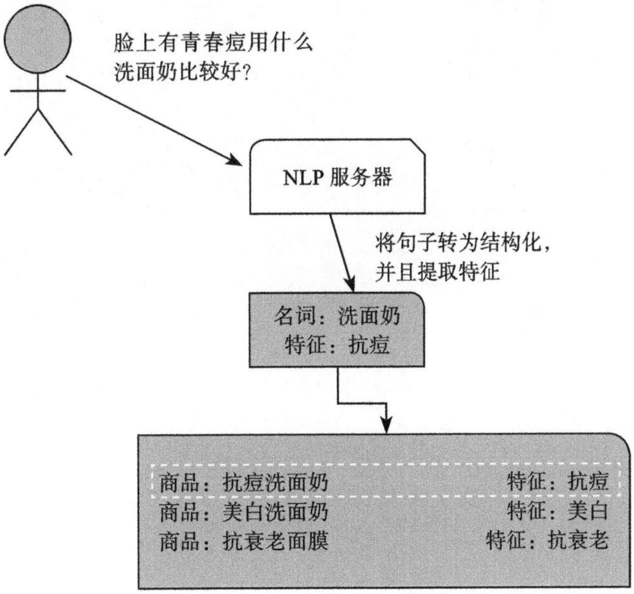


图 11-29　机器人导购流程图

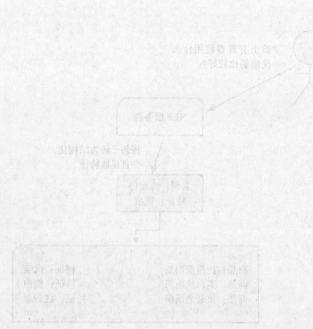

# 推荐阅读

AI加速器
架构设计与实现
Accelerator Based
on CNN Design

深度学习
及加速技术
入门与实践

迁移学习算法
应用与实践
TRANSFER LEARNING
ALGORITHMS

机器学习的
产业实践之路
MACHINE LEARNING
The Road to Industrial Practice

O'REILLY
MLOps
权威指南
Practical MLOps
Operationalizing Machine Learning Models

知识图谱实战
构建方法与行业应用
Knowledge Graph in Action

深度学习嵌入式
应用开发
基于RK3399Pro和RK3588

O'REILLY
移动端AI与ML
应用开发
基于iOS和Android
AI and Machine Learning for
On-Device Development

生成对抗
网络GAN
原理与实践

# 推荐阅读

机器学习
开发实战
Introducing
Machine
Learning

Python机器学习
基于PyTorch
和Scikit-Learn
Machine Learning with PyTorch and Scikit-Learn

机器视觉入门与实战
人脸识别与人体识别
Introduction to Machine Vision

基于NLP的
内容理解
Content Understanding
with NLP

Python
深度学习
基于PyTorch
第2版
Deep Learning
with Python and PyTorch
Second Edition

Python
深度学习
基于TensorFlow
第2版

O'REILLY
MLOps
实战
机器学习模型的开发、部署与应用
Introducing MLOps

O'REILLY
自然语言处理实战
预训练模型应用及其产品化
Applied Natural Language Processing
in the Enterprise

Machine Learning
with
TensorFlow
TensorFlow
机器学习
（原书第2版）